패턴 학교
Vol.5 재킷 & 코트 편

마루야마 하루미 감수

황선영 옮김 | 문수연 감수

이아소

바느질이 익숙해지면 그다음엔 이런 생각이 들죠.
'내가 디자인해서 옷을 만들어보는 건 어떨까?'
'그럼 사이즈와 모양을
내 맘에 쏙 들게 만들 텐데.'

《패턴 학교》는 바로 이런 분들의 바람을 실현해줄 것입니다.
옷을 만들 때 바느질도 중요하지만,
그 이상으로 패턴이 중요합니다.

이번에는 재킷 & 코트 편입니다.

착용하는 계절과 TPO에 따라 디자인이 다양하고,
항상 코디네이션의 주역인 중요한 아이템일수록
'내 사이즈로 원하는 디자인을 만들고 싶은 법'이죠.
날씬한 체형부터 넉넉한 실루엣까지 디자인을 아름답게 표현하려면
여유분 넣는 법과 소매 형태가 열쇠입니다.

이 책은 몸판과 소매산 높이가 다른 복수의 소매를 세트로 한
슬림 타입부터 볼륨 타입까지
4종의 '기본 패턴'을 사용.

완성 이미지에 맞춰 피트감이나 기능성을 고려해 선택할 수 있고,
손쉽게 원하는 디자인을 만들 수 있습니다.
이런 기본 패턴을 토대로 각 파트를 조합하고 소재를 바꾸어
응용하면 재킷과 코트의 완성도를 한층 높일 수 있습니다.

디자인의 가능성은 무한대.
이 책을 활용하는 것만으로 옷 만들기가
더 행복하고 즐거워진다면 매우 기쁘겠습니다.

Contents

기초 강의

이 책의 내용

이 책은 재킷 & 코트 편이다.
재킷 & 코트를 구성하는 3가지 파트인 몸판, 소매, 칼라의 디자인과 패턴을 소개한다.
스타일별로 몸판, 소매, 칼라 각 26종류를 게재하여 자신의 취향에 맞는 디자인 변형이 가능하다.
이들의 조합과 응용 방법에 따라 재킷 & 코트뿐 아니라 질레 등의 다양한 아우터를 창작할 수 있다.
자유롭게 선택하고 조합해 나만의 독창적인 아이템을 만들어보자.

원형이 되는 몸판의 기본 패턴은 여유분이 다른 ❶∼❹의 4종류.
소매 기본 패턴은 몸판 ❶∼❹별로 4종류의 소매산 높이를 게재.
대부분의 디자인은 이 기본 패턴에서 전개해 손쉽게 패턴을 만들 수 있어 편리하다.
몸판과 소매 기본 패턴의 주요 부분은 다양한 사이즈로 전개한 실물 대형 패턴을 수록했다.
제도 순서를 자세히 설명해 제도가 처음인 분도 문제없이 만들 수 있다.

이 책은 '제도 입문서'의 역할도 한다.
기본 패턴을 '원형'으로 사용함으로써 디자인 전개의 기본을 습득할 수 있다.
또 제도나 천에 따른 외형 차이와 부분 박음질 등 핸드메이드에 필요한 모든 항목을 망라했다.
마스터하면 완성도가 한 단계 높아져 옷 만들기가 한층 더 즐거워질 것이다.

강의 내용과 목적

재킷 & 코트 편은 4개 강의에 보존판·스페셜 부록을 더해 5부로 구성. 독창적인 디자인의 재킷 & 코트 제작을 위한 필수 사항을
기초 강의, 특별 강의, 실습에서 설명. 집중 강의에서는 실제로 패턴을 만들기 위한 작업을 소개. 보존판·스페셜 부록에서는 박는 법을 보충 설명한다.

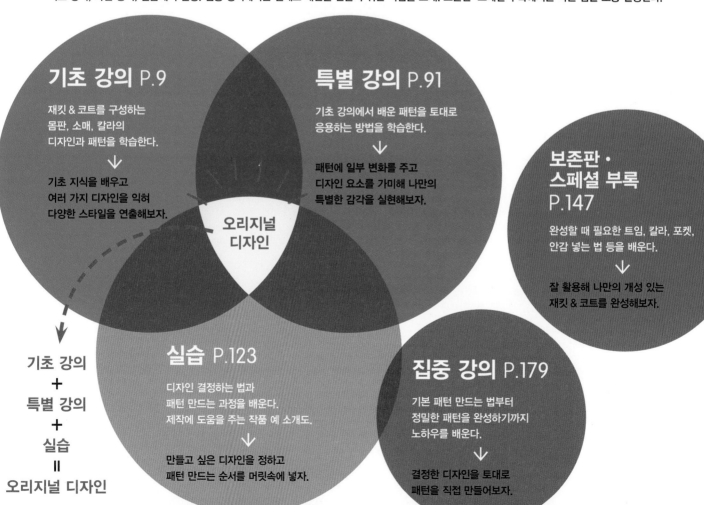

기초 강의 P.9
재킷 & 코트를 구성하는
몸판, 소매, 칼라의
디자인과 패턴을 학습한다.
↓
기초 지식을 배우고
여러 가지 디자인을 익혀
다양한 스타일을 연출해보자.

특별 강의 P.91
기초 강의에서 배운 패턴을 토대로
응용하는 방법을 학습한다.
↓
패턴에 일부 변화를 주고
디자인 요소를 가미해 나만의
특별한 감각을 실현해보자.

보존판 · 스페셜 부록 P.147
완성할 때 필요한 트림, 칼라, 포켓,
안감 넣는 법 등을 배운다.
↓
잘 활용해 나만의 개성 있는
재킷 & 코트를 완성해보자.

오리지널 디자인

실습 P.123
디자인 결정하는 법과
패턴 만드는 과정을 배운다.
제작에 도움을 주는 작품 예 소개도.
↓
만들고 싶은 디자인을 정하고
패턴 만드는 순서를 머릿속에 넣자.

집중 강의 P.179
기본 패턴 만드는 법부터
정밀한 패턴을 완성하기까지
노하우를 배운다.
↓
결정한 디자인을 토대로
패턴을 직접 만들어보자.

기초 강의
+
특별 강의
+
실습
=
오리지널 디자인

제도 기호와 제도 표시

이 책의 제도에는 제도를 알기 쉽게 표현하기 위한 기호와 약속이 있다.
주로 쓰이는 것을 그림과 함께 설명하였으므로 패턴을 만들 때 참고한다.

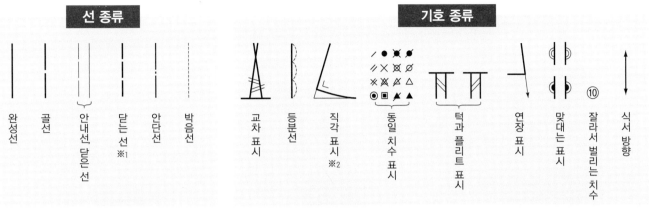

선 종류

| 완성선 | 골선 | 안내선,닫은선 | 닫는 선 ※1 | 안단선 | 박음선 |

기호 종류

| 교차 표시 | 등분선 | 직각 표시 ※2 | 동일 치수 표시 | 턱과 플리트 표시 | 연장 표시 | 맞대는 표시 | 잘라서 벌리는 치수 | 식서 방향 |

※1 완성선을 표시하는 경우도 있다

※2 수평·수직선에는 넣지 않는다

닫는다 · 벌린다

닫는 처리를 이용하여 그 반동을 벌린다

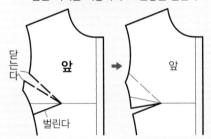

여유분 줄임

천을 다리미로 줄여
치수를 맞추는 표시

접착심지

접착심지
붙이는 위치를 나타낸다

교차

사선의 접하는 부분을 고려해 각 파트로 나눈다

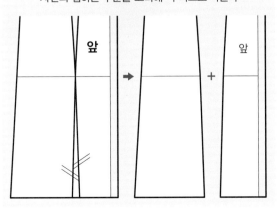

맞댄다

복수의 패턴을 표시 위치에서
맞붙인다

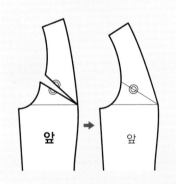

턱과 플리트를 접는 방향

솔기를 위로 하여
사선의 위쪽에서
아래쪽으로 접는다

⟨턱⟩
위치를 나타내는 선이 일부 굵은 선

⟨플리트⟩
위치를 나타내는 선이 모두 굵은 선

잘라서 벌린다

WL에서 수평으로
치수를 추가한다

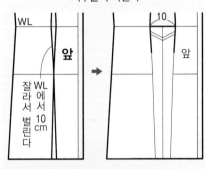

화살표 기준점을 고정하고
절개선의 한쪽 끝에 ○ 안의 치수를 추가한다

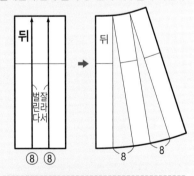

절개선의 위아래 끝에서
○ 안의 치수를 각각 추가한다

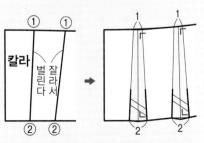

＊추가 치수는 중심선에 직각으로 잡는다

정확한 패턴 제작에 필요한 제도 용구

제도를 순조롭게 진행하고 정확한 패턴을 만들기 위해 필요한 용구를 알아보자.
용구를 잘 다루면 시간도 단축되고 제도가 쉬워진다.

줄자

신체 치수나 패턴의 곡
선을 잴 때 쓰는 테이프
모양의 자.

패턴지

얇고 잘 비쳐 베끼기 편리한
제도용지. 까슬까슬한 면을
위로 하여 사용한다. 수평·
수직선을 그리기 쉬운 모눈
종이 타입도 있다.

모눈자(방안자)

직선용 자. 모눈이 있어
시접을 표시하거나 평행
선, 직각선을 그릴 때 편
리하다. 30cm와 50cm
를 같이 쓰면 좋다. 완만
한 곡선을 잴 때도 사용.

곡선용 자(그레이딩 자)

진동 둘레와 목둘레
등 곡선을 잴 때 사용
한다. 얇고 잘 휘어지
는 소재.

룰렛

소매 아래 등 부분적인
선을 베낄 때나 패턴 체
크 시 사용한다. 톱니 끝
이 너무 날카롭지 않은
부드러운 타입이 좋다.

**제도용
샤프펜슬**

알맞은 무게로 자에 착
붙어 정확한 선을 그릴
수 있다. 굵기는 가늘고
(0.3, 0.5mm), 심은 단단
한(HB, H 등) 것을 추천
한다.

문진

제도나 패턴을 베낄 때 종이가
움직이지 않도록 눌러두는 도
구. 사용 빈도가 높다.

D커브자

진동 둘레나 목둘레 등
곡선을 그리는 데 편리
하다.

패턴 제작에 사용하는 용어

제도와 패턴 설명에 사용하는 용어를 알아보자. 의미를 정확하게 이해하면 패턴 만들기가 순조롭게 진행된다.

[트임]
옷을 입고 벗거나 활동할 때
편하도록 트는 부분.

[여유분 줄임]
천을 입체적으로 만드는 테크
닉. 성긴 바늘땀으로 박거나
다리미로 천을 줄여 그 부분
의 길이를 짧게 한다.

[기준점]
'잘라서 벌린다'나 '맞댄다' 등
패턴 처리를 할 때 지점이 되
는 위치.

[이음]
천을 맞춰 박는 위치. 이때 생
기는 솔기를 '이음선'이라고
한다.

[제도]
패턴을 만들기 위한 기초 설
계도.

[처리]
패턴을 완성하기 위해 필요
한 작업으로 제도 다음으로
한다. '맞댄다', '닫는다·벌린
다', '잘라서 벌린다' 등.

[다트]
패턴의 V자형이나 마름모꼴
부분. 입체적인 모양을 만드는
역할을 하고, 이 선 끝의 포인
트를 '다트 끝'이라고 한다.

[고정 치수]
사이즈에 따라 변하지 않는
고정된 치수.

[완성 치수]
완성했을 때의 치수.

[완성선]
완성했을 때 솔기나 끝이 되는
위치.

[동일 치수]
같은 치수. 2곳 이상의 위치
에서 치수가 같은 경우 여러
가지 기호(P.7 '기호 종류' 참
조)를 사용해 표시한다.

[박음질 끝]
박음질이 끝나는 위치. 슬릿
이나 턱 등이 대표적이다.

[올 방향]
천의 세로 실과 가로 실 방향.
이 책에서는 세로 방향(식서
방향)을 화살표로 표시.

[패턴]
옷본. 기초 설계도인 제도를
다른 종이에 베끼면서 필요
한 처리를 추가해 재단용으
로 완성한 것이다. 또 맞춤
표시 하기와 패턴 체크를 마
치고 시접을 넣은 것을 '시접
포함 패턴'이라고 한다.

[패턴 전개]
칼라나 라펠 등을 접었을 때
당기거나 남지 않도록 패턴
을 조정하는 것.

[분량]
'다트', '플레어', '개더' 등 부
분 치수나 옷의 볼륨감을 주
기 위한 것.

[덧천]
기능성이나 볼륨을 보완하기
위해 추가하는 파트.

[골선]
앞뒤 중심 등 이 위치에서 반
전시켜 이어지는 것이다. 기
본적으로 이 위치에서 대칭이
된다.

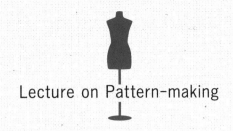

Lecture on Pattern-making

패턴의 종류와 완성품을 비교한다

기초 강의

재킷 & 코트를 구성하는 주요 파트 '몸판', '소매', '칼라'의

패턴과 완성품의 관계를 설명한다.

다양한 스타일 속에서 나만의 개성적인 디자인을 구체화해보자.

P.10 이후 견본 작품은 두께와 장력에서 일반적 특성을 지닌 얇은 면을 사용한다.

일부를 제외하고, 옷 길이는 허리선에서 50cm와 25cm, 소매길이는 56cm.

기초 강의(P.24~90) 보는 법

① **강의 명칭, 파트 번호**
   1은 '몸판 패턴', **2**는 '소매 패턴', **3**은 '칼라 패턴'.

② **스타일 번호**
   디자인, 실루엣의 일련번호.

③ **스타일 명칭**
   소개하는 디자인의 일반적인 명칭을 표시.

④ **스타일 설명**
   ③을 소개하고 패턴에 관한 사항을 설명한다. ③ 옆으로 표시.

⑤ **디자인, 패턴 소개**
   ③에 속한 패턴과 완성 사진을 소개.

⑥ **디자인, 패턴 번호**
   알파벳 대문자로 표시.

⑦ **형태(form), 제도 요점**
   형태 & 제도 방법의 개요를 표시.

⑧ **제도 설명**‥‥‥‥⑦을 자세히 설명한다. 주의점 등도.

⑨ **사용 패턴**‥‥‥‥제도에 필요한 경우만 원형 패턴을 표시한다. 각 패턴을 만들기 전에 준비해둔다

⑩ **제도**‥‥‥‥패턴의 설계도. 오른쪽 반신을 표시하는 것이 원칙. 이 치수대로 실제로 제도한다.

⑪ **처리 후 패턴**‥‥‥‥'맞댄다', '닫는다 · 벌린다', '잘라서 벌린다' 등 처리 후의 패턴 모습을 표시한다.

⑫ **박스 기사**‥‥‥‥디자인이나 사이즈 등 필요에 따라 참조할 사항, 주의점을 보충한다.

⑬ **완성 이미지 사진**‥‥‥‥기본은 뒤, 옆(오른쪽), 앞. 옆, 뒤는 생략하는 경우도 있다.

⑭ **완성 이미지 설명**‥‥‥‥모양의 특징이나 다른 디자인과의 비교 등을 구체적으로 설명한다. 디자인을 결정할 때 참고한다.

⑮ **각주**‥‥‥‥관련 페이지를 표시. 참조하면 이해도를 한층 높일 수 있다.

⑯ **패턴 인덱스**‥‥‥‥좌우 양 페이지에 나온 파트 명칭과 패턴 번호를 표시한다.

예습1 몸판, 소매, 칼라의 각 부분 명칭

몸판

몸판은 앞과 뒤 2파트가 기본.
디자인에 따라 한층 세분화된다.
패턴은 원칙적으로 중심에서 오른쪽 반을 표시.

박시 라인 Ⓐ
(기본 패턴 ❷)

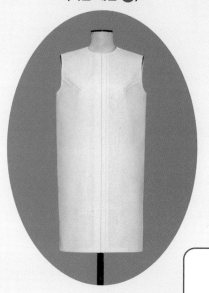

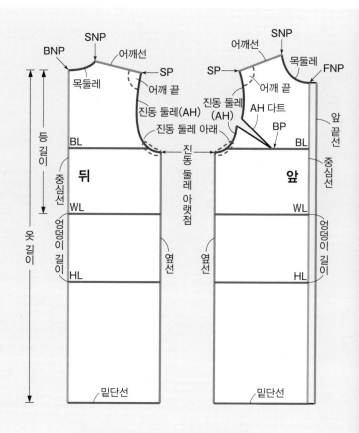

뒤

SNP
BNP
목둘레
어깨선
SP
어깨 끝
진동 둘레(AH)
진동 둘레 아래
BL
등 길이
중심선
WL
엉덩이 길이
옷 길이
옆선
HL
밑단선
진동 둘레 아랫점

앞

어깨선
SNP
SP
목둘레
어깨 끝
FNP
진동 둘레(AH)
AH 다트
BP
BL
앞 끝선
중심선
WL
옆선
엉덩이 길이
HL
밑단선

B ······버스트(가슴둘레)
BL·····버스트라인(가슴선)
BP·····버스트 포인트(유두점)
W ·····웨이스트(허리둘레)
WL ····웨이스트라인(허리선)
H ······히프(엉덩이둘레)
HL·····힙라인(엉덩이선)
SP·····솔더 포인트(어깨 끝점)
FNP···프런트 네크라인 포인트
        (목 앞점)
SNP···사이드 네크라인 포인트
        (목 옆점)
BNP···백 네크라인 포인트
        (목 뒷점)
AH ····암홀(진동 둘레)
EL·····엘보 라인(팔꿈치선)

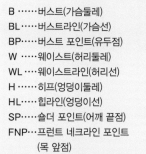

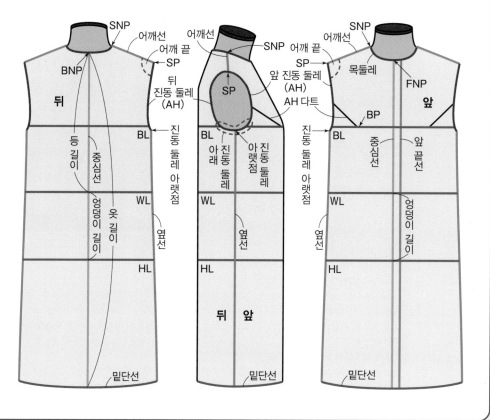

뒤

SNP
BNP
어깨선
어깨 끝
SP
뒤 진동 둘레(AH)
BL
등 길이
중심선
WL
엉덩이 길이
옷 길이
옆선
HL
밑단선
진동 둘레 아랫점

어깨선
SNP
어깨 끝
SP
앞 진동 둘레(AH)
AH 다트
BP
BL
아래 진동 둘레
아랫점 진동 둘레
WL
옆선
HL
뒤 앞
밑단선
진동 둘레 아랫점

어깨선
SNP
SP
목둘레
FNP
BP
BL
앞
중심선
앞 끝선
WL
엉덩이 길이
HL
밑단선

─ 패턴을 배울 때 알아야 할 위치와 명칭 ─

디자인을 구성하는 몸판, 소매, 칼라 설명에 필요한 각 부분 명칭을 대표적인 패턴으로 완성 그림에 표시했다.
기억해두면 패턴에 대한 설명을 쉽게 이해할 수 있다.

소매

소매는 1파트가 기본. 패턴은 오른쪽 소매 전체를 표시했다.
몸판 진동 둘레와 맞춰 박는 곳의 명칭은 '소매산선'.

세트인 슬리브 A
(기본 패턴 ❷, 소매산 높이 $\frac{4}{5}$)

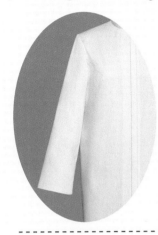
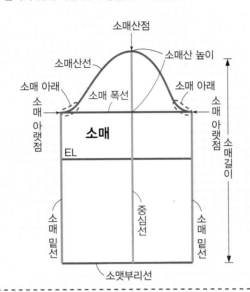
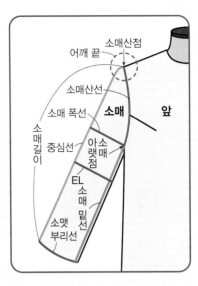

칼라

칼라는 1파트 또는 2파트가 기본. 패턴은 원칙적으로 중심에서 오른쪽 반을 표시했다.
몸판의 목둘레와 맞춰 박는 곳의 명칭은 '칼라 달림선'.

칼라 밴드 달린 셔츠 칼라 D

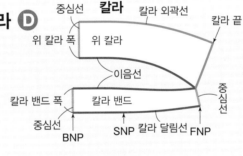
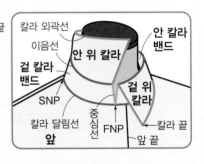

테일러드 칼라 J

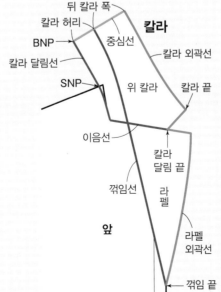
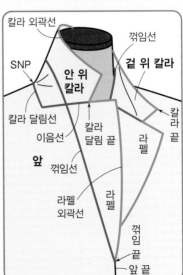

11

예습2 여유분에 대하여

─ 여유분을 이해하자 ─

여유분이란 옷을 만들 경우 호흡이나 동작의 활동성에 대응할 수 있도록 누드 치수보다 크게 여유를 두는 것을 말한다. 일반적으로 재킷이나 코트 같은 아우터는 안에 껴입는 분량이 있어서 블라우스나 원피스보다 여유분을 많이 잡는다.

> ! 부록 실물 대형 '기본 패턴'에는 이미 여유분이 들어가 있다. 여유분은 안에 입는 옷이나 디자인에 맞춰 선택할 수 있는 4종류를 소개한다. 복잡한 처리 없이 손쉽게 패턴을 만들 수 있다.

여유분 종류

목둘레

목둘레를 벌려 여유분을 넣는다. 목의 활동성을 늘려 목둘레의 압박감을 줄인다.

진동 둘레

몇 곳에 분산하여 여유분을 넣는다. 팔의 활동성을 늘려 진동 둘레의 압박감을 줄인다.

옷 폭

옆에서 여유분을 넣는다. 몸통 둘레의 활동성을 늘려 몸의 압박감을 줄인다. 디자인에 따라 늘리는 것이 가능.

가슴 폭

앞 진동 둘레를 그릴 때 여유분을 넣는다. 분량은 옷 폭에 비례하여 변화. 가슴의 압박감을 줄이고 팔의 활동성도 늘어난다.

등 폭

뒤 진동 둘레를 그릴 때 여유분을 넣는다. 분량은 옷 폭에 비례하여 변화. 등의 압박감을 줄이고 팔의 활동성도 늘어난다.

재킷이나 코트의 경우 여유분을 넣을 수 있는 곳은 5곳. 이 책에서 사용하는 '기본 패턴'은 문화복장학원에서 만든 '성인 여자용 원형'에 이 여유분을 더하여 제작했다.

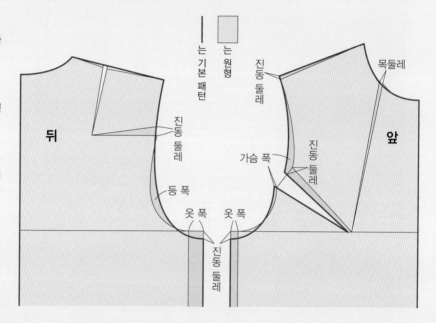

옷 폭 여유분 늘리는 법

손쉽게 만들 수 있도록, 자신이 원하는 여유분의 '기본 패턴'을 사용하는 것이 좋다(오른쪽 페이지 참조). 단, 옷 폭은 디자인과 밀접한 관계가 있고, 여유분 중에서도 조정이 쉬운 부분이므로 '기본 패턴 ❷'를 예로 다시 늘리고 싶은 경우의 기본적인 조정 방법을 설명한다.

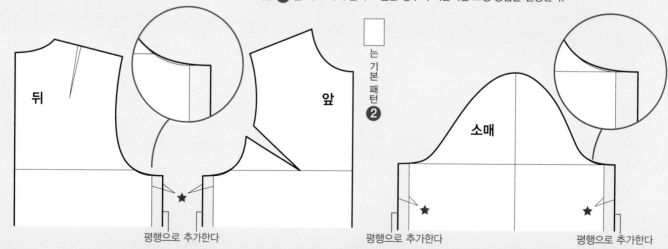

예습 3 기본 패턴에 대하여

― 기본 패턴을 이해하자 ―

이 책에서 사용하는 '기본 패턴'이란 다양한 디자인의 재킷이나 코트를 만들 때 원형이 되는 패턴으로 몸판과 소매가 있다. 이 '기본 패턴'에 필요한 제도나 처리를 더해 자신이 원하는 디자인을 만든다. 몸판은 여유분의 많고 적음에 따라 4종류, 소매는 각 몸판별로 소매산 높이를 달리한 4종류의 세트인 슬리브를 게재했다. 실제로 옷을 제도할 때는 P.14~21의 사진이나 설명을 참조한다. 만들 아이템이나 디자인, 안에 입는 이너의 종류, 사용하는 천 두께나 신축성 등을 고려해 선택한다.

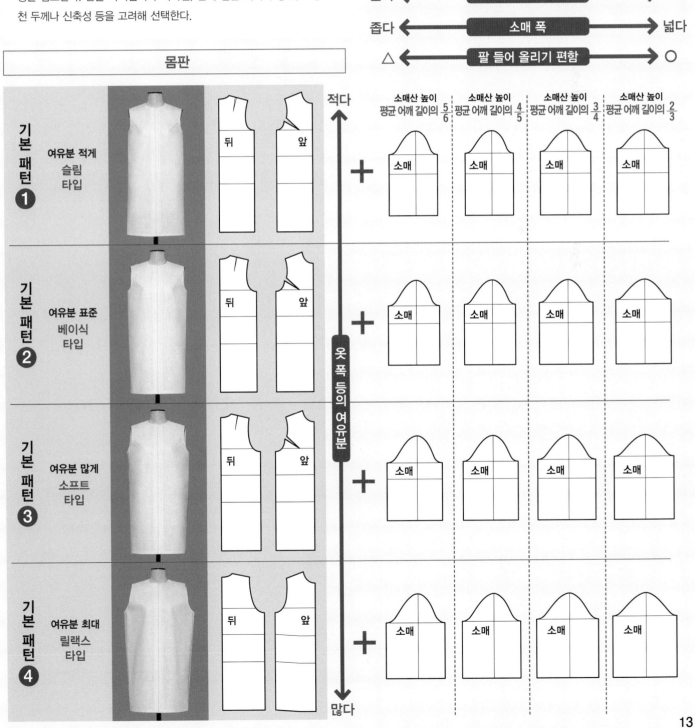

소매

높다 ◀━ 소매산 높이 ━▶ 낮다

좁다 ◀━ 소매 폭 ━▶ 넓다

△ ◀━ 팔 들어 올리기 편함 ━▶ ○

몸판

적다 ↕ 많다 — 옷 폭 등의 여유분

기본 패턴 ❶ 여유분 적게 슬림 타입 뒤 앞

기본 패턴 ❷ 여유분 표준 베이식 타입 뒤 앞

기본 패턴 ❸ 여유분 많게 소프트 타입 뒤 앞

기본 패턴 ❹ 여유분 최대 릴랙스 타입 뒤 앞

소매산 높이 평균 어깨 길이의 $\frac{5}{6}$ 소매

소매산 높이 평균 어깨 길이의 $\frac{4}{5}$ 소매

소매산 높이 평균 어깨 길이의 $\frac{3}{4}$ 소매

소매산 높이 평균 어깨 길이의 $\frac{2}{3}$ 소매

기본 패턴 ①

몸판은 여유분이 적은 폭이 좁은 실루엣. 티셔츠, 블라우스, 얇은 이너 등의 위에 입는 것을 가정. 몸에 꼭 맞는 디자인은
신축성 있는 천을 사용해야 입기 편하다. 엉덩이 길이나 소매길이 등 괄호 안의 치수는 참고 치수(9호 치수·P.22).

몸판

WL에서 윗부분은 문화복장학원에서 만든 '성인 여자용 원형'을 사용하고
전체 형태는 WL에서 평행으로 길이를 추가한 박스형.
'원형'의 뒤 어깨 다트와 앞 AH 다트를 처리해
앞 목둘레와 앞뒤 진동 둘레에 여유분을 추가한다.
남은 AH 다트는 가슴을 입체적으로 감싸기 위한 다트로 하고
어깨 다트는 디자인에 따라 사용. 뒤에서 옷 폭을 추가하고
가슴 전체의 완성 치수는 가슴둘레＋여유분 14cm＊로 설정.

＊원형 본래의 여유분 12cm＋추가 분량 2cm

부록
몸판 윗부분의
실물 대형 패턴
(9개 사이즈 전개)
수록

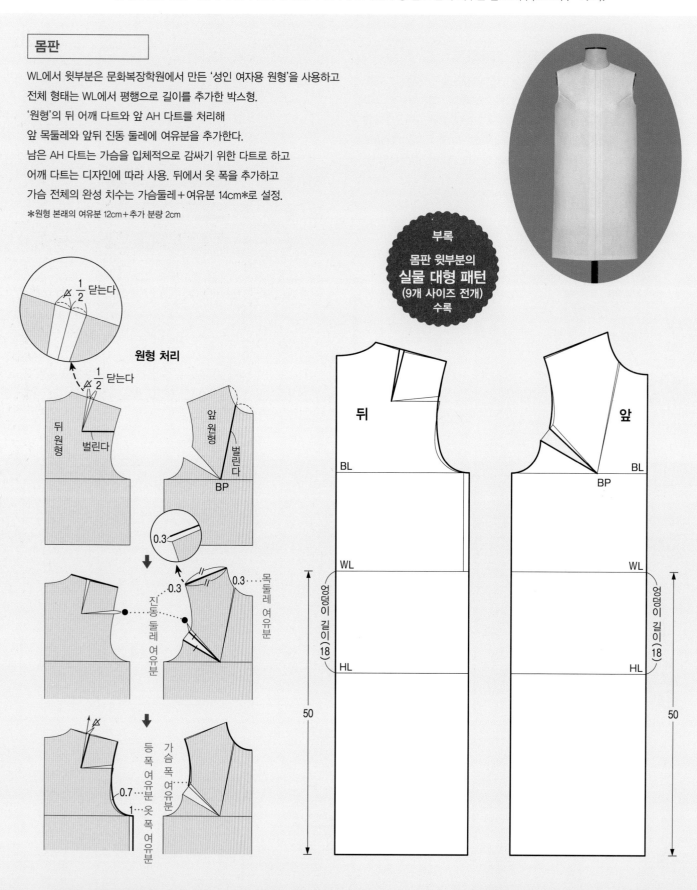

원형 처리

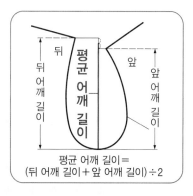

부록
소매산 부분의
실물 대형 패턴
(9개 사이즈 전개)
수록

평균 어깨 길이 =
(뒤 어깨 길이 + 앞 어깨 길이) ÷2

소매

직선적인 원통형. 측정한 자신의 소매길이＋4cm로 설정.

소매산 높이는 평균 어깨 길이의 $\frac{5}{6}$, $\frac{4}{5}$, $\frac{3}{4}$, $\frac{2}{3}$의 4종류. 이것에 맞춰 여유분 줄임 분량＊을 조정했다.

소매산이 낮아질수록 소매 밑이 길고, 소매 폭은 넓어져, 팔을 들어 올리기 편해진다. 소매산선은 몸판의 AH 치수와 모양에 연동.

＊소매산에 부풀림을 주기 위한 소매산선과 AH 치수 차이

소매산 높이
평균 어깨 길이의 $\frac{5}{6}$

여유분 줄임 분량은 AH 치수의 8%.
어깨 끝의 부풀림은 크고, 소매 폭은 좁다.

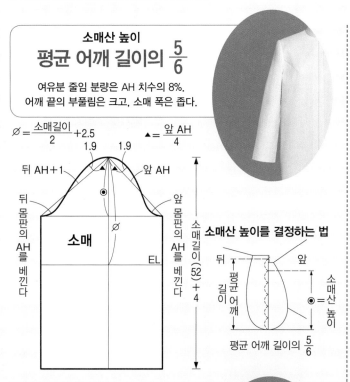

$\varnothing = \dfrac{\text{소매길이}}{2} + 2.5$ ▲ ＝ $\dfrac{\text{앞 AH}}{4}$

1.9 1.9

뒤 AH＋1   앞 AH

뒤 몸판의 AH를 베낀다   앞 몸판의 AH를 베낀다

소매

EL

소매길이(52)＋4

소매산 높이를 결정하는 법

뒤 / 앞
평균 어깨 길이
소매산 높이
◉ ＝ 소매산 높이
평균 어깨 길이의 $\frac{5}{6}$

소매산 높이
평균 어깨 길이의 $\frac{4}{5}$

여유분 줄임 분량은 AH 치수의 6%.
어깨 끝의 부풀림도 소매 폭도 보통.

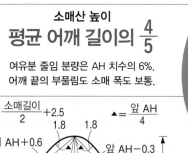

$\varnothing = \dfrac{\text{소매길이}}{2} + 2.5$ ▲ ＝ $\dfrac{\text{앞 AH}}{4}$

1.8 1.8

뒤 AH＋0.6   앞 AH－0.3

뒤 몸판의 AH를 베낀다   앞 몸판의 AH를 베낀다

소매

EL

소매길이(52)＋4

소매산 높이를 결정하는 법

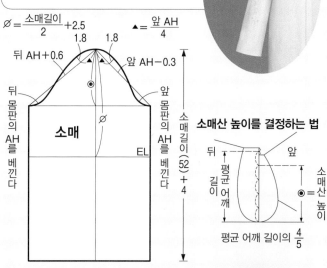

뒤 / 앞
평균 어깨 길이
소매산 높이
◉ ＝ 소매산 높이
평균 어깨 길이의 $\frac{4}{5}$

소매산 높이
평균 어깨 길이의 $\frac{3}{4}$

여유분 줄임 분량은 AH 치수의 4%.
어깨 끝의 부풀림은 적고, 소매 폭은 넓다.

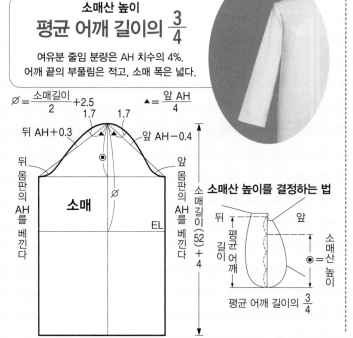

$\varnothing = \dfrac{\text{소매길이}}{2} + 2.5$ ▲ ＝ $\dfrac{\text{앞 AH}}{4}$

1.7 1.7

뒤 AH＋0.3   앞 AH－0.4

뒤 몸판의 AH를 베낀다   앞 몸판의 AH를 베낀다

소매

EL

소매길이(52)＋4

소매산 높이를 결정하는 법

뒤 / 앞
평균 어깨 길이
소매산 높이
◉ ＝ 소매산 높이
평균 어깨 길이의 $\frac{3}{4}$

소매산 높이
평균 어깨 길이의 $\frac{2}{3}$

여유분 줄임 분량 없이. 어깨 끝의
부풀림이 없어지고, 소매 폭은 매우 넓다.

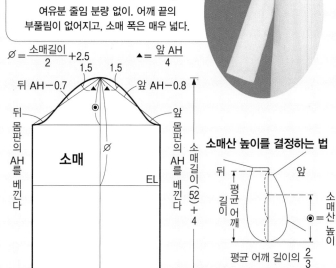

$\varnothing = \dfrac{\text{소매길이}}{2} + 2.5$ ▲ ＝ $\dfrac{\text{앞 AH}}{4}$

1.5 1.5

뒤 AH－0.7   앞 AH－0.8

뒤 몸판의 AH를 베낀다   앞 몸판의 AH를 베낀다

소매

EL

소매길이(52)＋4

소매산 높이를 결정하는 법

뒤 / 앞
평균 어깨 길이
소매산 높이
◉ ＝ 소매산 높이
평균 어깨 길이의 $\frac{2}{3}$

→ 기본 패턴 만드는 법…P.188, 치수 재기…P.22   15

기본 패턴 ②

재킷으로는 표준적, 코트로는 폭이 좁은 실루엣. 얇은 니트나 겨울용 블라우스, 원피스 위에 입는 것을 가정.
엉덩이 길이나 소매길이 등 괄호 안의 치수는 참고 치수(9호 치수·P.22).

몸판

WL에서 윗부분은 문화복장학원에서 만든 '성인 여자용 원형'을 사용하고
전체 형태는 WL에서 평행으로 길이를 추가한 박스형.
'원형'의 뒤 어깨 다트와 앞 AH 다트를 처리해
앞 목둘레와 앞뒤 진동 둘레에 여유분을 추가한다.
남은 AH 다트는 가슴을 입체적으로 감싸기 위한 다트로 하고
어깨 다트는 디자인에 따라 사용. 앞뒤에서 옷 폭을 추가하고
가슴 전체의 완성 치수는 가슴둘레+여유분 18cm*로 설정.

＊원형 본래의 여유분 12cm＋추가 분량 6cm

부록
몸판 윗부분의
실물 대형 패턴
(9개 사이즈 전개)
수록

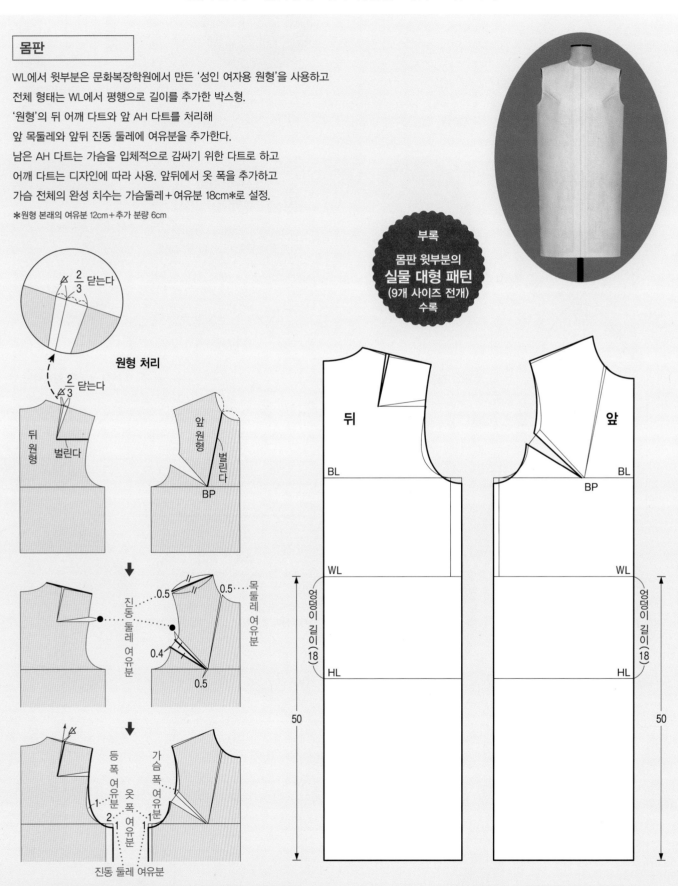

부록

소매산 부분의
실물 대형 패턴
(9개 사이즈 전개)
수록

평균 어깨 길이 =
(뒤 어깨 길이 + 앞 어깨 길이) ÷ 2

소매

직선적인 원통형. 소매길이는 측정한 자신의 소매길이+4cm로 설정.

소매산 높이는 평균 어깨 길이의 $\frac{5}{6}$, $\frac{4}{5}$, $\frac{3}{4}$, $\frac{2}{3}$의 4종류. 이것에 맞춰 여유분 줄임 분량*을 조정했다.

소매산이 낮아질수록 소매 밑이 길고, 소매 폭은 넓어져, 팔을 들어 올리기 편해진다. 소매산선은 몸판의 AH 치수와 모양에 연동.

＊소매산에 부풀림을 주기 위한 소매산선과 AH 치수 차이

소매산 높이
평균 어깨 길이의 $\frac{5}{6}$

여유분 줄임 분량은 AH 치수의 8%.
어깨 끝의 부풀림은 크고, 소매 폭은 좁다.

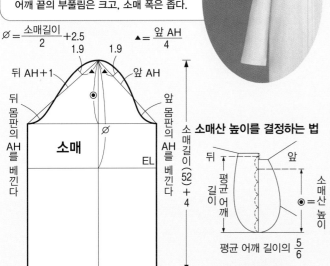

$\varnothing = \dfrac{소매길이}{2}+2.5$ $\blacktriangle = \dfrac{앞\ AH}{4}$

1.9   1.9

뒤 AH+1   앞 AH

뒤 몸판의 AH를 베낀다   소매   앞 몸판의 AH를 베낀다   EL

소매길이(52)+4

소매산 높이를 결정하는 법

뒤   앞

평균 어깨 길이   ◉ = 소매산 높이

평균 어깨 길이의 $\frac{5}{6}$

이 책 해설로 사용!

소매산 높이
평균 어깨 길이의 $\frac{4}{5}$

여유분 줄임 분량은 AH 치수의 6%.
어깨 끝의 부풀림도 소매 폭도 보통.

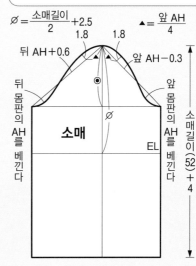

$\varnothing = \dfrac{소매길이}{2}+2.5$ $\blacktriangle = \dfrac{앞\ AH}{4}$

1.8   1.8

뒤 AH+0.6   앞 AH−0.3

뒤 몸판의 AH를 베낀다   소매   앞 몸판의 AH를 베낀다   EL

소매길이(52)+4

소매산 높이를 결정하는 법

뒤   앞

평균 어깨 길이   ◉ = 소매산 높이

평균 어깨 길이의 $\frac{4}{5}$

소매산 높이
평균 어깨 길이의 $\frac{3}{4}$

여유분 줄임 분량은 AH 치수의 4%.
어깨 끝의 부풀림은 적고, 소매 폭은 넓다.

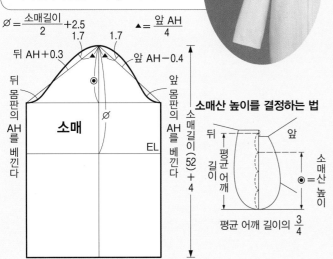

$\varnothing = \dfrac{소매길이}{2}+2.5$ $\blacktriangle = \dfrac{앞\ AH}{4}$

1.7   1.7

뒤 AH+0.3   앞 AH−0.4

뒤 몸판의 AH를 베낀다   소매   앞 몸판의 AH를 베낀다   EL

소매길이(52)+4

소매산 높이를 결정하는 법

뒤   앞

평균 어깨 길이   ◉ = 소매산 높이

평균 어깨 길이의 $\frac{3}{4}$

소매산 높이
평균 어깨 길이의 $\frac{2}{3}$

여유분 줄임 분량 없이. 어깨 끝의
부풀림이 없어지고, 소매 폭은 매우 넓다.

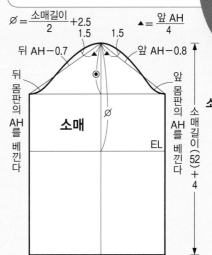

$\varnothing = \dfrac{소매길이}{2}+2.5$ $\blacktriangle = \dfrac{앞\ AH}{4}$

1.5   1.5

뒤 AH−0.7   앞 AH−0.8

뒤 몸판의 AH를 베낀다   소매   앞 몸판의 AH를 베낀다

소매길이(52)+4

소매산 높이를 결정하는 법

뒤   앞

평균 어깨 길이   ◉ = 소매산 높이

평균 어깨 길이의 $\frac{2}{3}$

→ 기본 패턴 만드는 법…P.188, 치수 재기…P.22
    17

기본 패턴 ❸

재킷으로는 여유분이 많고, 코트로는 표준인 실루엣. 보통의 니트나 얇은 재킷 위에 입는 것을 가정.
엉덩이 길이나 소매길이 등 괄호 안의 치수는 참고 치수(9호 치수 · P.22).

몸판

WL에서 윗부분은 문화복장학원에서 만든 '성인 여자용 원형'을 사용하고,
전체 형태는 WL에서 평행으로 길이를 추가한 박스형.
'원형'의 뒤 어깨 다트와 앞 AH 다트를 처리하고
앞 목둘레와 앞뒤 진동 둘레에 여유분을 추가했다.
남은 AH 다트는 가슴을 입체적으로 감싸기 위한 다트로 하고
어깨 다트는 디자인에 따라 사용. 앞뒤에서 옷 폭을 추가하고
가슴 전체의 완성 치수는 가슴둘레+여유분 24cm*로 설정.

＊원형 본래의 여유분 12cm+추가 분량 12cm

부록
몸판 윗부분의
실물 대형 패턴
(9개 사이즈 전개)
수록

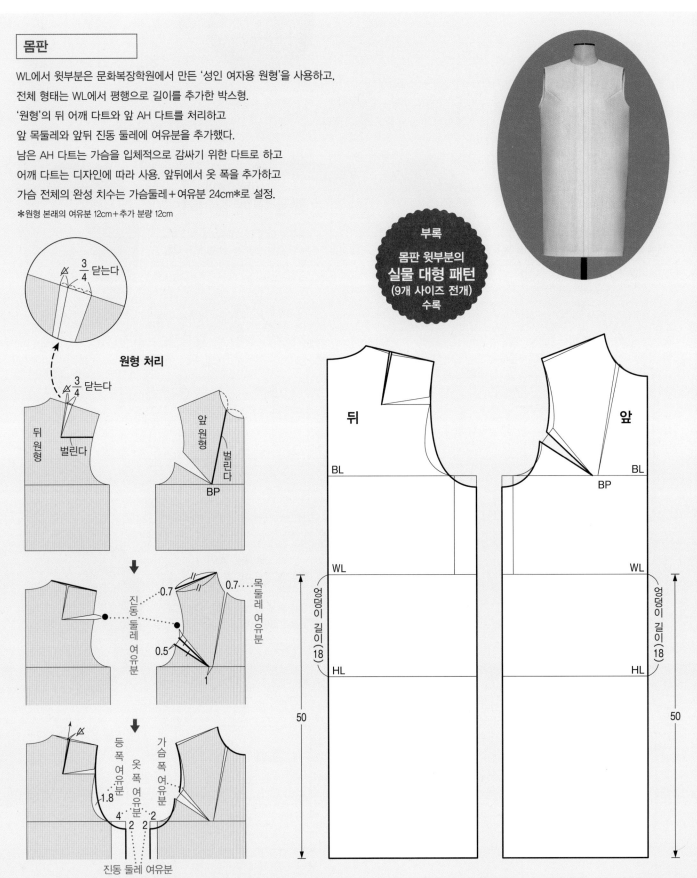

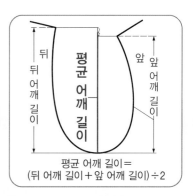

부록

소매산 부분의
실물 대형 패턴
(9개 사이즈 전개)
수록

평균 어깨 길이 =
(뒤 어깨 길이 + 앞 어깨 길이) ÷ 2

소매

직선적인 원통형. 소매길이는 측정한 자신의 소매길이+4cm로 설정.

소매산 높이는 평균 어깨 길이의 $\frac{5}{6}$, $\frac{4}{5}$, $\frac{3}{4}$, $\frac{2}{3}$의 4종류. 이것에 맞춰 여유분 줄임 분량*을 조정했다.

소매산이 낮아질수록 소매 밑이 길고, 소매 폭은 넓어져, 팔을 들어 올리기 편해진다. 소매산선은 몸판의 AH 치수와 모양에 연동.

*소매산에 부풀림을 주기 위한 소매산선과 AH 치수 차이

소매산 높이
평균 어깨 길이의 $\frac{5}{6}$

여유분 줄임 분량은 AH 치수의 8%.
어깨 끝의 부풀림은 크고, 소매 폭은 좁다.

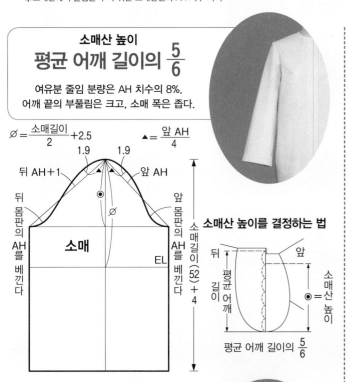

$\varnothing = \dfrac{소매길이}{2}+2.5$ $\blacktriangle = \dfrac{앞 AH}{4}$

1.9   1.9

뒤 AH+1   앞 AH

뒤 몸판의 AH를 베낀다 $\varnothing$ 앞 몸판의 AH를 베낀다

소매

EL

소매길이(52)+4

소매산 높이를 결정하는 법

뒤   앞

평균 어깨 길이   소매산 높이

◉ = 소매산 높이

평균 어깨 길이의 $\frac{5}{6}$

소매산 높이
평균 어깨 길이의 $\frac{4}{5}$

여유분 줄임 분량은 AH 치수의 6%.
어깨 끝의 부풀림도 소매 폭도 보통.

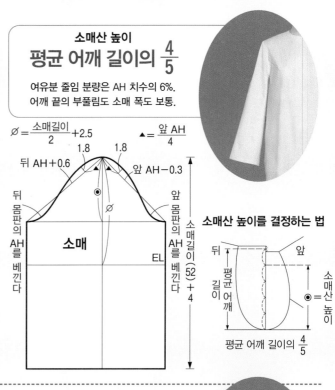

$\varnothing = \dfrac{소매길이}{2}+2.5$ $\blacktriangle = \dfrac{앞 AH}{4}$

1.8   1.8

뒤 AH+0.6   앞 AH−0.3

뒤 몸판의 AH를 베낀다 $\varnothing$ 앞 몸판의 AH를 베낀다

소매

EL

소매길이(52)+4

소매산 높이를 결정하는 법

뒤   앞

평균 어깨 길이   소매산 높이

◉ = 소매산 높이

평균 어깨 길이의 $\frac{4}{5}$

소매산 높이
평균 어깨 길이의 $\frac{3}{4}$

여유분 줄임 분량은 AH 치수의 4%.
어깨 끝의 부풀림은 적고, 소매 폭은 넓다.

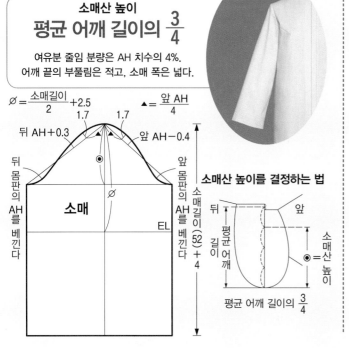

$\varnothing = \dfrac{소매길이}{2}+2.5$ $\blacktriangle = \dfrac{앞 AH}{4}$

1.7   1.7

뒤 AH+0.3   앞 AH−0.4

뒤 몸판의 AH를 베낀다 $\varnothing$ 앞 몸판의 AH를 베낀다

소매

EL

소매길이(52)+4

소매산 높이를 결정하는 법

뒤   앞

평균 어깨 길이   소매산 높이

◉ = 소매산 높이

평균 어깨 길이의 $\frac{3}{4}$

소매산 높이
평균 어깨 길이의 $\frac{2}{3}$

여유분 줄임 분량 없이. 어깨 끝의
부풀림이 없어지고, 소매 폭은 매우 넓다.

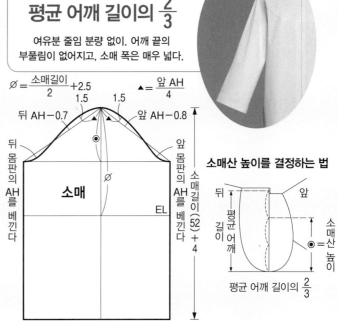

$\varnothing = \dfrac{소매길이}{2}+2.5$ $\blacktriangle = \dfrac{앞 AH}{4}$

1.5   1.5

뒤 AH−0.7   앞 AH−0.8

뒤 몸판의 AH를 베낀다 $\varnothing$ 앞 몸판의 AH를 베낀다

소매

EL

소매길이(52)+4

소매산 높이를 결정하는 법

뒤   앞

평균 어깨 길이   소매산 높이

◉ = 소매산 높이

평균 어깨 길이의 $\frac{2}{3}$

→ 기본 패턴 만드는 법…P.188, 치수 재기…P.22

기본 패턴 ④

몸판은 여유가 많은 실루엣. 몸판의 다트를 없앤 평면 패턴. 두꺼운 니트나 중간 두께의 울 재킷 위에 입는 것을 가정.
엉덩이 길이나 소매길이 등 괄호 안의 치수는 참고 치수(9호 치수·P.22).

몸판

WL에서 윗부분은 문화복장학원에서 만든 '성인 여자용 원형'을 사용하고
전체 형태는 WL에서 평행으로 길이를 추가한 박스형.
'원형'의 뒤 어깨 다트와 앞 AH 다트를 처리하고
앞 목둘레와 앞뒤 진동 둘레에 여유분을 추가했다.
다트를 없앤 낙낙한 실루엣으로
가슴 볼륨을 고려한 앞처짐을 추가.
앞뒤에서 옷 폭을 추가하고
가슴 전체의 완성 치수는 가슴둘레＋여유분 30cm＊로 설정.

＊원형 본래의 여유분 12cm＋추가 분량 18cm

부록
몸판 윗부분의
실물 대형 패턴
(9개 사이즈 전개)
수록

원형 처리

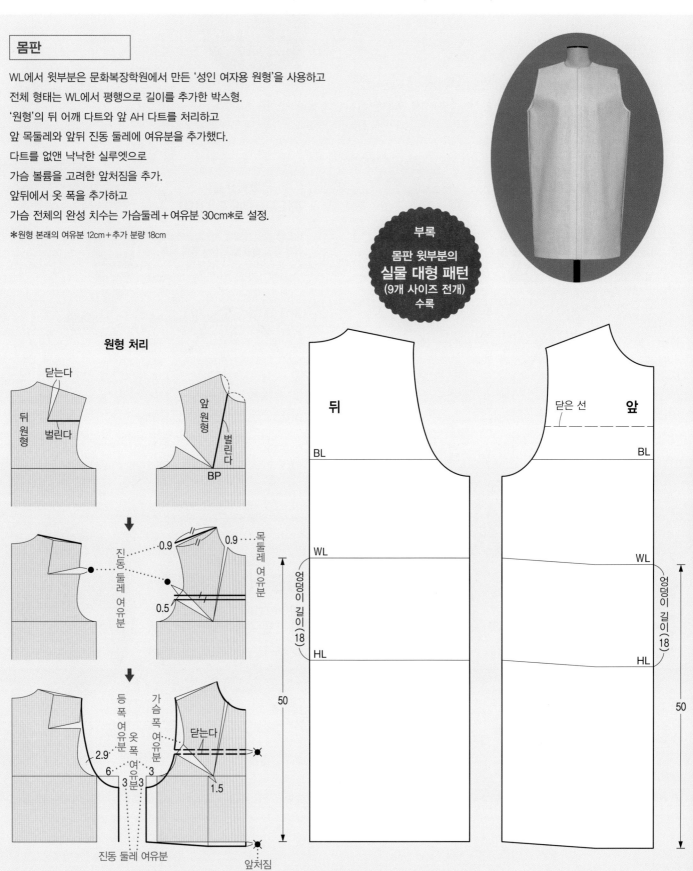

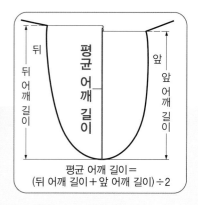
소매

직선적인 원통형. 소매길이는 측정한 자신의 소매길이＋4cm로 설정.

소매산 높이는 평균 어깨 길이의 $\frac{5}{6}$, $\frac{4}{5}$, $\frac{3}{4}$, $\frac{2}{3}$의 4종류. 이것에 맞춰 여유분 줄임 분량＊을 조정했다.

소매산이 낮아질수록 소매 밑이 길고, 소매 폭이 넓어져, 캐주얼한 이미지로. 소매산선은 몸판의 AH 치수와 모양에 연동.

＊소매산에 부풀림을 주기 위한 소매산선과 AH 치수 차이

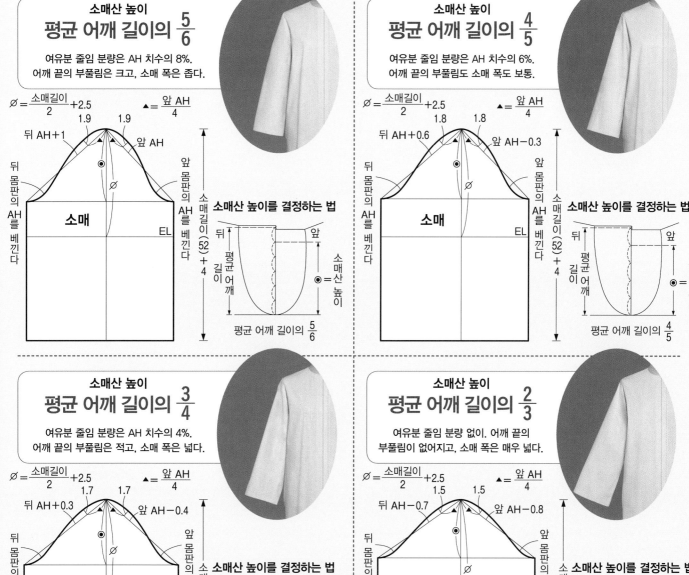

소매산 높이
평균 어깨 길이의 $\frac{5}{6}$

여유분 줄임 분량은 AH 치수의 8%.
어깨 끝의 부풀림은 크고, 소매 폭은 좁다.

$\emptyset = \frac{소매길이}{2} + 2.5$ ▲ $= \frac{앞 AH}{4}$

1.9   1.9

뒤 AH＋1   앞 AH

뒤 몸판의 AH를 베낀다

소매

앞 몸판의 AH를 베낀다

EL

소매길이(52)＋4

소매산 높이를 결정하는 법

뒤   앞

평균 어깨 길이

◉＝소매산 높이

평균 어깨 길이의 $\frac{5}{6}$

소매산 높이
평균 어깨 길이의 $\frac{4}{5}$

여유분 줄임 분량은 AH 치수의 6%.
어깨 끝의 부풀림도 소매 폭도 보통.

$\emptyset = \frac{소매길이}{2} + 2.5$ ▲ $= \frac{앞 AH}{4}$

1.8   1.8

뒤 AH＋0.6   앞 AH－0.3

뒤 몸판의 AH를 베낀다

소매

앞 몸판의 AH를 베낀다

EL

소매길이(52)＋4

소매산 높이를 결정하는 법

뒤   앞

평균 어깨 길이

◉＝소매산 높이

평균 어깨 길이의 $\frac{4}{5}$

소매산 높이
평균 어깨 길이의 $\frac{3}{4}$

여유분 줄임 분량은 AH 치수의 4%.
어깨 끝의 부풀림은 적고, 소매 폭은 넓다.

$\emptyset = \frac{소매길이}{2} + 2.5$ ▲ $= \frac{앞 AH}{4}$

1.7   1.7

뒤 AH＋0.3   앞 AH－0.4

뒤 몸판의 AH를 베낀다

소매

앞 몸판의 AH를 베낀다

EL

소매길이(52)＋4

소매산 높이를 결정하는 법

뒤   앞

평균 어깨 길이

◉＝소매산 높이

평균 어깨 길이의 $\frac{3}{4}$

소매산 높이
평균 어깨 길이의 $\frac{2}{3}$

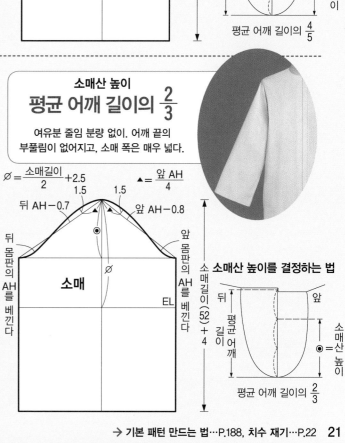

여유분 줄임 분량 없이. 어깨 끝의
부풀림이 없어지고, 소매 폭은 매우 넓다.

$\emptyset = \frac{소매길이}{2} + 2.5$ ▲ $= \frac{앞 AH}{4}$

1.5   1.5

뒤 AH－0.7   앞 AH－0.8

뒤 몸판의 AH를 베낀다

소매

앞 몸판의 AH를 베낀다

EL

소매길이(52)＋4

소매산 높이를 결정하는 법

뒤   앞

평균 어깨 길이

◉＝소매산 높이

평균 어깨 길이의 $\frac{2}{3}$

→ 기본 패턴 만드는 법…P.188, 치수 재기…P.22

예습4 몸의 각 부분 명칭과 치수 재기

― 알아두어야 할 각 부분 명칭과 치수 재는 방법 ―

치수 재기는 패턴 제작에 필요한 몸의 치수를 재는 것이다. 치수를 정확히 재는 것이 '정사이즈'의 옷을 만드는 첫걸음이다. 착용감이 편한 옷을 만들려면 항상 입는 속옷(브래지어, 거들 등)을 입고 재어 꽉 끼지 않도록 한다. 측정한 치수는 아래 표에 적는다.

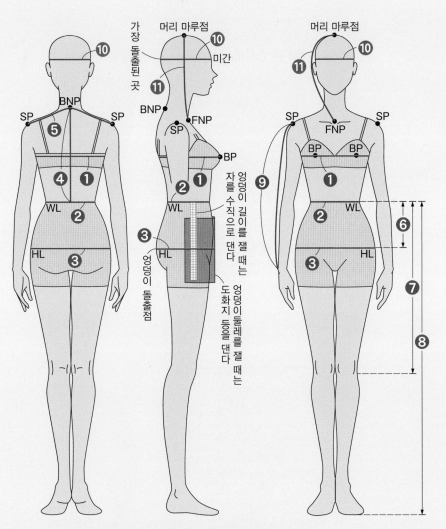

가장 돌출된 곳 / 머리 마루점 ⑩ / 미간 / ⑪ / BNP / FNP / SP / BP / ① / ② / WL / ③ / HL / 엉덩이 돌출점 / 자를 수직으로 댄다 / 엉덩이 길이를 잴 때는 도화지 등을 댄다 / 엉덩이 둘레를 잴 때는

❶ 가슴둘레, BL
가슴의 가장 높은 위치, BP를 지나는 수평 라인을 1바퀴 돌려 잰다. 뒤가 내려간 상태로 재면 치수가 실제보다 줄어드니 주의한다.

❷ 허리둘레, WL
기본적으로 몸통에서 가장 가는 위치. 가는 끈으로 감고 안정감 있는 수평 라인을 1바퀴 돌려 잰다.

❸ 엉덩이둘레, 엉덩이 돌출점, HL
엉덩이 돌출점(엉덩이에서 제일 튀어나온 위치)의 수평 라인. 배가 나온 부분을 포함해 1바퀴 돌려 잰다.

❹ 등 길이
BNP에서 WL까지 수직으로 잰다. 이 치수에 어깨뼈 돌출 부분만큼 0.7~1cm를 더한다.

❺ 어깨너비
SP에서 BNP를 지나 다른 쪽 SP까지 잰다.

❻ 엉덩이 길이
WL에서 HL까지 수직으로 잰다. 비교적 평평한 옆쪽에서 수직으로 자를 대고 재면 정확하다.

❼ 무릎 길이
WL에서 무릎뼈 아래쪽 끝까지 수직으로 잰다.

❽ 허리 높이
앞 중심에서 WL부터 바닥까지 수직으로 잰다.

❾ 소매길이
팔을 자연스럽게 내린 상태에서 SP(옆에서 보면 위팔 꼭대기 거의 중앙)에서 손목 바깥쪽 돌출된 뼈까지 잰다.

❿ 머리둘레
앞 미간과 뒷머리의 가장 돌출된 곳을 지나 1바퀴 돌려 잰다. 뒷머리의 돌출점이 머리카락에 가려 분간하기 힘들 때는 손으로 만져보고 찾는다. 그림처럼 수평이 안 되는 경우도 있다.

⓫ 후드 치수
머리 마루점(정수리, 머리 가장 높은 위치)에서 FNP까지 가볍게 줄자를 대고 잰다.

BL ····버스트라인(가슴선)
BP ····버스트 포인트(유두점)
WL ····웨이스트라인(허리선)
HL ····힙라인(엉덩이선)
SP ····숄더 포인트(어깨 끝점)
FNP ··프런트 네크라인 포인트(목 앞점)
SNP ··사이드 네크라인 포인트(목 옆점)
BNP ··백 네크라인 포인트(목 뒷점)

― 자신의 치수표와 참고 치수 ―

측정한 치수를 적는 표이다.
참고 치수는 이 책 제도에 사용한 치수를 표시했다.

부위 / 치수	❶ 가슴둘레	❷ 허리둘레	❸ 엉덩이둘레	❹ 등 길이	❺ 어깨너비	❻ 엉덩이 길이	❼ 무릎 길이	❽ 허리 높이	❾ 소매길이	❿ 머리둘레	⓫ 후드 치수
자신의 치수											
참고 치수(9호)	83	67	91	38	38	18	57	97	52	56	39

자신의 치수를 적는다

단위는 cm

예습 5 어깨 패드에 대하여

― 기본을 이해하자 ―

어깨 패드는 어깨 실루엣을 견고하게 만들고 싶을 때 사용하는 어깨심(바대). 겉감의 어깨 안쪽에 대고 소매와 어깨선 시접에 고정해 단다. 솜 위아래로 부직포를 씌운 반원 형태로, 다양한 모양과 두께가 있다.

어깨 패드의 종류

세트인 슬리브(일반 소매)용과 래글런 슬리브용 2종류가 있고, 표현하고 싶은 어깨 끝 실루엣에 따라 나누어 사용한다.

세트인 슬리브용 어깨 끝을 깔끔하게 자른 모양으로 가장 많이 사용한다. 크기는 2종류로 작은 것은 블라우스나 얇은 재킷용, 큰 것은 일반 천에서 두꺼운 재킷, 코트용. 두께는 0.5cm, 1cm, 1.5cm 등.

래글런 슬리브용 어깨 끝에 둥글림을 준 것이 특징. 래글런 슬리브 이외에도 셔츠 슬리브, 요크 슬리브 등에 사용한다. 여유분 줄임이 적은 세트인 슬리브에도 달 수 있다. 두께는 0.5cm, 1cm, 1.5cm 등.

> **Point** 세트인 슬리브용은 그 밖에도…
>
> 어깨 끝이 완만한 와플 타입
> 어깨 끝 쪽의 단면에 둥글림이 있고. 부드러운 실루엣으로.
>
> 체형 보정용의 앞 어깨 타입
> 앞 어깨의 두께를 적게 하여, 솔더 포인트(SP)가 앞으로 나온다. 앞 어깨 체형이 가려진다.

패턴 처리에 대하여

이 책에서 사용하는 몸판의 기본 패턴 4종류에는 진동 둘레에 이미 여유분이 들어가 있기 때문에, 기본 패턴 ❷~❹는 두께 1.5cm까지 어깨 패드를 패턴 처리 없이 달 수 있다. 기본 패턴 ❶은 두께 0.5cm까지 달 수 있지만, 진동 둘레에 여유분이 적으므로 두께 0.8~1.5cm의 경우는 오른쪽 그림 같은 패턴 처리가 필요하다.

✻ 패턴 처리를 하면 진동 둘레 치수가 바뀌므로, 소매의 기본 패턴은 새롭게 제도한다(P.188).

기본 패턴 ❶의 몸판에 두께 0.8~1.5cm의 어깨 패드를 다는 경우

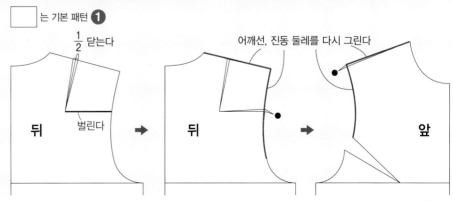

몸판 패턴

1 교시
→ P.26
박시 라인
— Boxy line —
Ⓐ

2 교시
→ P.28
커쿤 라인
— Cocoon line —
Ⓒ

3 교시
→ P.30
트라페즈 라인
— Trapeze line —
Ⓔ

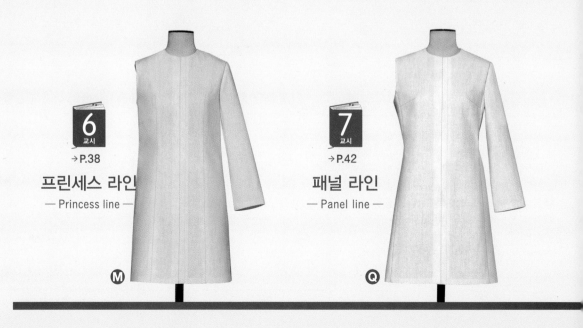

6 교시
→ P.38
프린세스 라인
— Princess line —
Ⓜ

7 교시
→ P.42
패널 라인
— Panel line —
Ⓠ

몸판이란 몸통을 감싸는 부분의 총칭이다.

재킷이나 코트의 실루엣을 결정하는 주축이 된다. 다양한 디자인에 폭넓게 대응할 수 있도록
이 책에서는 기본 라인에 개성 있는 패턴을 추가해 10종류 스타일로 구성했다.

변형 디자인을 포함해 모두 26가지 디자인을 소개한다.

모든 디자인은 기본 패턴에서 전개하고, 앞 중심 트임의 겹침분은 싱글 2cm로 설정.

Ⓨ, Ⓩ(P.50, 51) 이외의 완성 이미지 몸판은 기본 패턴 ❷를 사용.

일부 디자인을 제외하고, 2종류의 옷 길이(WL에서 50cm, 25cm)를 게재했다.

또 소매를 달았을 때 몸판 라인이나 밑단선과의 균형을 쉽게 이해하도록
왼쪽 소매(소매산 높이 $\frac{4}{5}$, 소매길이 56cm)를 달았다.

몸판

4 교시
→P.34
A라인
—A line—
Ⓘ

5 교시
→P.36
셰이프트 라인
—Shaped line—
Ⓚ

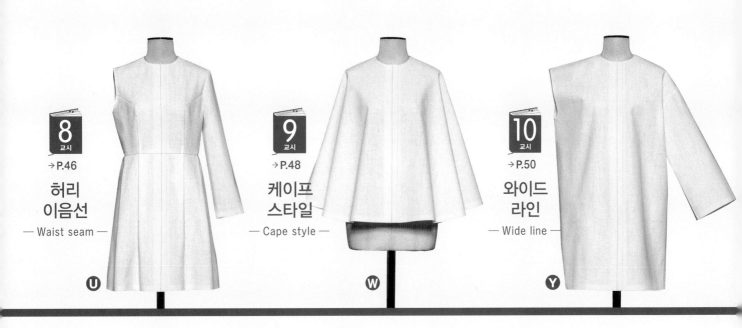

8 교시
→P.46
허리
이음선
—Waist seam—
Ⓤ

9 교시
→P.48
케이프
스타일
—Cape style—
Ⓦ

10 교시
→P.50
와이드
라인
—Wide line—
Ⓨ

1 교시 박시 라인
— Boxy line —

A 기본 패턴 그대로

기본 패턴을 그대로 사용한 박스형.
가슴둘레, 엉덩이둘레, 밑단 둘레가
모두 같은 치수이다.
옆선을 밑단까지 수직으로 내린
가장 기본적인 모양.

! 밑단 너비나 옷 길이에 따라서 벤트
나 슬릿 등을 만들어 보행을 위한 기
능성을 보완한다.

! 엉덩이둘레 치수의 확인, 조정이 필수.

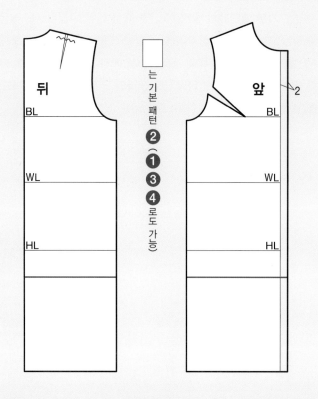

□ 는 기본 패턴 ❷ (❶ ❸ ❹ 로도 가능)

뒤 / 앞

BL WL HL

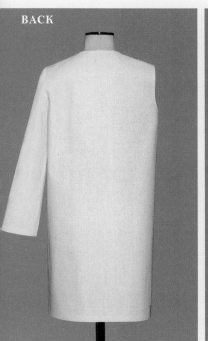
BACK

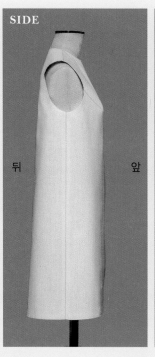
SIDE
뒤 / 앞

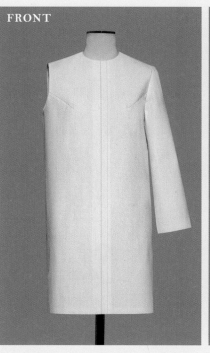
FRONT

FRONT (쇼트)

박스형의 스트레이트 라인. 기본 패턴 모양 그대로이고, 옆선은 밑단 쪽으로 수직이다.

재킷＆코트의 기본형으로, 옆선이 거의 수직인 직사각형 실루엣.
직선적인 스타일로 다양한 디자인의 원형이 된다.

B 밑단 너비를 넓힌다(4cm)

밑단 너비를 추가해
진동 둘레 아랫점과 연결하고
밑단 둘레 전체에서 16cm 넓힌다.

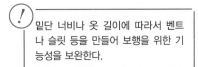
몸판
A
B

> ! 밑단 너비나 옷 길이에 따라서 벤트
> 나 슬릿 등을 만들어 보행을 위한 기
> 능성을 보완한다.

> ! 엉덩이둘레 치수의 확인, 조정이 필수.

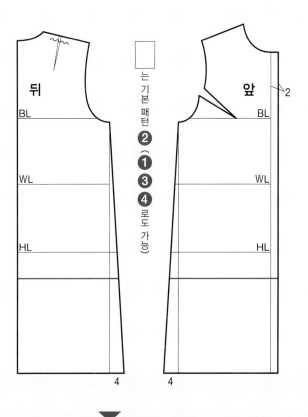

BACK

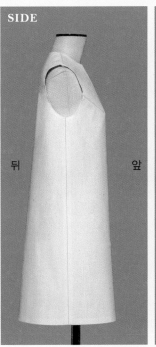

SIDE

뒤 　 앞

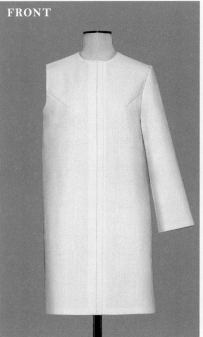

FRONT

FRONT (쇼트)

가슴에서 밑단 쪽으로 약간 경사지게 퍼진다.

→ 기본 패턴 만드는 법…P.180, 기본 패턴 ❹로 만드는 경우…P.192, 엉덩이둘레 치수 조정…P.193, 밑단 둘레 치수에 대하여…P.193

2 교시 커쿤 라인
— Cocoon line —

C 플레인 타입

HL에 부풀림 분량을 추가,
밑단 너비도 추가해 옆선을 완만하게 연결한다.

> ! 밑단 너비나 옷 길이에 따라서 벤트나 슬릿 등을 만들어 보행을 위한 기능성을 보완한다.

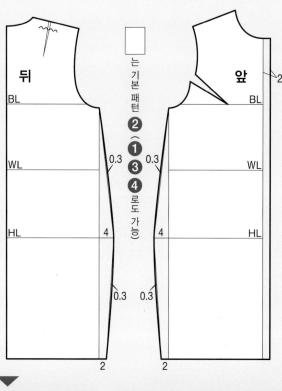

뒤 / 앞

는 기본 패턴 ❷ (❶ ❸ ❹ 로도 가능)

BL / WL / HL

0.3 / 4 / 2

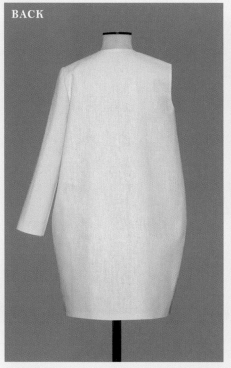

BACK

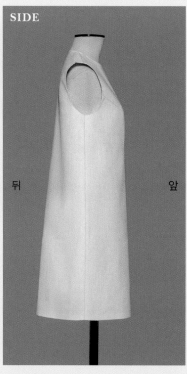

SIDE

뒤 / 앞

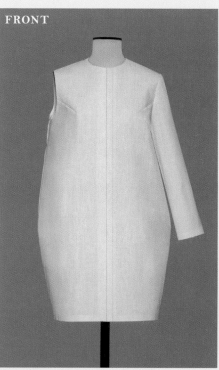

FRONT

엉덩이 주위에 약간 부풀림이 생긴다. 앞뒤 두께감은 적고, 형태는 평면적.

 → 기본 패턴 만드는 법…P.180, 기본 패턴 ❹ 로 만드는 경우…P.192, 밑단 둘레 치수에 대하여…P.193

'커쿤'이란 누에고치를 의미. 엉덩이 주위를 부풀려서 몸을 둥글게 감싸는 실루엣이다.
부풀림이 적으면 박시 라인과 비슷한 분위기가 된다.

Ⓓ 가로 이음 타입

HL에서 밑단까지, 옆선과 평행으로 옷 폭을 추가.
진동 둘레 아랫점과 연결한다.
HL에 이음선을 넣고, 각 다트를 닫아
다트 끝의 수직선에서 벌려
부풀림 분량을 추가한다.

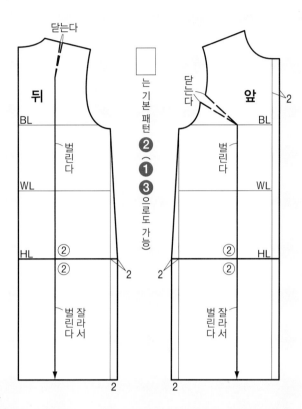

몸판

Ⓒ
Ⓓ

절개 그림
(축소 그림)

뒤   앞

2   2

2   2

⚠ 밑단 너비나 옷 길이에 따라서 벤트나 슬릿 등을 만들어 보행을 위한 기능성을 보완한다.

닫는다

뒤   앞

☐ 는 기본 패턴
❷
❶
❸ 으로도 가능

BL   BL

벌린다   벌린다

WL   WL

② ②

② ②   2

2   2

벌린다 잘라서   벌린다 잘라서

2   2

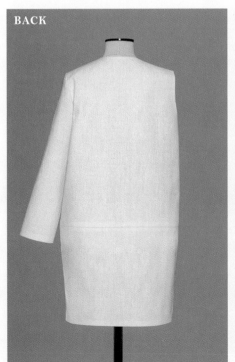

BACK

SIDE

뒤   앞

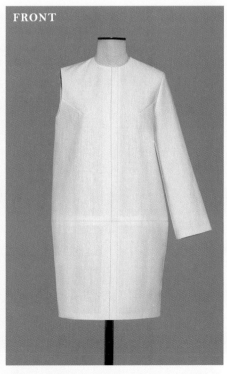

FRONT

추가 분량은 Ⓒ와 같아도 옷 폭 사이로 배분하여, 전체적으로 퍼지고, 형태는 입체적으로.
HL의 이음으로 가로 라인을 강조한다.

→ 기본 패턴 만드는 법…P.180, 밑단 둘레 치수에 대하여…P.193 **29**

3 교시 트라페즈 라인
— Trapeze line —

E 밑단 너비를 넓힌다 (8cm)

밑단 너비를 옆에서 추가해
진동 둘레 아랫점과 연결하고
밑단 둘레 전체에서 32cm 넓힌다.

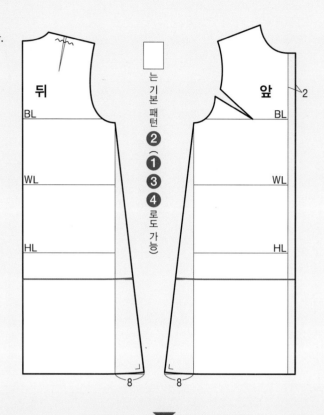

뒤
앞
BL
BL
WL
WL
HL
HL

는 기본 패턴 ❷ ❶ ❸ ❹ 로도 가능

8   8   2

▼

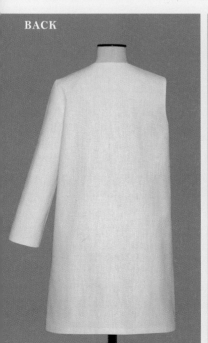
BACK

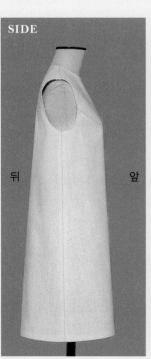
SIDE
뒤   앞

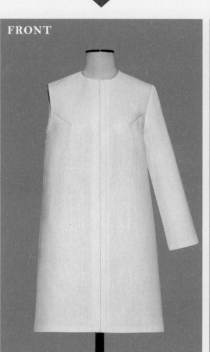
FRONT

FRONT (쇼트)

BL에서 밑단 쪽으로 서서히 퍼지는 사다리꼴 실루엣. 옆만 추가하기 때문에 앞뒤 두께감은 적고, 형태는 약간 평면적이다.

밑단이 퍼진 사다리꼴 실루엣.
박스형에 더하는 분량의 추가 방법이나 모양의 차이로 표정이 다양하게 변화한다.

몸판

E
F

F 밑단 너비를 넓히고(8cm), WL을 줄인다(1cm)

밑단 너비를 옆에서 추가해
진동 둘레 아랫점과 연결하고
밑단 둘레 전체에서 32cm 넓힌다.
WL을 줄이고
진동 둘레 아랫점~WL~밑단을 연결한다.

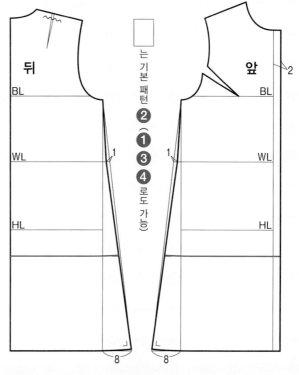

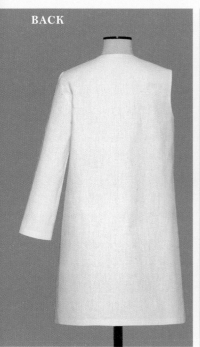
BACK

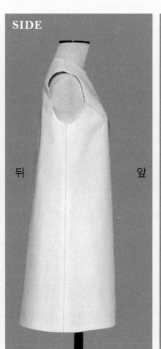
SIDE

뒤 앞

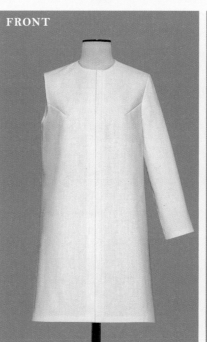
FRONT

FRONT (쇼트)

밑단 퍼짐은 E와 같다. WL의 줄임을 더해, 약간 잘록하고 가늘어 보인다.

→ 기본 패턴 만드는 법…P.180, 기본 패턴 4로 만드는 경우…P.192

3 트라페즈 라인
— Trapeze line —

G WL에서 아래의 밑단 너비를 넓힌다(8cm)

밑단 너비를 옆에서 추가해
WL과 연결하고
밑단 둘레 전체에서 32cm 넓힌다.

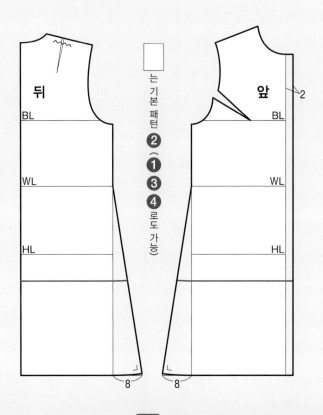

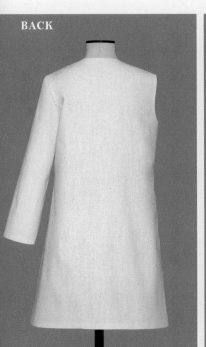
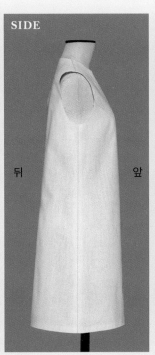
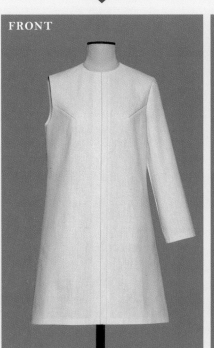

BACK | **SIDE** | **FRONT** | **FRONT (쇼트)**

밑단 퍼짐은 **E**와 같다. 상반신은 박스형이고, WL에서 밑단으로 퍼짐이 생긴다. 허리가 잘록하고 가늘어 보인다.

H 다트를 닫아 밑단 너비를 넓힌다(소량)

어깨 다트와 AH 다트를 이용.
뒤는 다트 전체 분량을 닫아
그 반동을 다트 끝의 수직선에서 벌린다.
앞은 다트를 닫아, 뒤와 같은 분량이 되도록
다트 끝의 수직선에서 벌려 밑단 너비를 추가한다.
넓어지는 분량은 각자의 다트양에 따른다.

절개 그림
(축소 그림)

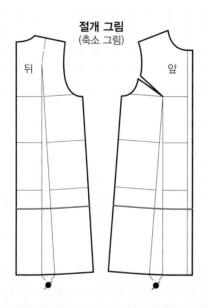

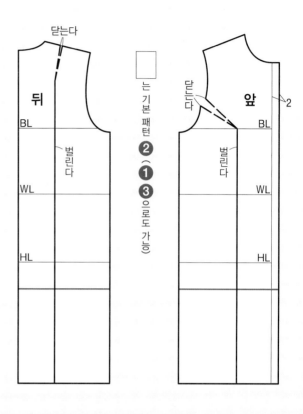

닫는다

뒤
BL
벌린다
WL
HL

□ 는 기본 패턴 ② (①) ③ 으로도 가능

닫는다
닫는다
앞
2
BL
벌린다
WL
HL

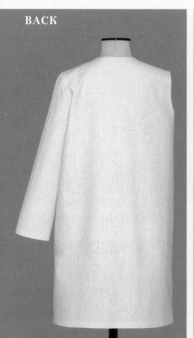
BACK

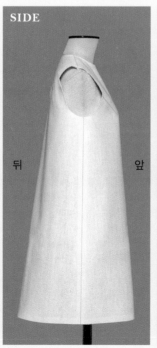
SIDE

뒤   앞

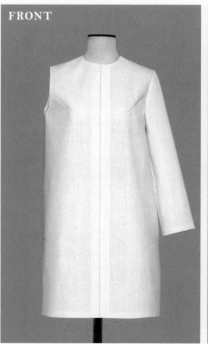
FRONT

FRONT (쇼트)

앞뒤 모두 다트 끝에서 아래로 분량이 추가되기 때문에, 옆으로 퍼짐은 줄어서 사다리꼴 라인의 인상은 약하지만 입체감은 커진다.
추가 분량의 기본이 되는 어깨 다트 분량이 적기 때문에 밑단 퍼짐도 적다.

몸판
G
H

→ 기본 패턴 만드는 법…P.180   33

4 교시 A라인
— A line —

I 노멀 타입

어깨 다트와 AH 다트를 이용.
각각 전체 분량을 닫아
그 반동을 다트 끝의 수직선에서 벌린다.
뒤는 앞과 같은 분량이 되도록
옆쪽 절개선에서도 밑단을 잘라서 벌려 밑단 너비를 넓힌다.
다시 앞에서 벌린 분량(●)의 반을 앞뒤의 옆에서 추가.
넓어지는 분량은 각자의 다트양에 따른다.

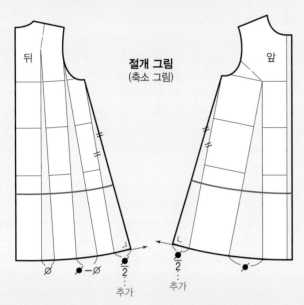

절개 그림
(축소 그림)

뒤

앞

●── ●

2
추가

2
추가

닫는다

뒤

BL

벌린다

벌잘
린라
다서

WL

HL

□ 는 기본 패턴 ② ① ③ 으로도 가능

닫는다

닫는다

앞

2

BL

벌린다

WL

HL

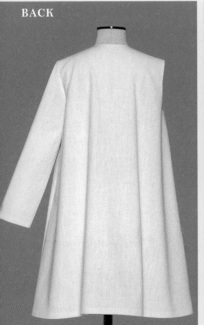

BACK

SIDE

뒤   앞

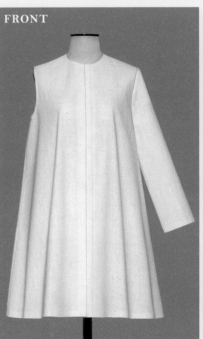

FRONT

FRONT (쇼트)

밑단 쪽으로 크게 퍼지는 A라인 실루엣. 플레어 물결이 생겨 볼륨감이 강조된다.
BL 부근의 퍼짐은 약해, 어깨 주위는 깔끔하고 날씬함을 유지한다. 옷 폭이 넓어져 밑단은 조금 옆 처짐이 생긴다.

 → 기본 패턴 만드는 법…P.180

알파벳 A를 이미지화한 밑단이 퍼지는 실루엣. 밑단 너비가 넓어지면 플레어 웨이브가 생긴다.
벨트나 드로스트링, 고무줄 등으로 허리를 조이는 변화를 시도함으로써
한 단계 위 레벨의 연출을 즐길 수 있다.

Ⓙ 와이드 타입

어깨 다트와 AH 다트를 이용.
각각 전체 분량을 닫아, 그 반동을 다트 끝의 수직선에서 벌린다.
그다음 옆쪽 절개선에서도 밑단을 잘라서 벌리고, 앞은 같은 분량을,
뒤는 앞의 합계와 같은 분량이 되도록 절개 치수를 설정해
밑단 너비를 넓힌다.
다시 앞에서 벌린 분량(●)의 반을 앞뒤의 옆에서 추가한다.
넓어지는 분량은 각자의 다트양에 따른다.

몸판
Ⓘ
Ⓙ

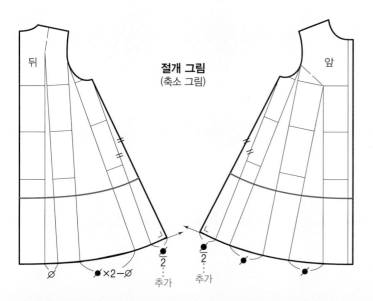

절개 그림
(축소 그림)

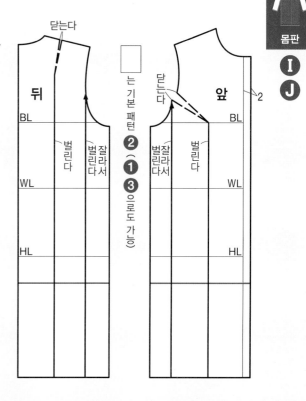

뒤

앞

닫는다

□ 는 기본 패턴
❷ (❷❶❸으로도 가능)
❶
❸

BL
WL
HL

벌린다 / 벌잘라서린다

닫는다 / 2

벌잘라서린다 / 벌린다

BACK

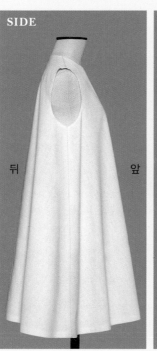

SIDE

뒤   앞

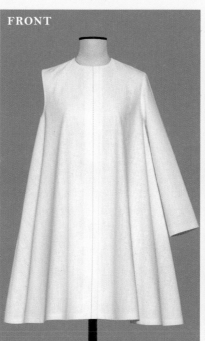

FRONT

FRONT (쇼트)

❶보다 밑단의 추가 분량을 늘려서, 플레어 물결이 많아진다. 존재감 넘치는 A라인 실루엣으로.
BL 부근의 퍼짐은 적어, 어깨 주위는 깔끔하고 날씬함을 유지한다. 옷 폭이 넓어져 밑단은 옆 처짐이 생긴다.

→ 기본 패턴 만드는 법…P.180

5 교시 셰이프트 라인
— Shaped line —

Ⓚ 마름모꼴 허리 다트로 줄인다

허리 다트를 추가,
다시 WL을 뒤 중심과 옆에서 줄이고
밑단 너비를 옆에서 추가.
뒤 중심은 어깨 다트 끝의
수평 위치~WL~HL을,
옆은 진동 둘레 아랫점~WL~밑단을 연결한다.
허리둘레 치수는 전체에서 16cm 가늘어진다.

> ! 밑단 너비나 옷 길이에 따라서 벤트나 슬릿 등을 만들어 보행을 위한 기능성을 보완한다.

> ! 엉덩이둘레 치수의 확인, 조정이 필수.

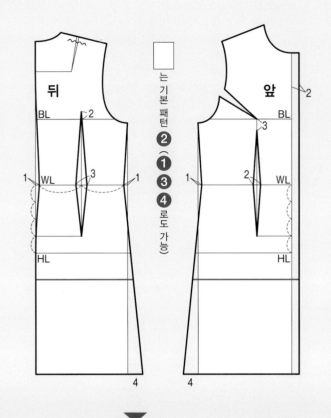

BACK

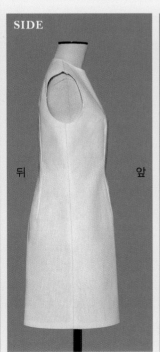

SIDE

뒤 앞

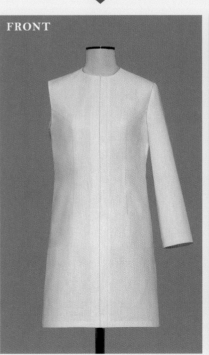

FRONT

FRONT (쇼트)

허리는 줄고 밑단 퍼짐을 더한 실루엣. 평면적인 패턴 구성으로 오목함과 볼록함은 적다.

여성의 체형에 맞게 허리를 줄여 몸매 라인을 아름답게 표현하는 실루엣.
다트를 활용하면 알맞게 피트된다.

Ⓛ 밑단까지 허리 다트로 줄인다

WL을 뒤 중심과 옆에서 줄이고, 밑단 너비를 옆에서 추가.
뒤 중심은 어깨 다트 끝의 수평 위치~WL~HL을,
옆은 진동 둘레 아랫점~WL~밑단을 연결한다.
다시 Ⓚ와 같은 허리 다트 위치를 토대로
어깨 다트와 AH 다트를 각각 닫아
밑단(허리 다트의 중심선에서 밑단 너비를 1cm씩
추가한 위치)에서 벌려, 다트로 사용한다.

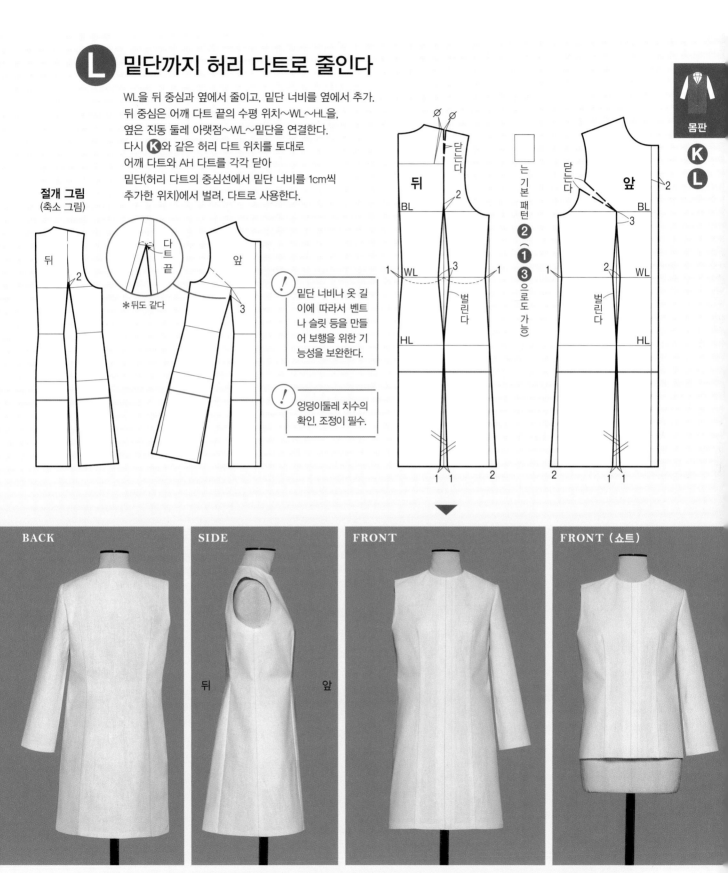

절개 그림
(축소 그림)

다트 끝
*뒤도 같다

뒤
2

앞
3

ⓘ 밑단 너비나 옷 길이에 따라서 벤트나 슬릿 등을 만들어 보행을 위한 기능성을 보완한다.

ⓘ 엉덩이둘레 치수의 확인, 조정이 필수.

몸판
Ⓚ
Ⓛ

는 기본 패턴 ❷(❶❸으로도 가능)

BACK

SIDE
뒤 앞

FRONT

FRONT (쇼트)

허리 줄이는 치수도 밑단 추가 치수도 합계는 Ⓚ와 같다. 입체적인 패턴 구성으로 오목함과 볼록함이 커지고 형태에 리듬감이 생긴다.

→ **기본 패턴 만드는 법**···P.180

→ **밑단 너비 차이에 따른 비교**···P.94, **엉덩이둘레 치수 조정**···P.193, **밑단 둘레 치수에 대하여**···P.193

6 교시 프린세스 라인
— Princess line —

Ⓜ 4면 타입

앞뒤를 2파트씩 나눈 4면 타입.
프린세스 라인은 어깨~WL~밑단을 연결한다.
다시 WL을 뒤 중심과 옆에서 줄이고
밑단 너비를 옆에서 추가. 뒤 중심은
어깨 다트 끝의 수평 위치~WL~HL을,
옆은 진동 둘레 아랫점~WL~밑단을 연결한다.

맞댄 그림

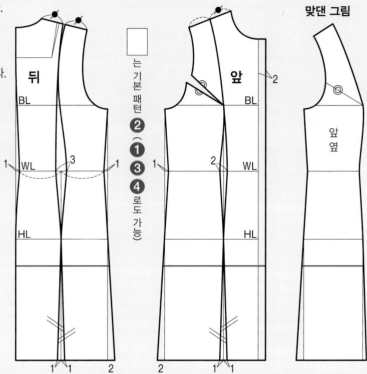

Ⓘ 앞뒤 프린세스 라인은 어깨선에서 연결되도록 위치를 맞춘다.

Ⓘ 밑단 너비나 옷 길이에 따라서 벤트나 슬릿 등을 만들어 보행을 위한 기능성을 보완한다.

Ⓘ 엉덩이둘레 치수의 확인, 조정이 필수.

□ 는 기본 패턴 ②(①③④로도 가능)

BACK

SIDE

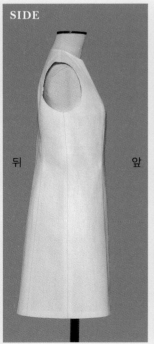

뒤   앞

FRONT

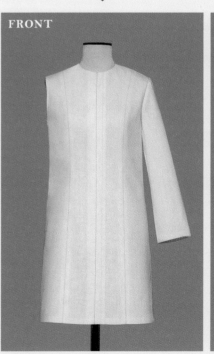

FRONT (쇼트)

리듬감 있는 셰이프트 라인의 실루엣. 완만한 곡선의 프린세스 라인 효과로 표정이 부드럽다.

→ 기본 패턴 만드는 법…P.180

→ 밑단 너비 차이에 따른 비교…P.94, 기본 패턴 ④로 만드는 경우…P.192, 엉덩이둘레 치수 조정…P.193, 밑단 둘레 치수에 대하여…P.193

셰이프트 라인의 실루엣을
다트가 아닌 프린세스 라인(어깨부터 밑단까지 세로 이음선)으로 적당히 몸에 맞게 한 디자인.
줄임 분량은 같지만 다트와 비교해 표정이 부드럽다.

Ⓝ 4면 타입(턱 넣기)

Ⓜ에 턱을 추가.
프린세스 라인은 어깨~WL~밑단을 연결하고
잘라서 벌려 턱을 추가.
다시 WL을 뒤 중심과 옆에서 줄이고, 밑단 너비를 옆에서 추가.
뒤 중심은 어깨 다트 끝의 수평 위치~WL~HL을,
옆은 진동 둘레 아랫점~WL~밑단을 연결한다.

절개 그림, 맞댄 그림
(축소 그림)

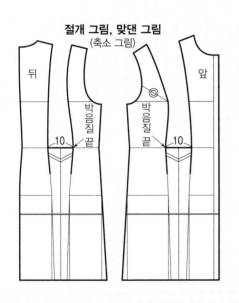

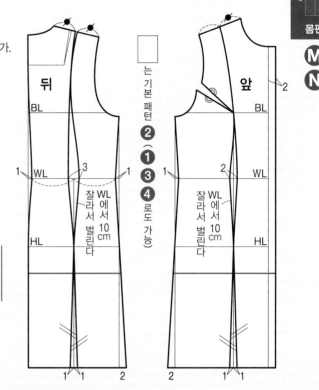

몸판

Ⓜ
Ⓝ

! 앞뒤 프린세스 라인은 어깨선에서 연결되도록 위치를 맞춘다.

BACK

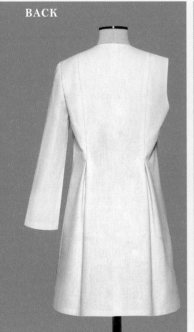

SIDE

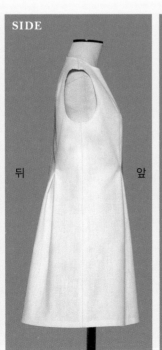

뒤   앞

FRONT

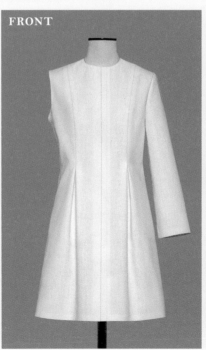

FRONT (쇼트)

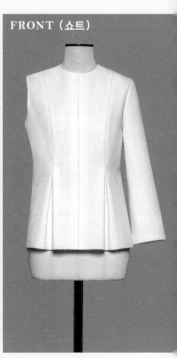

Ⓜ과 같은 원형에 턱을 더한 개성파. 턱의 음영과 볼륨으로 표정이 풍부하다.

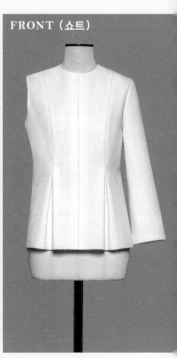

→ 기본 패턴 만드는 법…P.180, 밑단 너비 차이에 따른 비교…P.94, 기본 패턴 ④로 만드는 경우…P.192   39

6 프린세스 라인
교시 ─ Princess line ─

◯ 5면 타입

앞뒤를 각각 3파트씩 나누고
옆을 맞댄 5면 타입.
허리 다트를 추가.
프린세스 라인은 어깨~WL~밑단을 연결하고
옆쪽 이음선은 진동 둘레~WL~밑단을 연결한다.
다시 WL을 뒤 중심에서 줄이고
어깨 다트 끝의 수평 위치~WL~HL을 연결한다.

! 앞뒤 프린세스 라인은 어깨선에서 연결되도록 위치를 맞춘다.

! 밑단 너비나 옷 길이에 따라서 벤트나 슬릿 등을 만들어 보행을 위한 기능성을 보완한다.

! 엉덩이둘레 치수의 확인, 조정이 필수.

맞댄 그림

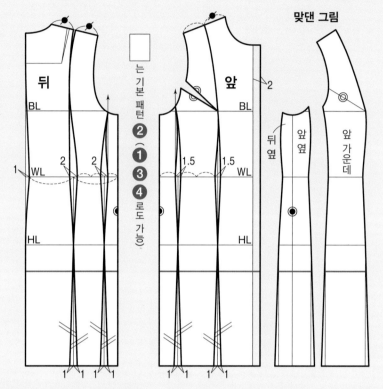

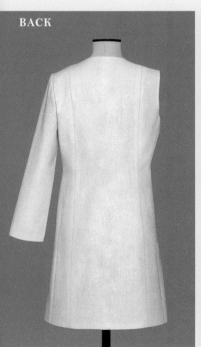
BACK

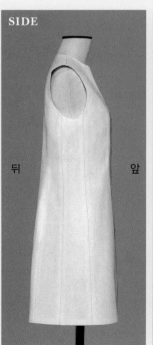
SIDE

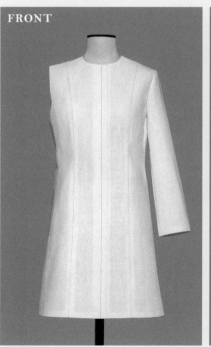
FRONT

FRONT (쇼트)

이음선을 추가하고 몸판 파트를 세분화해, 허리의 줄이는 치수나 밑단 너비의 추가 치수는 Ⓜ과 같지만 형태가 부드럽다.
입체감 있는 셰이프트 라인 실루엣.

→ 기본 패턴 만드는 법…P.180

→ 밑단 너비 차이에 따른 비교…P.94, 기본 패턴 ④로 만드는 경우…P.192, 엉덩이둘레 치수 조정…P.193, 밑단 둘레 치수에 대하여…P.193

P 6면 타입

앞뒤를 3파트씩 나눈 6면 타입.
프린세스 라인은 어깨~WL~밑단을 연결하고
옆쪽 이음선은 진동 둘레~WL~밑단을 연결한다.
다시 WL을 뒤 중심과 옆에서 줄이고
뒤 중심은
어깨 다트 끝의 수평 위치~WL~HL을,
옆은 진동 둘레 아랫점~WL~밑단을 연결한다.

몸판
O P

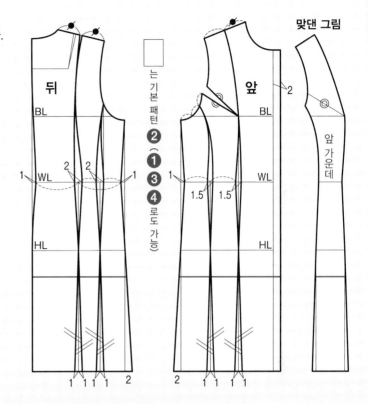

맞댄 그림

뒤 / 앞

BL WL HL

는 기본 패턴 ② ① ③ ④ 로도 가능

앞 가운데

! 앞뒤 프린세스 라인은 어깨선에서 연결되도록 위치를 맞춘다.

! 밑단 너비나 옷 길이에 따라서 벤트나 슬릿 등을 만들어 보행을 위한 기능성을 보완한다.

! 엉덩이둘레 치수의 확인, 조정이 필수.

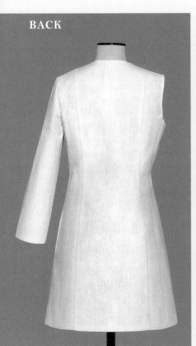

BACK

뒤

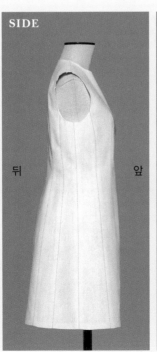

SIDE

앞

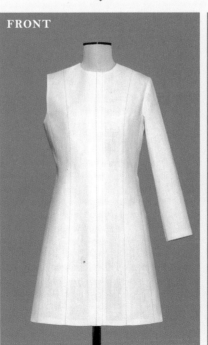

FRONT

FRONT (쇼트)

◉가 더 진화. WL의 줄임과 밑단 너비의 추가 분량이 많아져, 허리가 더 잘록하다. 파트 수도 늘려, 좀 더 입체감 있는 피트 & 플레어 실루엣으로.

→ 기본 패턴 만드는 법…P.180

→ 밑단 너비 차이에 따른 비교…P.94, 기본 패턴 ④로 만드는 경우…P.192, 엉덩이둘레 치수 조정…P.193, 밑단 둘레 치수에 대하여…P.193

7 패널 라인
교시
— Panel line —

Q 3면 타입

앞뒤를 각각 2파트씩 나누고
옆을 맞댄 3면 타입.
패널 라인은
진동 둘레~WL~밑단을 연결한다.
다시 WL을 뒤 중심에서 줄이고
어깨 다트 끝의
수평 위치~WL~HL을 연결한다.
AH 다트는 패널 라인으로 이동해
다트로.

⚠ 밑단 너비나 옷 길이에 따라서 벤트
나 슬릿 등을 만들어 보행을 위한 기
능성을 보완한다.

⚠ 엉덩이둘레 치수의 확인, 조정이 필수.

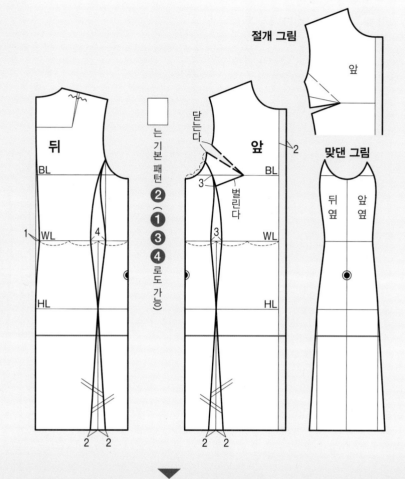

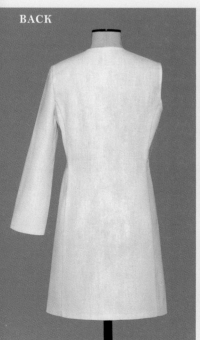

BACK

SIDE

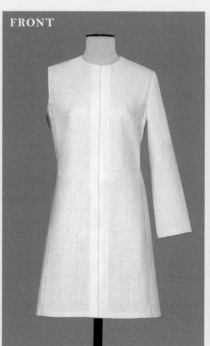

FRONT

FRONT (쇼트)

진동 둘레부터 이음선 효과로 입체적으로 보이며 리듬감이 더 생긴다. 단, 줄임이나 추가 위치가 1곳에 집중되어 형태는 날렵하다.

→ 기본 패턴 만드는 법…P.180

42 → 밑단 너비 차이에 따른 비교…P.94, 기본 패턴 ❹로 만드는 경우…P.192, 엉덩이둘레 치수 조정…P.193, 밑단 둘레 치수에 대하여…P.193

셰이프트 라인 실루엣을
다트가 아닌 패널 라인(진동 둘레부터 밑단까지 이음선)으로 상반신의 입체감을 표현한 디자인.
소프트한 피트감의 프린세스 라인과 비교해 좀 더 리듬감이 생긴다.

Ⓡ 4면 타입(앞 이음선 중심으로 치우침)

앞뒤를 2파트씩 나눈 4면 타입.
패널 라인은
진동 둘레~WL~밑단을 연결한다.
다시 WL을 뒤 중심과 옆에서 줄이고
뒤 중심은 어깨 다트 끝의
수평 위치~WL~HL을,
옆은 진동 둘레 아랫점~WL~밑단을 연결한다.

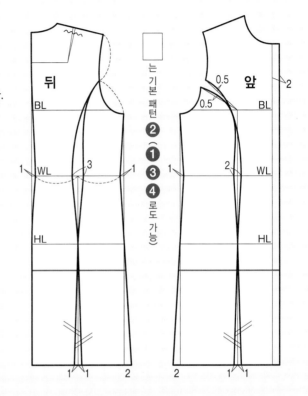

! 밑단 너비나 옷 길이에 따라서 벤트
나 슬릿 등을 만들어 보행을 위한 기
능성을 보완한다.

! 엉덩이둘레 치수의 확인, 조정이 필수.

몸판
Ⓠ
Ⓡ

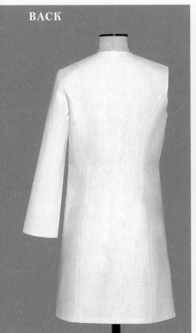

BACK

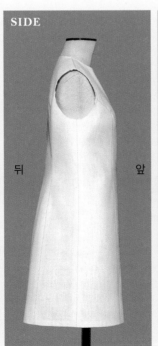

SIDE

뒤   앞

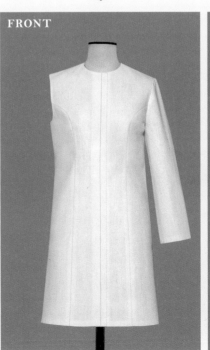

FRONT

FRONT (쇼트)

허리 줄이는 치수도 밑단 너비 추가 치수도 합계는 Ⓠ와 같다. 몇 곳으로 분산함으로써 입체감 있는 부드러운 형태를 실현.

→ 기본 패턴 만드는 법…P.180
→ 밑단 너비 차이에 따른 비교…P.94, 기본 패턴 ④로 만드는 경우…P.192, 엉덩이둘레 치수 조정…P.193, 밑단 둘레 치수에 대하여…P.193

7 패널 라인
— Panel line —

S 4면 타입 (앞 이음선 옆으로 치우침)

앞뒤를 2파트씩 나눈 4면 타입.
패널 라인은 진동 둘레~WL~밑단을 연결한다.
AH 다트는 닫아 패널 라인으로 벌린다.
다시 WL을 뒤 중심과 옆에서 줄이고
뒤 중심은 어깨 다트 끝의
수평 위치~WL~HL을,
옆은 진동 둘레 아랫점~WL~밑단을 연결한다.

절개 그림

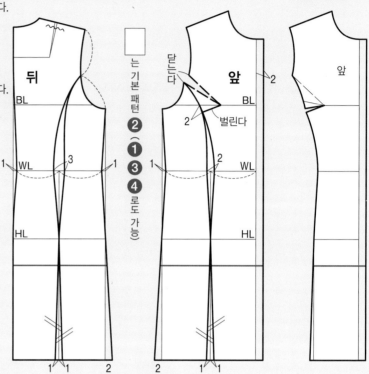

! 밑단 너비나 옷 길이에 따라서 벤트
나 슬릿 등을 만들어 보행을 위한 기
능성을 보완한다.

! 엉덩이둘레 치수의 확인, 조정이 필수.

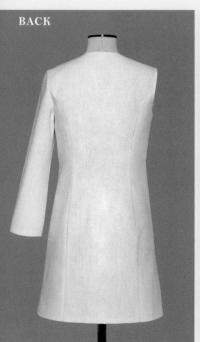

BACK

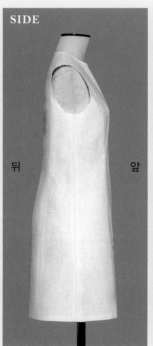

SIDE
뒤 / 앞

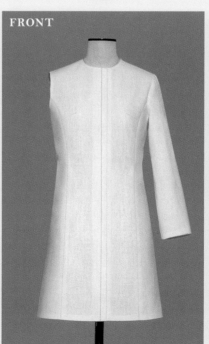

FRONT

FRONT (쇼트)

R과 같은 4면으로, 앞 이음선을 옆으로 치우치게 이동. 이로 인해 R과 비교해 패널 라인이 완만하다.

→ 기본 패턴 만드는 법…P.180

 → 밑단 너비 차이에 따른 비교…P.94, 기본 패턴 ④로 만드는 경우…P.192, 엉덩이둘레 치수 조정…P.193, 밑단 둘레 치수에 대하여…P.193

T 4면 타입(턱 넣기)

R 에 턱을 추가.
패널 라인은 진동 둘레~WL~밑단을 연결하고
잘라서 벌려 턱을 추가.
다시 WL을 뒤 중심과 옆에서 줄이고,
밑단 너비를 옆에서 추가.
뒤 중심은 어깨 다트 끝의 수평 위치~WL~HL을,
옆은 진동 둘레 아랫점~WL~밑단을 연결한다.

절개 그림, 맞댄 그림
(축소 그림)

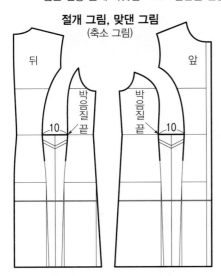

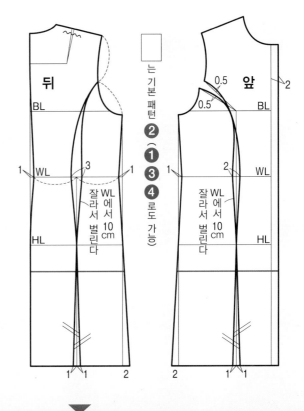

는
기본
패턴
②
(
①
③
④
로도
가능
)

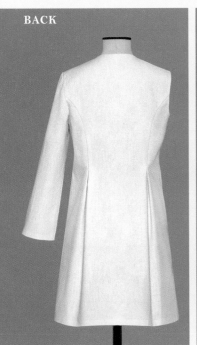

BACK

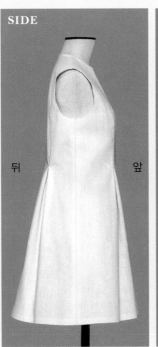

SIDE

뒤   앞

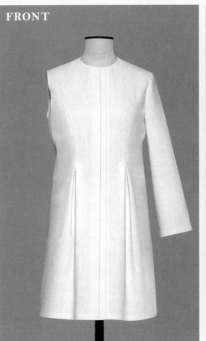

FRONT

FRONT (쇼트)

R 과 같은 원형에 턱을 추가. 턱의 음영과 볼륨으로 표정이 풍부하다.

→ 기본 패턴 만드는 법…P.180, 기본 패턴 ④ 로 만드는 경우…P.192

8교시 허리 이음선
— Waist seam —

U 턱형

WL 위치에서 이음
윗부분은 다트를 추가.
다시 WL을 뒤 중심과 옆에서 줄이고
뒤 중심은 어깨 다트 끝의
수평 위치~WL을,
옆은 진동 둘레 아랫점~WL을
연결한다.
아랫부분은 옆쪽에서
턱 분량을 추가해 배분한다.

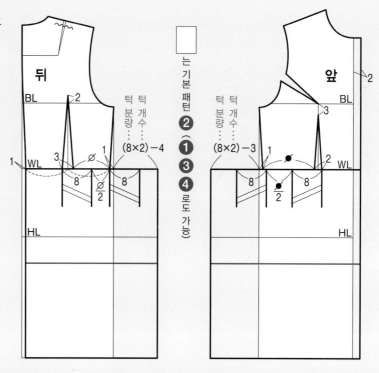

뒤

앞

□ 는 기본 패턴 ②(①③④로도 가능)

턱 분량 턱 개수 (8×2)−4

턱 분량 턱 개수 (8×2)−3

BACK

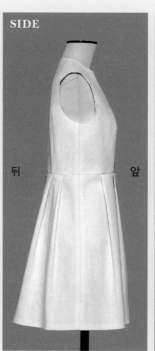

SIDE

뒤 앞

FRONT

FRONT (쇼트)

윗부분은 딱 맞고, 허리에서 밑단으로 부드럽게 퍼지는 실루엣.
턱 주름이 세로로 흘러 볼륨은 있지만 와이드한 느낌은 덜하다.

WL 이음선으로 위아래를 나누고, 허리를 딱 맞게 해 리듬감이 특징인 디자인.
윗부분, 아랫부분 각각의 응용에 따라 다양한 변형이 가능하다.
또한 이음의 위치(저스트 웨이스트, 하이 웨이스트, 로 웨이스트) 변화로 응용 범위를 넓힐 수 있다.

V 플레어형

윗부분에 셰이프트 라인을 겸한 패널 이음과 하이 웨이스트 이음을 추가.
앞의 패널 이음 위치부터 뒤 중심까지를 WL 위치에서 잇는다.
다시 하이 웨이스트 이음 위치를 뒤 중심과 옆에서 줄인다.
뒤 중심은 어깨 다트 끝의 수평 위치~하이 웨이스트 이음을,
옆은 진동 둘레 아랫점~하이 웨이스트 이음을 연결한다.
아랫부분은 앞 중심 쪽 패널 이음 위치의 수직선에서
밑단 너비를 추가. 앞뒤 모두 WL을 기준점으로 잘라서 벌리고
옆선에서도 플레어 분량을 추가한다.

맞댄 그림

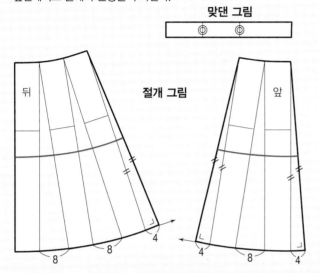

절개 그림

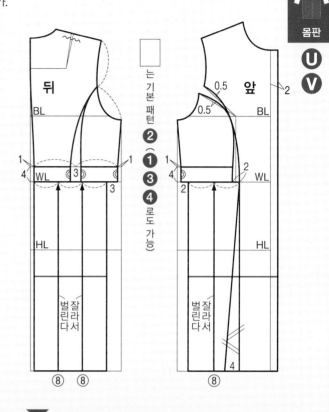

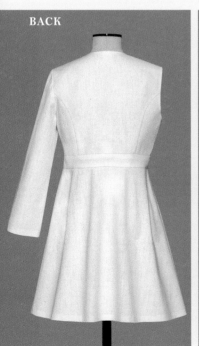

BACK

SIDE

뒤 앞

FRONT

FRONT (쇼트)

앞의 패널 이음에서 뒤쪽으로 플레어가 들어간 믹스 디자인.
끼워 넣은 벨트로 허리 가늘기를 강조해 밑단 퍼짐과 대비되는 피트 & 플레어 실루엣으로.

9 교시 케이프 스타일
— Cape style —

W 쇼트 어깨에서 경사를 두어 소매길이를 잡고
완만한 곡선으로 중심선과 연결한다.

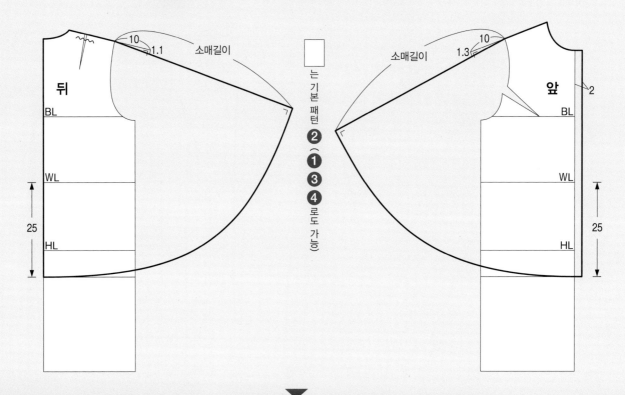

□ 는 기본 패턴 ②(①③④)로도 가능

BACK

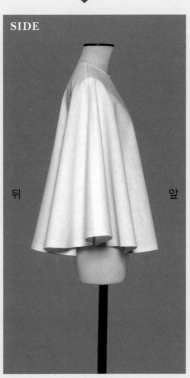

SIDE

뒤 앞

FRONT

소매길이를 기준으로 옷 길이를 설정한 쇼트 케이프. 밑단이 크게 퍼지고, 전체에 부드러운 플레어가 들어간다.

어깨, 팔, 등을 덮는, 소매 없는 아우터의 총칭. 몸을 덮는 낙낙한 형태가 특징이다.
길이는 다양한데 롱 타입은 '클로크'라고도 부른다.
소매길이보다 긴 디자인에서는 손 빼는 구멍이 필수.

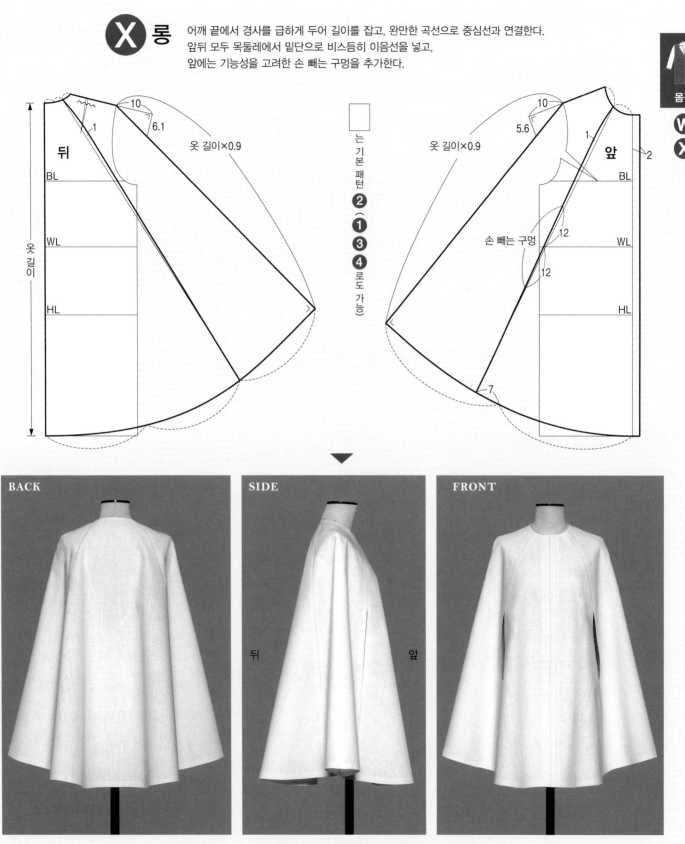

X 롱 어깨 끝에서 경사를 급하게 두어 길이를 잡고, 완만한 곡선으로 중심선과 연결한다.
앞뒤 모두 목둘레에서 밑단으로 비스듬히 이음선을 넣고,
앞에는 기능성을 고려한 손 빼는 구멍을 추가한다.

몸판

W
X

뒤

10
1
6.1
옷 길이×0.9

BL
WL
HL

옷 길 이

는 기 본 패 턴 ②①③④ 로 도 가 능

옷 길이×0.9
10
5.6
1
2
앞

BL

손 빼는 구멍
12
12

WL

HL

7

BACK

SIDE

뒤   앞

FRONT

기본 패턴의 옷 길이로 설정한 롱 케이프.
길이가 길어 천에 무게가 실리고, 이음선의 세로 라인 효과로 가로 퍼짐은 W보다 덜하다. 낙낙한 플레어가 생긴다.

→ **기본 패턴 만드는 법**···P.180 **49**

10 교시 와이드 라인
— Wide line —

Y 노멀 와이드

어깨너비를 추가하고, 진동 둘레 아랫점을 내려 진동 둘레를 그린다.

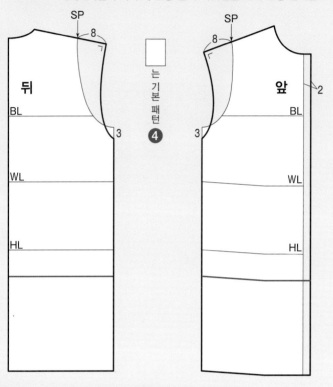

BACK

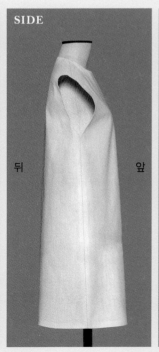

SIDE

뒤 앞

FRONT

FRONT (쇼트)

패턴 실루엣은 박스형이지만, 옷 폭에 여유가 많아 옆이 내려가고 밑단이 오므라든다.
몸에 붙게 만드는 요소가 없어서, 오목함과 볼록함이 없는 직선적인 형태가 된다.

옷 폭이나 어깨너비를 넓게 한, 볼륨감 있는 실루엣.
입으면 필연적으로 어깨부터 내려앉는 드롭 숄더가 되고, 균형을 맞추기 위해 진동 둘레는 깊고 크게 하는 것이 일반적이다.
내추럴한 디자인이나 캐주얼한 코트에 주로 쓰인다.

Z 풍성한 와이드

어깨너비와 옷 폭을 추가하고, 진동 둘레 아랫점을 내려 진동 둘레를 그린다.

몸판

Y
Z

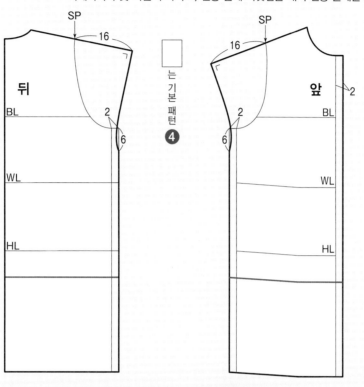

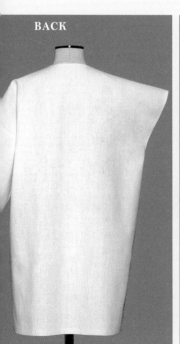

BACK

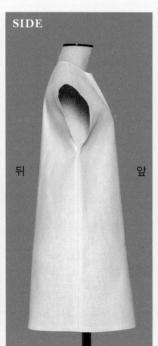

SIDE

뒤   앞

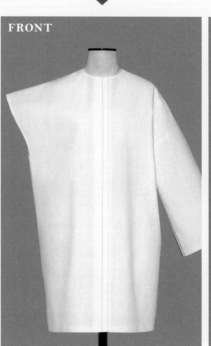

FRONT

FRONT (쇼트)

옷 폭과 어깨너비가 늘면서 진동 둘레도 넓어지고, 옆이 내려감에 따라 한층 밑단이 오므라드는 느낌이 강조된다.
형태는 직선적이고 평면적.

→ 기본 패턴 만드는 법…P.180   51

소매 패턴

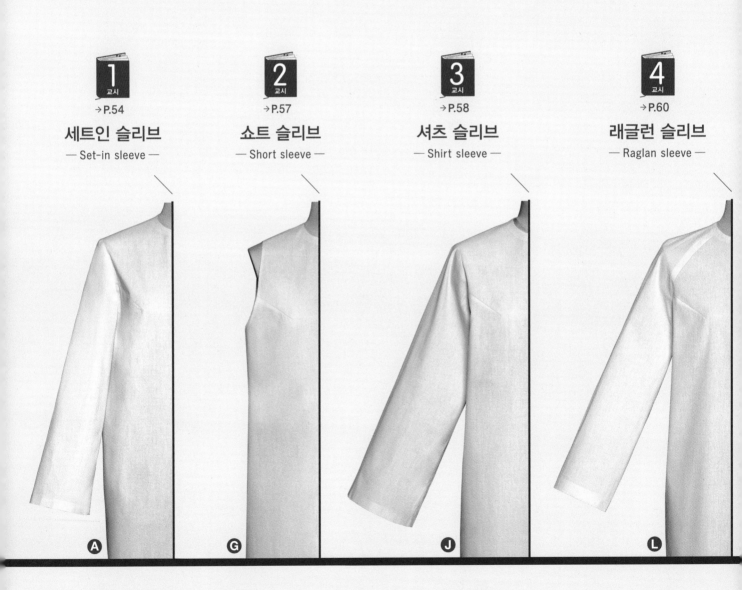

1 교시
→ P.54

세트인 슬리브
— Set-in sleeve —

Ⓐ

2 교시
→ P.57

쇼트 슬리브
— Short sleeve —

Ⓖ

3 교시
→ P.58

셔츠 슬리브
— Shirt sleeve —

Ⓙ

4 교시
→ P.60

래글런 슬리브
— Raglan sleeve —

Ⓛ

소매는 원통형으로 팔을 감싸는 부분.

일반적으로 몸판의 진동 둘레에 붙이는 형태이지만, 몸판에 이음을 넣거나

이어서 재단해 만드는 소매도 있다.

이 책에서는 슬리브리스도 소매의 하나로 분류해 디자인에 추가했다.

여기서는 8종류, 총 26가지의 디자인을 소개한다. Ⓐ~Ⓕ, Ⓘ, Ⓣ는 소매의 기본 패턴에서 전개하고,

그 외는 몸판을 사용하여 별도로 제도한다.

소매길이는 일부 디자인을 제외하고, 재킷과 코트의 목적을 고려해, 56cm로 길게 설정.

디자인상 사용하는 몸판에 따라 사전 처리가 필요하기 때문에

소매와 몸판의 대응표를 P.126에 게재했다.

소개하는 견본 작품은 몸판은 기본 패턴 ❷(드롭 슬리브 이외)를 사용하고,

Ⓐ~Ⓕ, Ⓘ, Ⓣ의 소매는 소매산 높이가 평균 어깨 길이의 $\frac{4}{5}$인 기본 패턴을 사용.

소매

5 교시
→P.62

요크 슬리브
— Yoke sleeve —

6 교시
→P.64

기모노 슬리브
— Kimono sleeve —

7 교시
→P.68

플레어 & 케이프 슬리브
— Flare & Cape sleeve —

8 교시
→P.70

드롭 슬리브
— Drop sleeve —

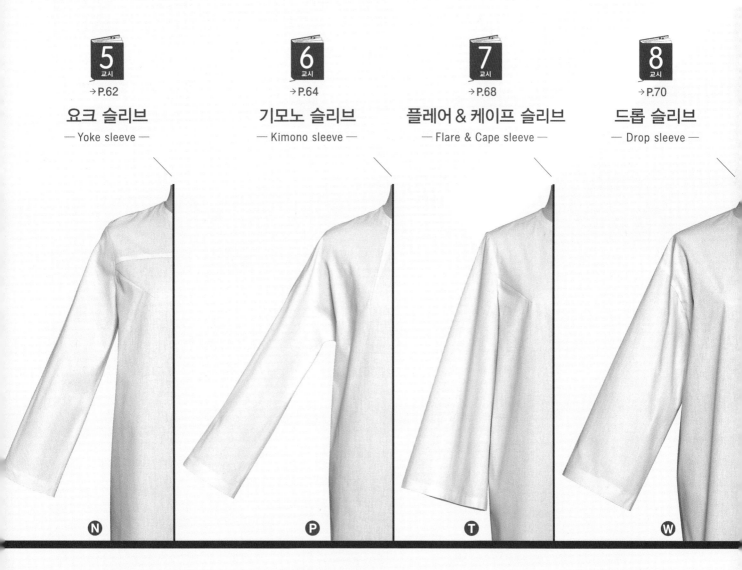

Ⓝ   Ⓟ   Ⓣ   Ⓦ

1 교시 세트인 슬리브

— Set-in sleeve —

A 박스

기본 패턴 그대로.
소매 밑선은 소맷부리까지 수직.
기본 패턴을 그대로 사용한
가장 기본적인 소매 패턴.

는 기본 패턴

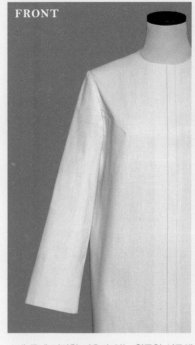

FRONT

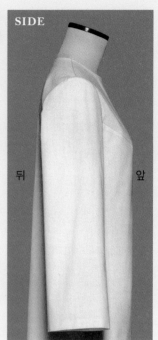

SIDE

뒤   앞

소매 폭에 적당한 여유가 있는 원통형 실루엣.

B 슬림

소맷부리 치수를 조금 좁히고
소매 밑선에 경사를 둔다.

는 기본 패턴

FRONT

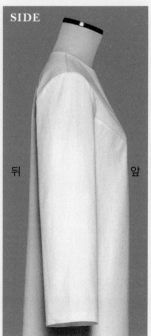

SIDE

뒤   앞

소맷부리 쪽으로 약간 좁아진 직선적인 소매.

진동 둘레선에 맞게 몸판에 붙이는 직선적인 소매. 기본 패턴을 토대로 제도한다.
소매산 높이와 소매 폭은 반비례해 높아질수록 좁아지고, 낮아질수록 넓어진다.
부록의 실물 대형 패턴에는 기본 패턴 ❶~❹의 몸판 각각에 소매산 높이가 다른 4종류의 소매 기본 패턴(소매산선)을 게재.
이 중에서 원하는 균형을 찾아 조합할 수 있다. 소매 밑 디자인도 박스, 슬림, 타이트 등 다양한 응용이 가능하다
＊몸판 기본 패턴의 진동 둘레를 변경한 경우나 어깨너비를 1.5cm 이상 증감한 경우(P.182), 소매의 기본 패턴은 새롭게 제도할 필요가 있다(P.189 참조)

C 타이트

소맷부리 치수 기준은 소매 폭의 $\frac{3}{4}$.
남은 $\frac{1}{4}$ 을, 앞뒤 소매 폭을 2등분한 위치와
소매 밑에 배분해 소맷부리를 자른다.

맞댄 그림

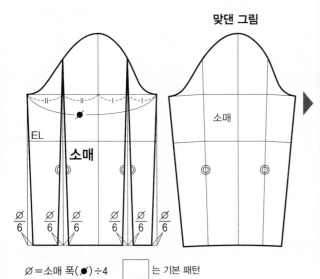

EL

소매

소매

$\frac{\varnothing}{6}$ $\frac{\varnothing}{6}$ $\frac{\varnothing}{6}$ $\frac{\varnothing}{6}$ $\frac{\varnothing}{6}$ $\frac{\varnothing}{6}$

$\varnothing$＝소매 폭(◉)÷4   □는 기본 패턴

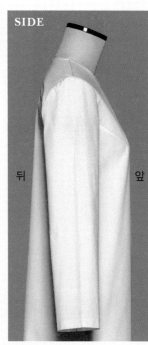

FRONT   SIDE

뒤   앞

소매

Ⓐ
Ⓑ
Ⓒ
Ⓓ

소맷부리 쪽으로 좁아진 직선적이고 깔끔한 소매.

D 다트 넣기

소맷부리 치수 기준은 소매 폭의 $\frac{3}{4}$.
남은 $\frac{1}{4}$ 을, 뒤 소매 폭을 2등분한 위치와
소매 밑에 배분해 소맷부리를 자르고
뒤 소매에 다트를 만든다.

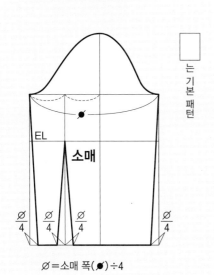

□ 는 기본 패턴

EL

소매

$\frac{\varnothing}{4}$ $\frac{\varnothing}{4}$ $\frac{\varnothing}{4}$ $\frac{\varnothing}{4}$

$\varnothing$＝소매 폭(◉)÷4

FRONT   SIDE

뒤   앞

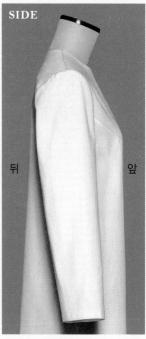

Ⓒ와 소맷부리 치수는 같지만, EL에서 소맷부리 쪽으로 좀 더 좁아지고
앞쪽으로 방향성이 있다.

1 세트인 슬리브
— Set-in sleeve —

E 다트 넣기(앞 방향)

2장 소매의 요령으로 앞뒤 소매 폭을 2등분하고
D에 경사를 추가한 소매.
소맷부리 치수는 소매 폭의 $\frac{3}{4}$을 기준으로 정하고
뒤 소매에 다트를 만든다.

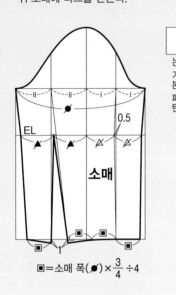

□ 는 기본 패턴

■=소매 폭(●)×$\frac{3}{4}$÷4

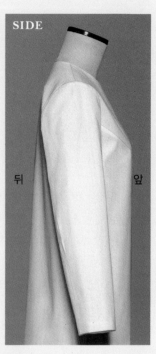

EL에서 소맷부리 쪽으로 좁아지고, 앞쪽으로 방향성이 있다.

F 2장 소매

팔 모양과 같은 경사를 둔
이음선을 넣고
2개의 파트(바깥소매와 안소매)로 분할.
소맷부리 치수는 소매 폭의 $\frac{3}{4}$을 기준으로 정한다.

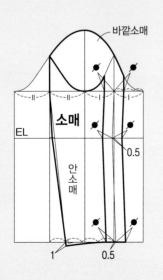

□ 는 기본 패턴

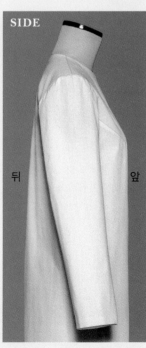

입체적이고 팔 모양에 가까운 상태. EL에서 소맷부리를 향해 앞쪽으로 방향성이
있는 소매.

2
교시

쇼트 슬리브
— Short sleeve —

서머 재킷이나 레이어드 스타일에 활약하는 질레(조끼) 등 가벼운 디자인의
아우터에 편리한 3종류를 소개한다.

G 슬리브리스

몸판을 사용. 뒤는 어깨 끝을 잘라 새로운 진동 둘레를 그린다.
앞은 AH 다트나 이음선을 일시적으로 맞대어
뒤와 같이 진동 둘레를 그린 후 다트로 되돌린다.

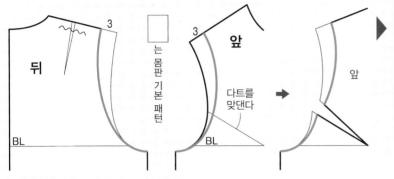

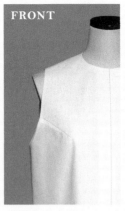
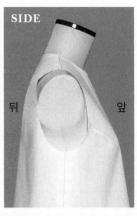

FRONT · SIDE

소매

E
F
G
H
I

SP가 어깨 끝보다 안쪽으로 들어가
겹쳐 입기 편하고, 깔끔하고 샤프한 진동 둘레가 된다.

H 프렌치 슬리브

기본적으로 진동 둘레에 다트나 이음 없는 몸판을 사용.
AH 다트가 있는 경우는 이동이 필수(아래 예는 옆으로 이동).
어깨선을 연장하고, 어깨 끝을 조금 떨어뜨려 거기서 직각으로 그리기
시작한다. 그다음 완만한 곡선으로 원래의 진동 둘레 아래에 연결한다.

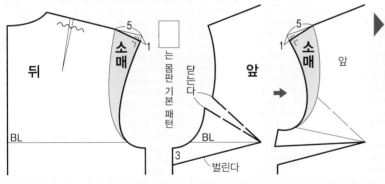

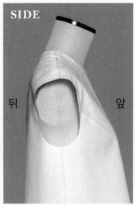

FRONT · SIDE

몸판에서 이어진 작은 소매로, 소맷부리는 곡선형.
어깨 끝을 약간 커버한다.

I 캡 슬리브

몸판과 소매를 사용. 소매 아랫점보다 위로 소매 달림 끝을 정하고
곡선으로 소맷부리선을 그린다.

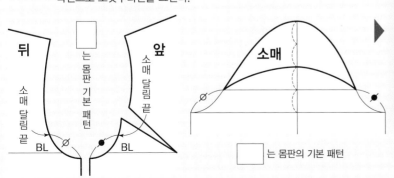

□ 는 몸판의 기본 패턴

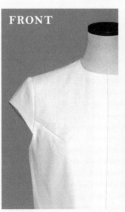
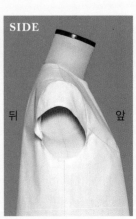

FRONT · SIDE

어깨 끝을 가릴 정도의 작은 소매. 소매 아래가 비어 있기 때문에
팔의 활동 범위가 넓고 편안하다.

→ **몸판 기본 패턴 만드는 법**···P.180, **소매 기본 패턴 만드는 법**···P.188

3 교시 셔츠 슬리브
—Shirt sleeve—

J 스탠더드한 스트레이트

몸판을 사용.
어깨 끝에서 경사를 두어 소매 중심선을 긋고
소매 폭선, 소매산선, 소매 밑선, 소맷부리선의 순으로 제도한다.
소매산의 높이는 평균 어깨 길이의 $\frac{1}{2}$로 설정.
소매산선은 몸판의 진동 둘레와 약간 차이를 두어 곡선을 그리고
진동 둘레와 같은 치수가 되도록 완만하게 소매 폭선에 연결한다.
마지막으로 앞뒤 소매를 중심선에서 맞댄다.

는 몸판 기본 패턴

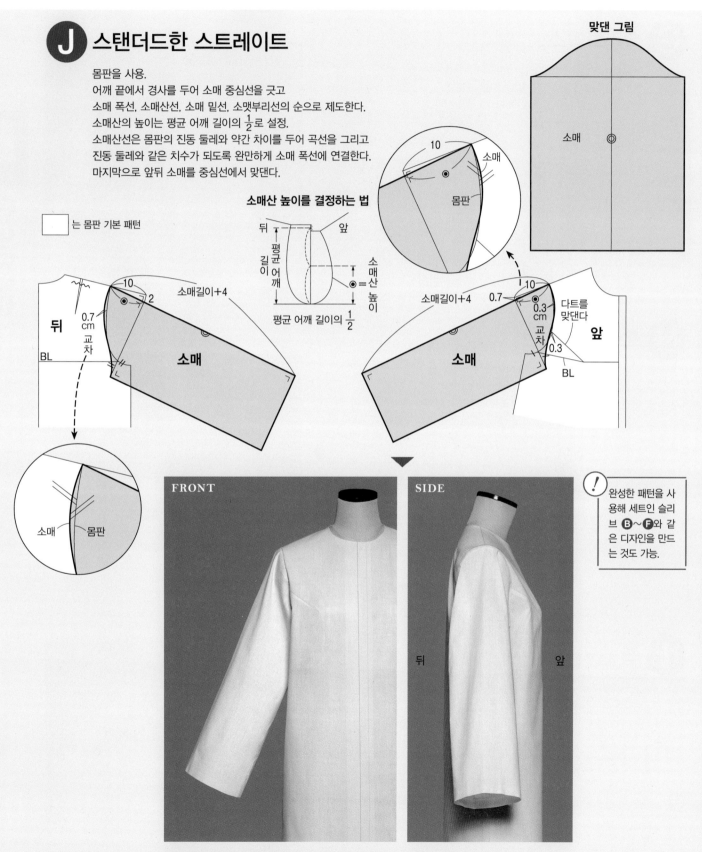

맞댄 그림

소매

소매산 높이를 결정하는 법

뒤 · 앞
평균 길이 어깨
소매산 높이 = ◉
평균 어깨 길이의 $\frac{1}{2}$

10
소매
몸판

10
2
0.7 cm 교차
뒤
BL
소매길이+4
소매
소매
몸판

소매길이+4
0.7
10
0.3 cm
다트를 맞댄다
0.3
교차
앞
소매
BL

FRONT

SIDE
뒤 · 앞

! 완성한 패턴을 사용해 세트인 슬리브 B~F와 같은 디자인을 만드는 것도 가능.

디자인은 박스형. 기본적인 셔츠 슬리브. 소매산이 낮고 소매 폭이 넓어 여유도 많고 기능적이다.
제도의 경사는 얼마 안 되지만, 실제 소매는 중력으로 인해 경사가 급하게 보인다.

이름 그대로, 셔츠 타입의 디자인에 주로 사용하는, 소매산이 낮은 캐주얼한 소매.
몸판 진동 둘레에 겹쳐, 같은 치수가 되도록 제도한다.
앞 몸판의 진동 둘레에 다트나 이음선이 있는 경우는 맞댄 상태로 베끼고 제도한다.

Ⓚ 소매 폭이 넓은 스트레이트

몸판을 사용.
뒤는 어깨 끝에서 경사를 두고, 앞은 어깨 끝선을 연장해 소매 중심선을 긋고,
소매 폭선, 소매산선, 소매 밑선, 소맷부리선의 순으로 제도한다.
소매산 높이는 Ⓙ보다 더 낮게 평균 어깨 길이의 $\frac{1}{3}$로 설정.
뒤 소매산선은 몸판의 진동 둘레와 약간 차이를 두어 곡선을 그리고,
앞은 그대로 진동 둘레와 같은 치수가 되도록 완만하게 소매 폭선에 연결한다.
마지막으로 앞뒤 소매를 중심선에서 맞댄다.

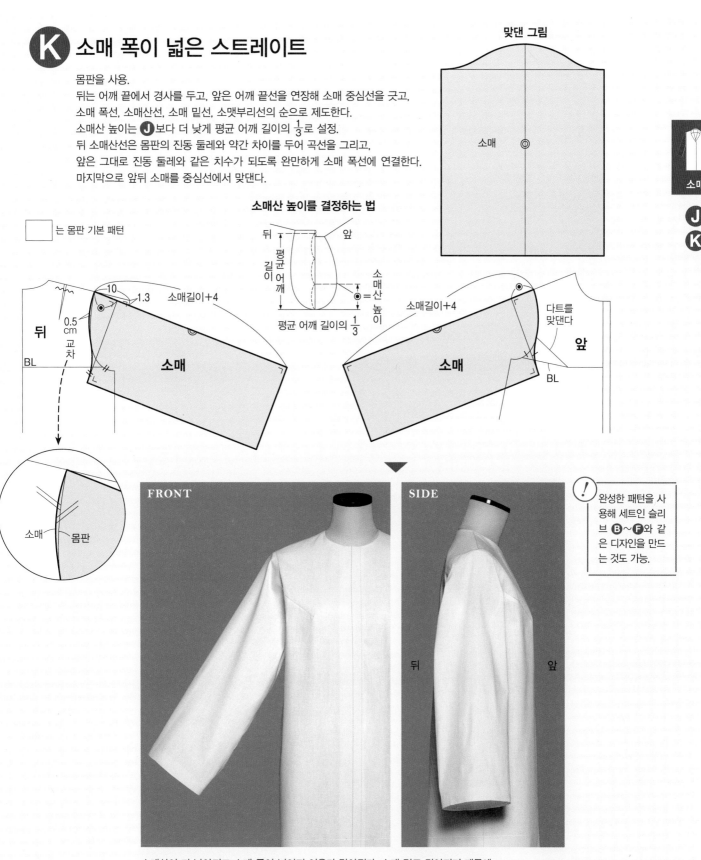

맞댄 그림

소매

소매산 높이를 결정하는 법

평균 어깨 길이의 $\frac{1}{3}$

는 몸판 기본 패턴

뒤

0.5 cm 교차

BL

10   1.3   소매길이+4

소매

앞

소매길이+4   다트를 맞댄다

소매

BL

소매   몸판

FRONT

SIDE

뒤   앞

완성한 패턴을 사용해 세트인 슬리브 Ⓑ~Ⓕ와 같은 디자인을 만드는 것도 가능.

소매산이 더 낮아지고 소매 폭이 넓어져 여유가 많아진다. 소매 밑도 길어지기 때문에
팔을 올릴 때 저항감이 적다. Ⓙ보다 어깨 끝에서 경사가 적어지고, 몸판에서 떨어진다.

→ 몸판 기본 패턴 만드는 법…P.180, 소맷부리 폭 차이에 따른 비교…P.102

4 교시 래글런 슬리브
— Raglan sleeve —

L 소매 폭 좁게

몸판을 사용. 맨 처음 래글런 선(몸판의 진동 둘레선)을 그린다.
어깨 끝에서 급하게 경사를 두어 소매 중심선을 긋고, 소매 폭선, 소매 달림선, 소매 밑선,
소맷부리선의 순으로 제도한다. 소매산 높이는 높게 설정.
소매 달림선의 소매 아래쪽 곡선은 몸판과 같은 치수가 되도록 소매 폭선에 연결한다.

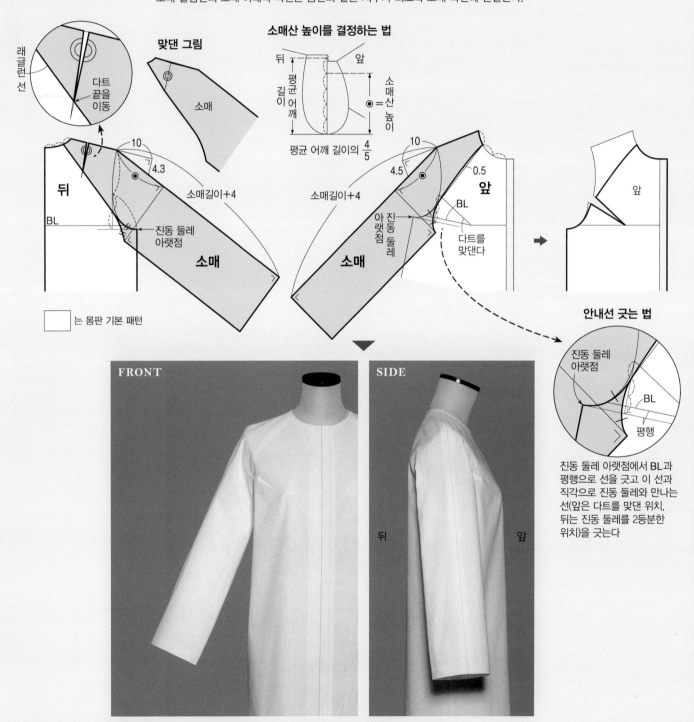

목둘레에서 비스듬히 래글런 선이 들어가고, 어깨 끝에는 완만한 둥글림이 생긴다.
소매산 높이를 높게 설정해 전체적으로 깔끔하고 좁은 실루엣.

→ 몸판 기본 패턴 만드는 법…P.180

 → 소맷부리 폭 차이에 따른 비교…P.102, 경사 차이에 따른 비교…P.103, 경사와 소매산 높이 차이에 따른 비교…P.104

어깨 부분에서 이어진 소매로, 몸판 목둘레에서 겨드랑이 쪽으로 비스듬히 진동 둘레선(래글런 선)을 넣는다.
앞 몸판에 다트나 이음선이 있는 경우는 맞댄 상태로 베끼고, 소매를 제도한다.
래글런 선을 긋기 위한 안내선(빨간색 선으로 표시) 그리는 법이 포인트.
어깨 다트는 다트 끝을 래글런 선으로 이동하고, 맞대어 처리한다.

M 소매 폭 넓게

몸판을 사용. 맨 처음 래글런 선(몸판의 소매 달림선)을 그린다.
어깨 끝에서 완만한 경사를 두어 소매 중심선을 긋고
소매 폭선, 소매 달림선, 소매 밑선, 소맷부리선의 순으로 제도한다. 소매산 높이는 낮게 설정.
소매 달림선의 소매 아래쪽 곡선은 몸판과 같은 치수가 되도록 소매 폭선에 연결한다.

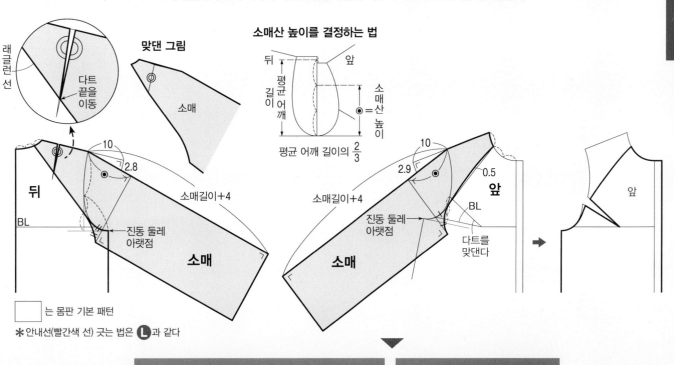

□ 는 몸판 기본 패턴

＊안내선(빨간색 선) 긋는 법은 L과 같다

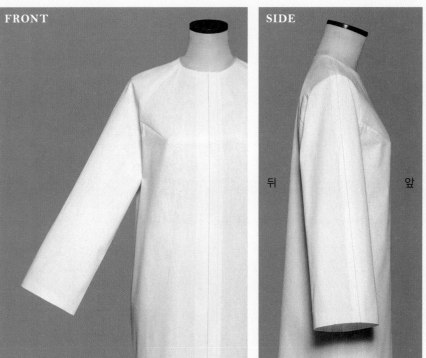

FRONT   SIDE

래글런 선은 L과 같지만, 소매산 높이를 낮게 하고, 어깨 끝에서 경사를 완만하게 해, 소매 폭은 넓다.
적당히 여유와 기능성을 겸비한 기본적인 실루엣.

→ 몸판 기본 패턴 만드는 법…P.180

→ 소맷부리 폭 차이에 따른 비교…P.102, 경사 차이에 따른 비교…P.103, 경사와 소매산 높이 차이에 따른 비교…P.104

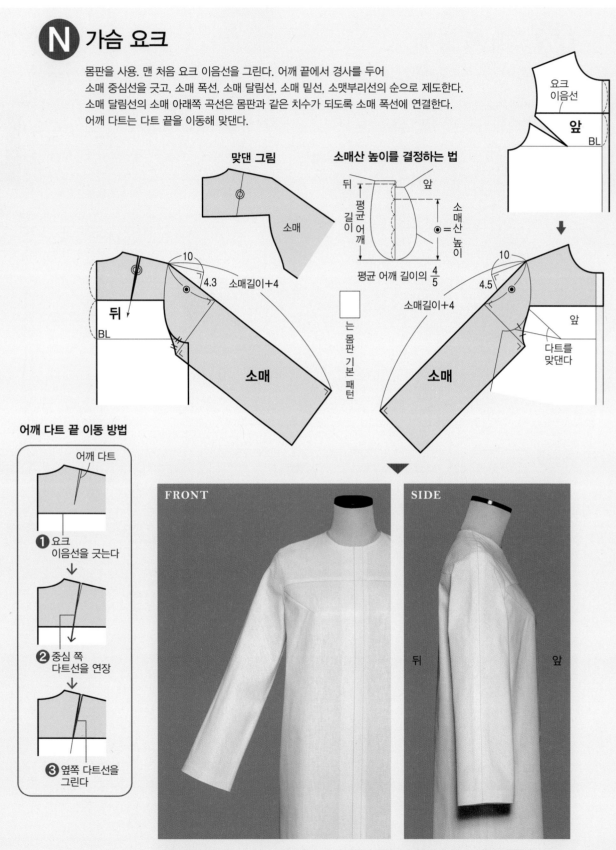

5 요크 슬리브
— Yoke sleeve —

N 가슴 요크

몸판을 사용. 맨 처음 요크 이음선을 그린다. 어깨 끝에서 경사를 두어
소매 중심선을 긋고, 소매 폭선, 소매 달림선, 소매 밑선, 소맷부리선의 순으로 제도한다.
소매 달림선의 소매 아래쪽 곡선은 몸판과 같은 치수가 되도록 소매 폭선에 연결한다.
어깨 다트는 다트 끝을 이동해 맞댄다.

맞댄 그림

소매산 높이를 결정하는 법

요크 이음선

앞

BL

소매

평균 어깨 길이의 $\frac{4}{5}$

뒤 / 평균어깨길이 / 앞 / ◎=소매산 높이

는 몸판 기본 패턴

10 / 4.3 / 소매길이+4
뒤 / BL / 소매

10 / 4.5 / 소매길이+4 / 앞 / 다트를 맞댄다 / 소매

어깨 다트 끝 이동 방법

어깨 다트

① 요크 이음선을 긋는다
② 중심 쪽 다트선을 연장
③ 옆쪽 다트선을 그린다

FRONT

SIDE

뒤 / 앞

가슴 요크에서 이어진 소매. 소매산을 높게 설정했기 때문에, 소매 폭은 좁고 깔끔하게 완성.
가슴 위를 커버하는 요크 분량과 이음의 가로 라인이 존재감 있는 디자인 포인트로.

몸판의 요크 이음에서 연결한 소매. 디자인 일부를 요크로 한 상급 테크닉이다.
앞 몸판에 다트나 이음선이 있는 경우는 맞댄 상태로 베끼고, 소매를 제도한다.
기본적인 타입을 소개하지만, 요크 이음을 곡선으로 하는 등 응용도 가능. 어깨 다트는 맞대서 처리한다.

◉ 어깨 요크

몸판을 사용. 맨 처음 요크 이음선을 그린다. 어깨 끝에서 경사를 두어
소매 중심선을 긋고, 소매 폭선, 소매 달림선, 소매 밑선, 소맷부리선의
순으로 제도한다. 소매 달림선의 소매 아래쪽 곡선은 몸판과 같은 치수가 되도록
소매 폭선에 연결한다. 몸판에 남은 어깨 다트는 여유분 줄임으로 처리한다.

소매

N
O

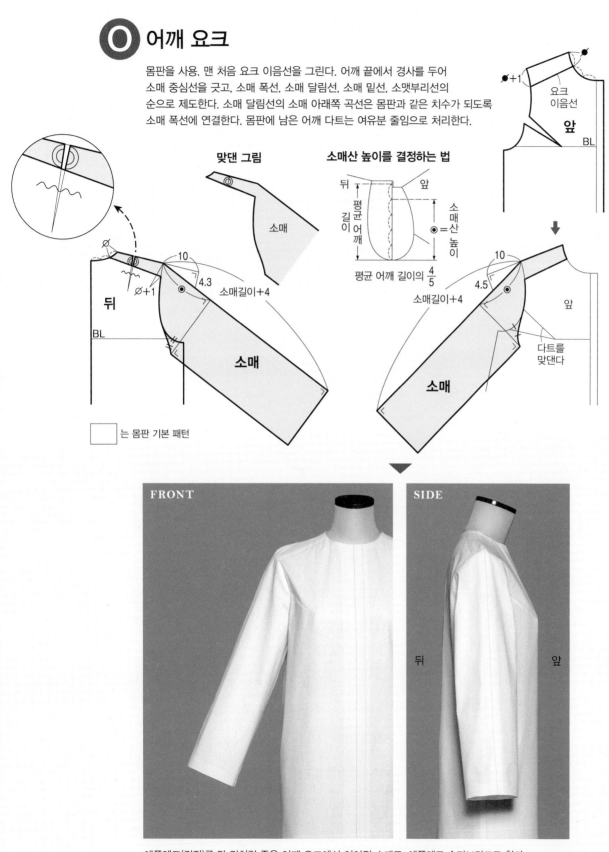

맞댄 그림

소매산 높이를 결정하는 법

평균 어깨 길이의 $\frac{4}{5}$

는 몸판 기본 패턴

FRONT

SIDE

에폴레트(견장)를 단 것처럼 좁은 어깨 요크에서 이어진 소매로, 에폴레트 슬리브라고도 한다.
하이 포인트를 더한 직선적인 디테일이 샤프한 악센트로.

→ 몸판 기본 패턴 만드는 법…P.180, 소맷부리 폭 차이에 따른 비교…P.102

6 교시 기모노 슬리브
— Kimono sleeve —

P 기본형(덧천 없이)

몸판을 사용. AH 다트는 이동해 놓는다.
어깨 끝에서 경사를 두어 소매 중심선을 긋고, 소매 폭선,
안내선, 소맷부리선의 순으로 제도. 마지막으로 안내선과
옆선을 기준으로 소매 아랫부분에 곡선으로
소매 밑선을 그린다.
앞의 소매 밑선은 뒤와 같은 치수가 되도록 그린다.

앞 몸판의 처리
＊아래 예는 목둘레로 이동

는 몸판 기본 패턴

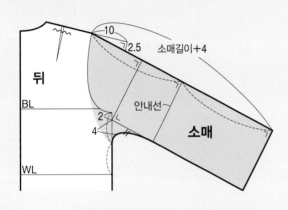

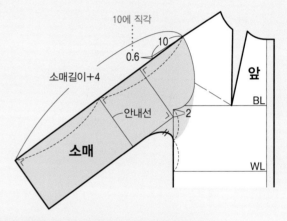

FRONT

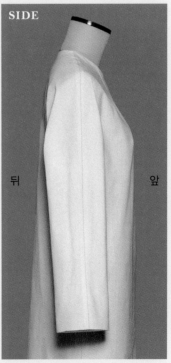

SIDE
뒤   앞

심플한 기모노 슬리브. 제도 경사는 얼마 안 되지만, 실물은 중력으로 인해 경사가 급하게 보인다.
소매 폭은 좁고, 겨드랑이에 주름이 잡힌다. 평면적인 패턴이라서 팔을 올릴 때 저항감이 있다.

몸판에서 이어진 소매. 어깨 끝에서 경사를 급하게 하는 경우는 덧천을 넣어, 팔의 운동량을 확보한다.
기본적으로 진동 둘레에 다트나 이음선이 없는 몸판에 사용. AH 다트가 있는 경우는 적당히 다른 곳으로 이동한다.
아래 예는 목둘레나 패널 라인으로 이동했다.

Ⓠ 패널 라인형

몸판을 사용. 뒤는 패널 라인을 그리고, 어깨 끝에서 경사를 두어
소매 중심선을 긋고, 소매 폭선, 소매 달림선, 소매 밑선, 소맷부리선의
순으로 제도. 소매 달림선의 소매 아래쪽 곡선은
몸판과 같은 치수가 되도록 소매 폭선에 연결한다.
앞은 패널 라인을 그린 뒤, 다트를 패널 라인으로 이동.
뒤와 같은 방법으로 소매를 그린다.

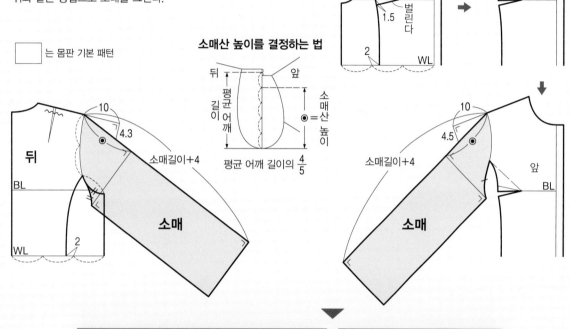

소매산 높이를 결정하는 법

평균 어깨 길이의 4/5

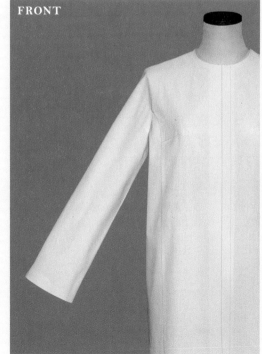

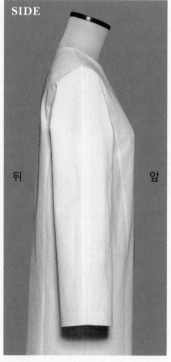

FRONT

SIDE

패널 이음을 이용한 입체적인 디자인. 사이드의 세로 라인 효과로, 몸판에 셰이프트한 느낌이 생긴다.
어깨 끝에서 경사가 급하지만, 래글런 슬리브와 같은 소매 밑 형태로 기능성이 커진다.

→ 몸판 기본 패턴 만드는 법…P.180, 소맷부리 폭 차이에 따른 비교…P.102

6교시 기모노 슬리브
— Kimono sleeve —

ⓡ 마름모꼴 덧천 넣기

몸판을 사용. AH 다트는 이동해 놓는다.
어깨 끝에서 경사를 두어 소매 중심선을 긋고,
소매 폭선, 안내선, 소맷부리선, 소매 밑선, 몸판 겨드랑이의
순으로 제도.
마지막으로 소매 밑과 몸판의 겨드랑이 치수를 사용해
마름모꼴 덧천을 제도한다.

앞 몸판의 처리
＊아래 예는 목둘레로 이동

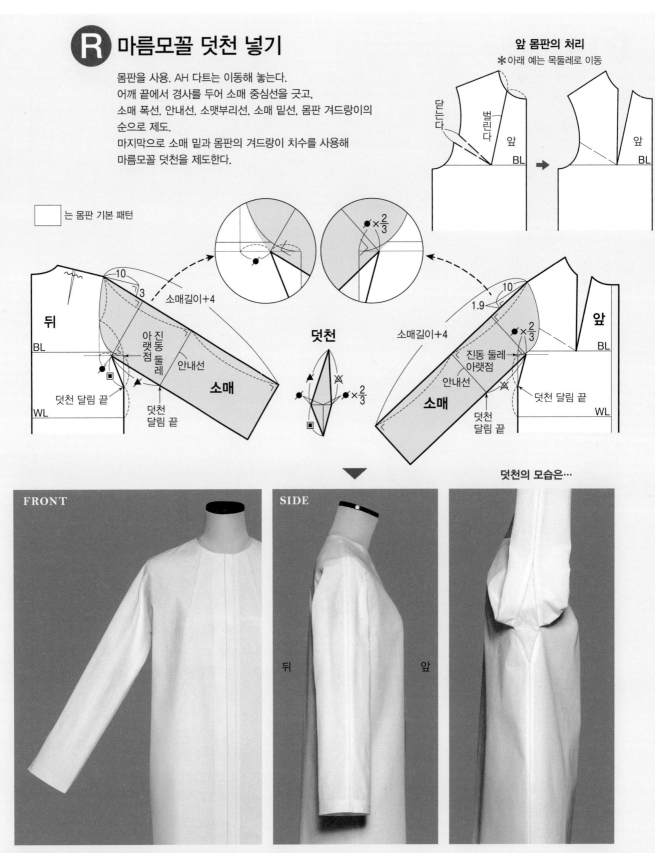

활동성을 보완하기 위해 겨드랑이에 덧천을 넣은 타입.
마름모꼴 덧천은 소매 폭, 옷 폭에는 영향을 주지 않고, 소매 폭은 좁고 깔끔한 느낌을 유지한다.

S 직사각형 덧천 넣기

몸판을 사용. AH 다트는 이동해 놓는다.
어깨 끝에서 경사를 두어 소매 중심선을 긋고,
소매 폭선, 안내선, 소맷부리선, 소매 밑선, 몸판 옆선의
순으로 제도.
마지막에 덧천 다는 위치의 치수를 사용해
직사각형의 덧천을 제도한다.

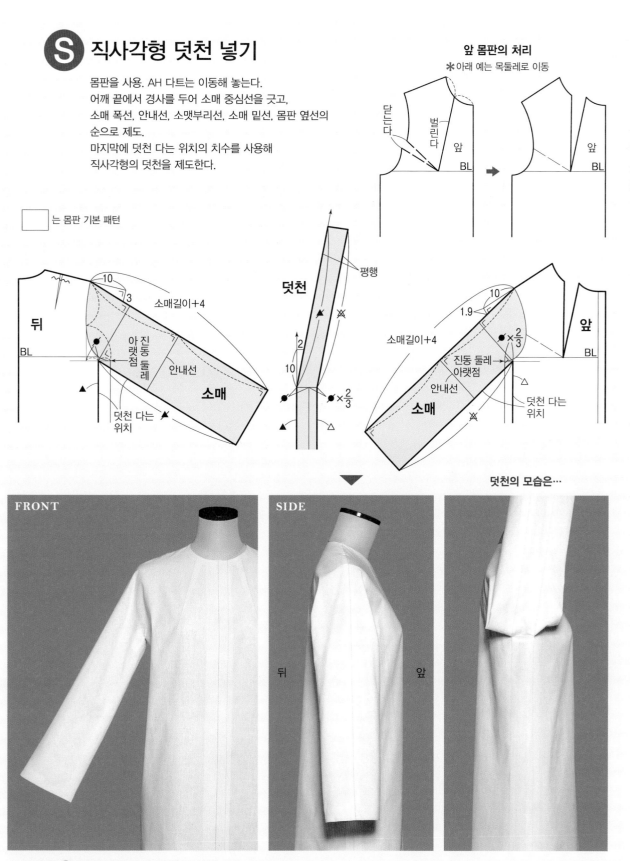

앞 몸판의 처리
✻아래 예는 목둘레로 이동

덧천의 모습은…

소매 라인은 R과 같다. 좁고 긴 직사각형의 덧천을 넣은 타입.
덧천 폭 분량만큼 소매 폭이 커져, 낙낙하고 넓은 실루엣이 된다. 활동성도 큰 폭으로 상승.

→ 몸판 기본 패턴 만드는 법…P.180, 소맷부리 폭 차이에 따른 비교…P.102

7 교시 플레어 & 케이프 슬리브
— Flare & Cape sleeve —

T 플레어

기본 패턴을 사용.
앞뒤 소매 폭을 2등분한 위치에 절개선을 넣고
중심선을 더해 3곳을
소매산을 기준점으로 소맷부리에서 플레어 분량을 잘라서 벌린다.
다시 소매 밑에도 플레어 분량을 추가한다.

절개 그림

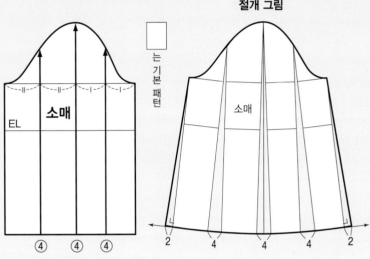

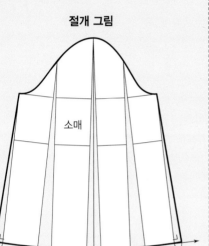

□ 는 기본 패턴

EL 소매
④ ④ ④

소매
2 4 4 4 2

U 솔더 케이프

몸판을 사용. 앞부터 제도한다.
어깨선에서 케이프 다는 위치를 그려 넣고
어깨 끝에서 경사를 두어 소매 중심선을 긋고
소맷부리를 완만하게 연결한다.

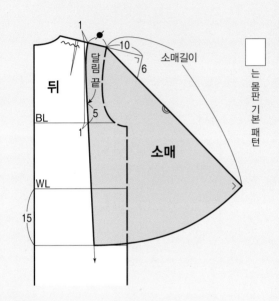

□ 는 몸판 기본 패턴

1
10
7 6
소매길이
뒤
달림 끝
BL
5
1
소매
WL
15

V 라운드 케이프

몸판을 사용.
뒤는 어깨 끝에서 경사를 두어 소매 중심선을 긋고
소맷부리를 뒤 중심까지 완만하게 연결한다.
앞은 목둘레에서 케이프 다는 위치를 그려 넣고
어깨 끝에 경사를 두어 중심선을 긋고
소맷부리를 완만하게 연결한다.

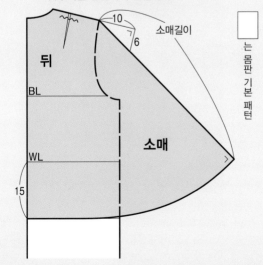

□ 는 몸판 기본 패턴

10
7 6
소매길이
뒤
BL
소매
WL
15

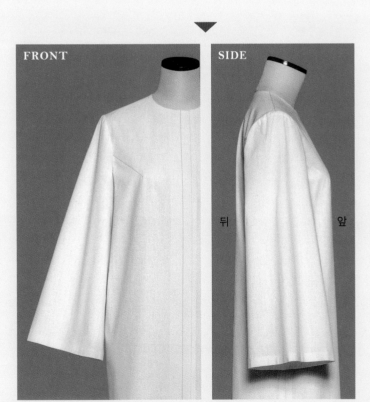

FRONT   SIDE

뒤   앞

소맷부리 쪽으로 퍼지는 실루엣. 플레어 물결은 적다.

소맷부리 쪽으로 퍼지며, 아름다운 플레어가 물결치는 디자인. 다양한 아이템에 온화한 느낌을 더한다.
대표적인 플레어 슬리브와 가을·겨울 코트에 인기 있는 케이프형 2종을 소개한다.
케이프 슬리브는 슬리브리스의 몸판에 겹쳐 완성한다.

맞댄 그림
(축소 그림)

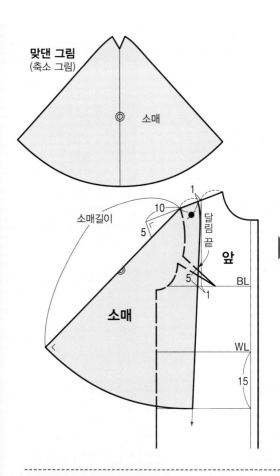

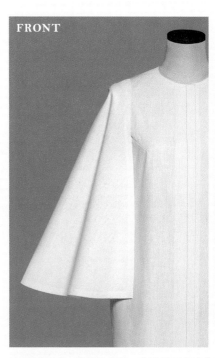

FRONT   SIDE

팔 부분만 덮는 경쾌한 케이프. 수직 위치에 달아 샤프함도 가미.
어깨 끝에서 소맷부리로, 완만하게 플레어 물결이 생긴다.

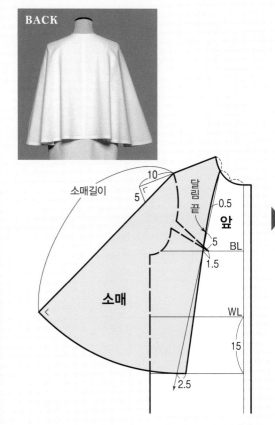

BACK

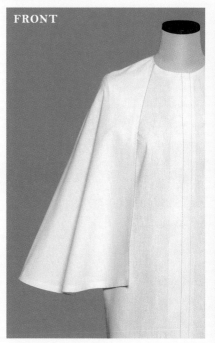

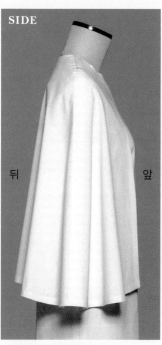

FRONT   SIDE

앞부터 뒤 전체를 덮는 우아한 케이프. 비스듬한 위치에 달아 부드러운 인상.
볼륨감이 커지고, 플레어 물결도 많아 표정이 풍부하다.

소매

T
U
V

→ 몸판 기본 패턴 만드는 법…P.180

8 교시 드롭 슬리브
— Drop sleeve —

W 드롭 적게, 소매 폭 보통

몸판을 사용.
어깨 끝에서 경사를 두어 소매 중심선을 긋고
소매 폭선, 소매산선, 소매 밑선, 소맷부리선의 순으로 제도한다.
소매산 높이는 낮게 설정.
소매산선은 몸판의 진동 둘레와 약간 차이를 두어 곡선을 수정하고
진동 둘레와 같은 치수가 되도록 완만하게 소매 폭선에 연결한다.
마지막으로 앞뒤 소매를 중심선에서 맞댄다.

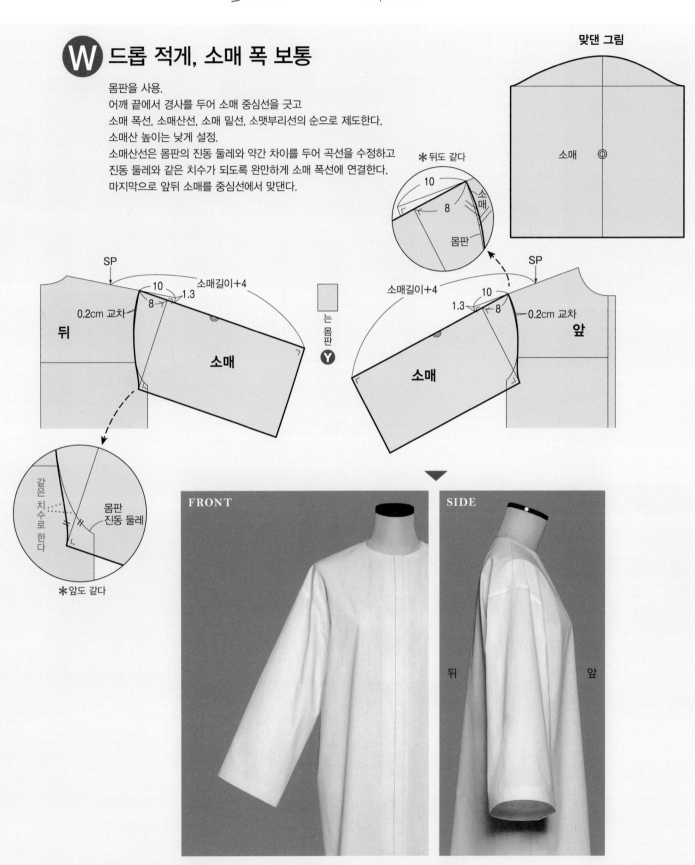

드롭 숄더로는 비교적 가는 소매. 와이드 라인 몸판과의 균형도 알맞다.

숄더 포인트(SP)보다 팔 쪽으로 내린 진동 둘레를 드롭 숄더라고 하고, 여기에 달린 소매가 드롭 슬리브.
진동 둘레선이 내려가 어깨나 팔을 움직이기 편하고 어깨 끝에 둥글림이 생겨 우아한 표정이 된다.
이미지는 셔츠 슬리브의 소매 폭을 넓게 한 버전. 와이드 라인 몸판 , Z를 사용해 제도한다.
소매길이는 몸판의 드롭 분량을 고려한다.

맞댄 그림

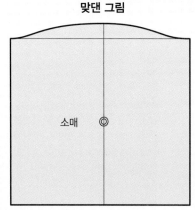

소매

소매

X 드롭 적게, 소매 폭 넓게

몸판을 사용.
어깨선을 연장해 소매 중심선을 긋고
소매 폭선, 소매산선, 소매 밑선, 소맷부리선의 순으로 제도한다.
소매산 높이는 W보다 좀 더 낮게 설정.
소매산선은 몸판의 진동 둘레를 그대로 이용하고
소매 아래쪽 곡선을 몸판과 같은 치수가 되도록 소매 폭선에 연결한다.
마지막으로 앞뒤 소매를 중심선에서 맞댄다.

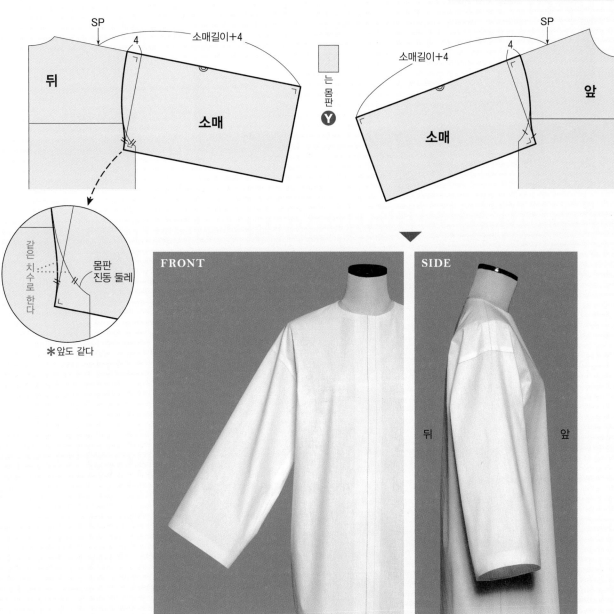

SP
4
소매길이＋4
뒤
소매

는 몸판 Y

SP
4
소매길이＋4
앞
소매

같은 치수로 한다
몸판 진동 둘레
＊앞도 같다

FRONT

SIDE
뒤   앞

W보다 소매산을 낮게 설정해 소매 폭을 넓게 한 타입.
기본 몸판이 같아 소매의 낙낙한 느낌이 두드러진다.

→ 소맷부리 폭 차이에 따른 비교…P.102 71

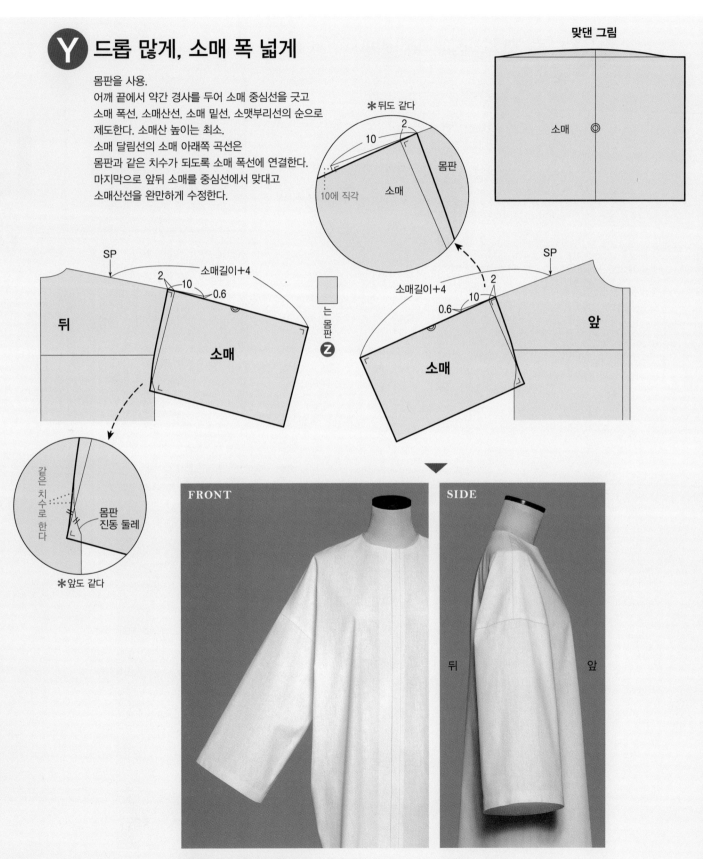

8 드롭 슬리브
— Drop sleeve —

Y 드롭 많게, 소매 폭 넓게

몸판을 사용.
어깨 끝에서 약간 경사를 두어 소매 중심선을 긋고
소매 폭선, 소매산선, 소매 밑선, 소맷부리선의 순으로
제도한다. 소매산 높이는 최소.
소매 달림선의 소매 아래쪽 곡선은
몸판과 같은 치수가 되도록 소매 폭선에 연결한다.
마지막으로 앞뒤 소매를 중심선에서 맞대고
소매산선을 완만하게 수정한다.

맞댄 그림

소매 폭이 풍성한 스트레이트.
볼륨감 있는 몸판과의 상승효과로 편안한 느낌이 커진다.

Z 드롭 많게, 직사각형 패턴

몸판의 진동 둘레(AH) 치수를 사용해 제도한다.

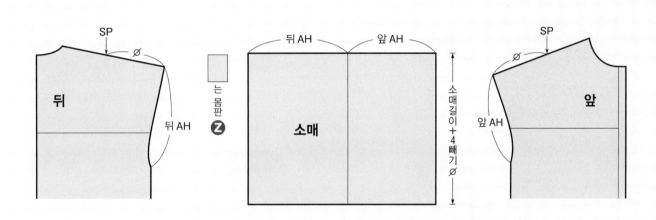

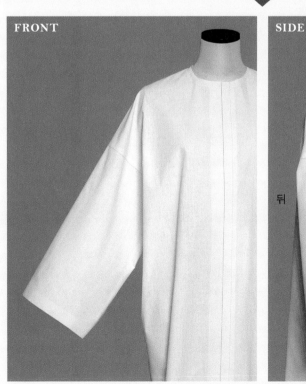

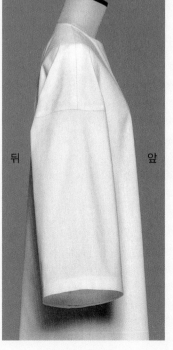

소매산의 경사를 없앤 직사각형 패턴을 원통형으로 만든 소매.
소매 폭은 **Y**와 거의 같고, 와이드한 느낌이 있는 스트레이트.

→ 소맷부리 폭 차이에 따른 비교…P.102 73

칼라 패턴

→ P.76

스탠드 칼라
— Stand collar —

Ⓐ

→ P.77

칼라 밴드 달린 셔츠 칼라
— Shirt collar —

Ⓓ

→ P.78

셔츠 칼라
— Shirt collar —

Ⓖ

→ P.79

테일러드 칼라
— Tailored collar —

Ⓙ

칼라는 목 주위에 붙어 있는 부분.

이 책에서는 칼라리스도 디자인의 하나로 분류해 다양한 변형을 설명하였다.

여기서는 8종류, 모두 26가지 디자인을 소개한다. 설명의 편의상 몸판은 모두 기본 패턴 ❷를 사용.

대부분의 디자인은 앞 중심과 SNP에서 목둘레를 크게 하여 여유를 적절히 확보하고,

만들고 싶은 디자인으로 몸판을 완성한 뒤 칼라를 제도한다.

칼라와 몸판의 대응표는 P.126에 게재.

칼라

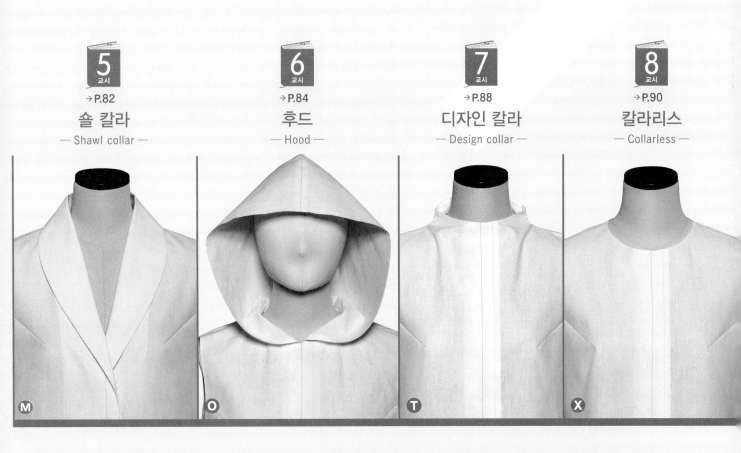

5 교시	6 교시	7 교시	8 교시
→P.82	→P.84	→P.88	→P.90
숄 칼라	후드	디자인 칼라	칼라리스
—Shawl collar—	—Hood—	—Design collar—	—Collarless—
M	O	T	X

1 교시 스탠드 칼라
— Stand collar —

네크라인에서 목 쪽으로 붙여 세운 직사각형에 가까운 칼라.
재킷이나 코트에 활용하기 좋은
용도에 맞는 3가지 타입을 소개한다.

A 기본형

스탠드 칼라의 기본형.
몸판의 목둘레 치수를 수평선상에 두고, 앞 중심에서 1cm 올려 경사지게 한 뒤
완만한 곡선으로 칼라 달림선과 위 끝선을 그린다.

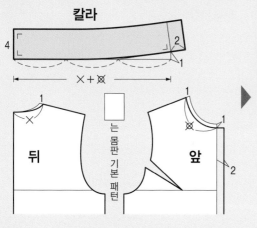

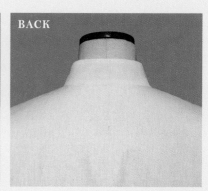

수직으로 세우고 목 쪽으로 붙는다. 목 주위의 여유가 적당히 확보된다.

B 앞 칼라 폭 넓게

위 끝선, 앞 중심, 앞 끝이 모두 수평·수직인 스탠드 칼라.
뒤 중심을 3cm 올리고, 몸판의 목둘레 치수를 토대로 제도한다.

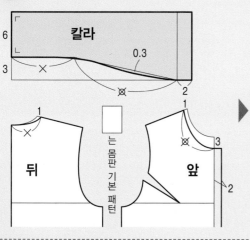

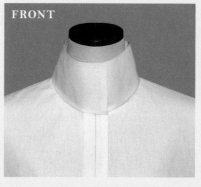

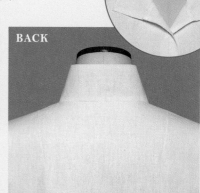

하이넥처럼 세우고 목을 덮는다. 앞을 열면 오픈 칼라로.

C 니트 타입

니트 소재를 사용하는 스포티한 칼라.
몸판의 목둘레 치수와 칼라 폭으로 직사각형을 그리고, 앞 중심에 곡선으로 칼라 달림선을 그린다.
몸판 목둘레와의 치수 차이를 뒤 중심에서 자른다.

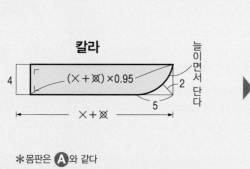

$(× + ⊠) × 0.95$

* 몸판은 Ⓐ와 같다

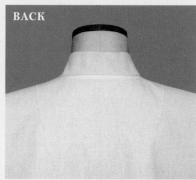

곡선으로 처리한 칼라 달림선을 목둘레와 맞춰 박아, 위 끝선의 앞 중심 쪽이 약간 역곡선으로.

칼라 밴드 달린 셔츠 칼라
— Shirt collar —

셔츠 칼라의 일종으로,
좀 더 목 쪽에 붙이기 위해 위 칼라와
칼라 밴드로 이어 맞춘 칼라.
몸판에 스탠드 칼라와 같은 칼라 밴드를 달고,
그 위쪽에 위 칼라를 단다.
아우터용의 칼라 폭이 넓은 디자인을 소개.

D 기본형(경사 적게)

칼라 밴드 달린 셔츠 칼라의 기본형.
몸판의 목둘레 치수를 토대로 칼라 밴드를 그린다. 앞 중심의 경사 치수는 1cm. 칼라 밴드를 토대로 위 칼라를
제도한다. 위 칼라와 칼라 밴드의 뒤 중심 간격은 5cm. 이음선의 치수 차이는 위 칼라의 뒤 중심에서 수정한다.

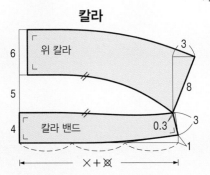

칼라

* 몸판은 ⒶA와 같다
* 칼라 밴드를 앞 끝까지 하는 경우는
  중심선에서 평행으로 추가

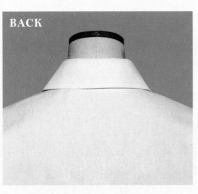

FRONT   BACK

직선적으로 세우고 목 주위의 여유는 많다. 샤프하고 매니시한 인상.

칼라

A
B
C
D
E
F

E 기본형(경사 많게)

Ⓓ와 같이 제도한다.
칼라 밴드의 앞 중심 경사 치수는 3cm. 위 칼라와 칼라 밴드의 뒤 중심 간격은 9cm. 몸판 목둘레와의
치수 차이는 칼라 밴드의 뒤 중심에서, 이음선의 치수 차이는 위 칼라의 뒤 중심에서 수정한다.

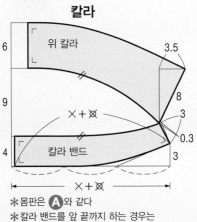

칼라

* 몸판은 ⒶA와 같다
* 칼라 밴드를 앞 끝까지 하는 경우는
  중심선에서 평행으로 추가

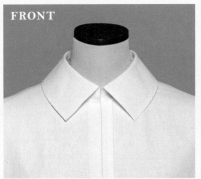
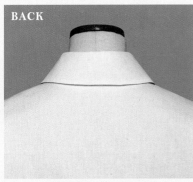

FRONT   BACK

이음선의 치수가 짧아지기 때문에 Ⓓ보다 목 쪽으로 붙는 디자인이다. 목 주위의 여유는 표준
이다.

F 이음 없이

이음 없이 칼라 밴드와 위 칼라를 표현한. 얇은 천에 적합한 디자인.
몸판의 목둘레 치수를 토대로 칼라 밴드를 그리고, 다시 칼라 밴드를 토대로 위 칼라를 제도한다.

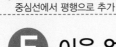
칼라

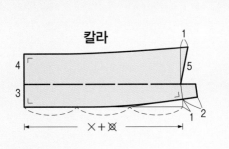

* 몸판은 ⒶA와 같다

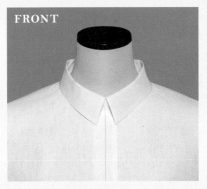

FRONT   BACK

직선적이고 콤팩트한 스타일.

→ 칼라 끝 변형…P.106   77

3 교시 셔츠 칼라
—Shirt collar—

몸판의 목둘레에서 세워 접는 칼라.
칼라 폭, 칼라 허리의 높이에 따라 표정이 달라진다.
재킷과 코트에 주로 사용하는 칼라 폭이 넓은 디자인을
칼라 허리의 높이나 꺾임선 위치를 바꿔서 소개.

G 기본형

뒤 칼라 폭, 칼라 허리의 높이, 칼라 끝 모양이 모두 아우터의 표준이라고 할 수 있는, 셔츠 칼라의 기본형.
뒤 중심을 3cm 올리고, 몸판의 목둘레 치수를 토대로 제도한다.

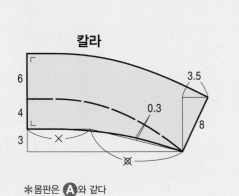

칼라

6
4
0.3
3
3.5
8

✳몸판은 Ⓐ와 같다

FRONT

BACK

뒤 칼라를 세워 예각으로 접는다. 앞 중심까지 경사가 가파르고, 스포티한 분위기.

H 곡선형

셔츠 칼라로는 칼라 허리가 낮은(최소는 1cm) 소프트 타입. 뒤 중심을 9cm 올리고,
몸판의 목둘레 치수를 토대로 제도한다. 칼라 허리를 낮추면 뒤 칼라를 세울 수 없기 때문에, 칼라 외곽 치수가 많이 필요하다.
뒤 중심에서 올리는 치수를 늘려 곡선을 가파르게 해, 외곽 치수를 확보했다.

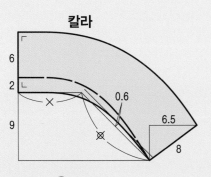

칼라

6
2
0.6
9
6.5
8

✳몸판은 Ⓐ와 같다

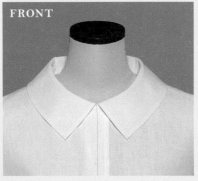

FRONT

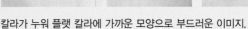

BACK

칼라가 누워 플랫 칼라에 가까운 모양으로 부드러운 이미지.

I 수티앵 칼라

뒤 중심뿐 아니라 앞 중심에도 칼라 허리를 만들어 입체감을 살린 칼라.
두꺼운 천에서도 칼라 폭을 확보할 수 있다. 뒤 중심을 3cm 올리고 몸판의 목둘레 치수를 잡은 뒤,
앞 중심에 칼라 허리를 확보하고 칼라 끝을 그린다.

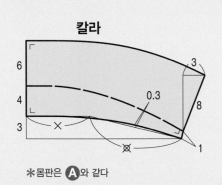

칼라

6
4
0.3
3
3
8
1

✳몸판은 Ⓐ와 같다

FRONT

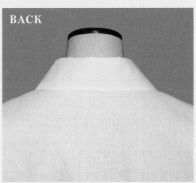

BACK

앞 중심에서 세워 접어 볼륨감이 커진다.

 → 칼라 끝 변형…P.106, 목둘레 모양, 칼라 폭 차이에 따른 비교…P.108, 110

테일러드 칼라
—Tailored collar—

재킷이나 코트에 주로 쓰이는 칼라로, 이른바 신사복 칼라.
위 칼라와 라펠로 구성되어 있으며 둘의 경계에 깃아귀가 있다.
칼라 허리의 높이, 칼라 폭, 라펠 폭, 누임 치수,
꺾임 끝 위치에 따라 표정이 다양하다.

J 기본형

테일러드 칼라의 기본형.
뒤 몸판의 목둘레 치수를 사용해, 앞에서 목둘레, 라펠, 위 칼라의
순으로 제도한다.
꺾임 끝을 BL과 WL의 중간점, 칼라 허리의 높이를 4cm,
칼라 폭을 6cm, 라펠 폭을 10cm, 누임 치수를 2.5cm로 설정.

칼라
G H I J

는 몸판 기본 패턴

뒤   앞

칼라

위 칼라

라펠

꺾임 끝

BL   WL

FRONT

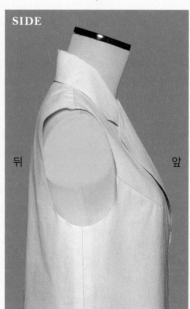

SIDE

뒤   앞

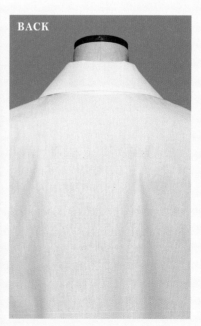

BACK

남성적인 분위기가 매력적인 스탠더드한 디자인. 칼라 허리가 높아 라펠에서 위 칼라 쪽으로 칼라 허리가 서고,
옆에서 뒤까지는 목 쪽으로 붙는다. 옆에서 보면 목을 가리는 분량이 많다.

→ 몸판 기본 패턴 만드는 법⋯P.180
→ 칼라 끝 변형⋯P.111, 누임 치수, 라펠 폭, 고지 라인 높이, 고지 라인 경사 차이에 따른 비교⋯P.112~115

4 테일러드 칼라
— Tailored collar —

K 쇼트 타입

꺾임 끝을 BL보다 위쪽 위치에 설정한 작은 테일러드.
뒤 몸판의 목둘레 치수를 사용해, 앞에서 목둘레, 라펠, 위 칼라의
순으로 제도한다. 균형을 고려해 각 치수는 작게 설정.
칼라 허리의 높이를 3cm, 칼라 폭을 4cm,
라펠 폭을 7cm, 누임 치수를 2cm로 설정.

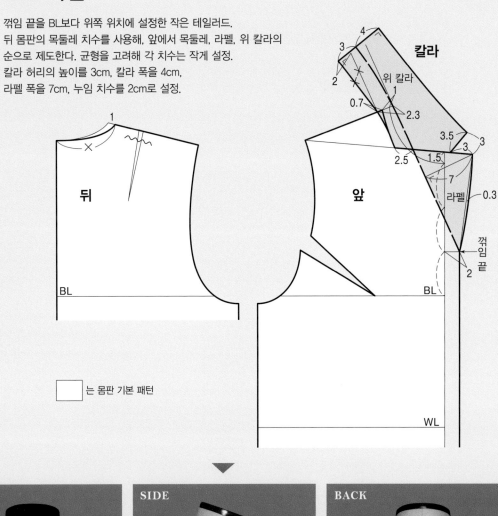

□ 는 몸판 기본 패턴

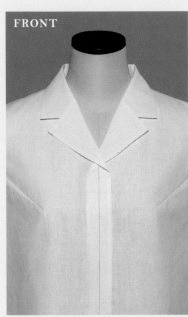
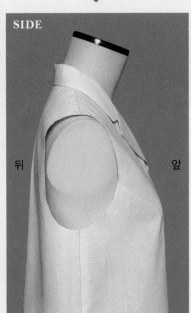
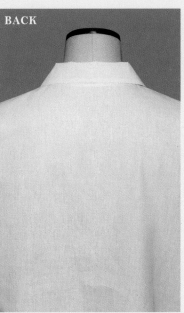

꺾임 끝의 위치나 좁은 칼라 폭 등, 오픈 칼라로도 보이는 콤팩트한 테일러드.

→ 몸판 기본 패턴 만드는 법…P.180

80 → 칼라 끝 변형…P.111, 누임 치수, 라펠 폭, 고지 라인 높이, 고지 라인 경사 차이에 따른 비교…P.112~115

L 턱 넣기

기본 패턴은 J와 같다.
위 칼라에 턱을 추가한 볼륨 있는 테일러드.
완성한 위 칼라의 패턴을 사용해
절개선의 위아래로 잘라서 벌리고 턱 분량을 추가한다.

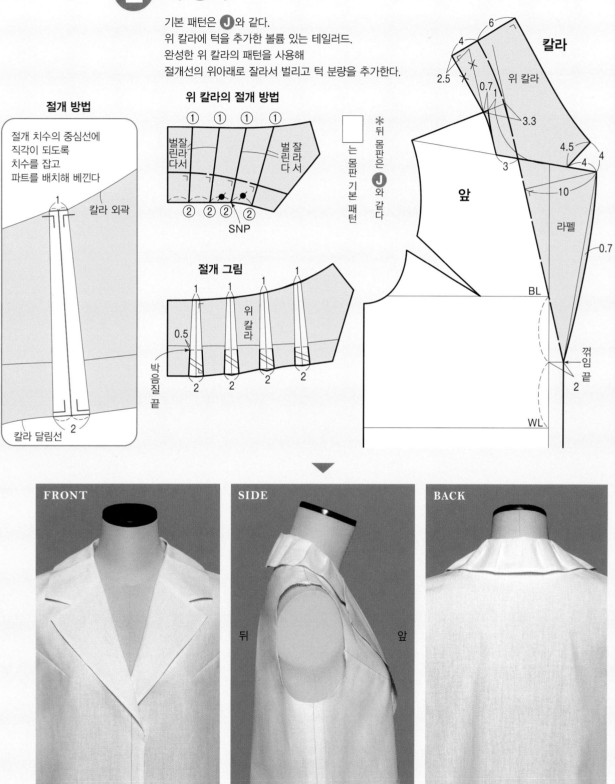

절개 방법

절개 치수의 중심선에
직각이 되도록
치수를 잡고
파트를 배치해 베낀다

칼라 외곽

1

칼라 달림선

2

위 칼라의 절개 방법

① ① ① ①

벌잘린라다서   벌잘린라다서

② ② ② ②

SNP

□ 는 몸판 기본 패턴

＊뒤 몸판은 J와 같다

절개 그림

1 1 1 1

0.5

위칼라

박음질 끝

2 2 2 2

6
4
2.5
0.7
1
3.3
3
4.5
4
10
0.7
칼라
위 칼라
앞
라펠
BL
꺾임 끝
2
WL

칼라

K
L

FRONT

SIDE   뒤   앞

BACK

턱의 볼륨으로 위 칼라가 살짝 부풀고, 존재감을 발휘. 샤프한 테일러드 칼라를 부드럽고 화려한 분위기로.

→ 몸판 기본 패턴 만드는 법…P.180

→ 칼라 끝 변형…P.111, 누임 치수, 라펠 폭, 고지 라인 높이, 고지 라인 경사 차이에 따른 비교…P.112~115

5 교시 솔 칼라
—Shawl collar—

Ⓜ 기본형

솔 칼라의 기본형.
뒤 몸판의 목둘레 치수를 사용해, 앞에서 목둘레, 라펠,
위 칼라의 순으로 제도한다. 꺾임 끝을 BL과 WL의 중간점,
칼라 허리의 높이를 4cm, 칼라 폭을 6cm,
라펠 폭을 8cm, 누임 치수를 2.5cm로 설정.

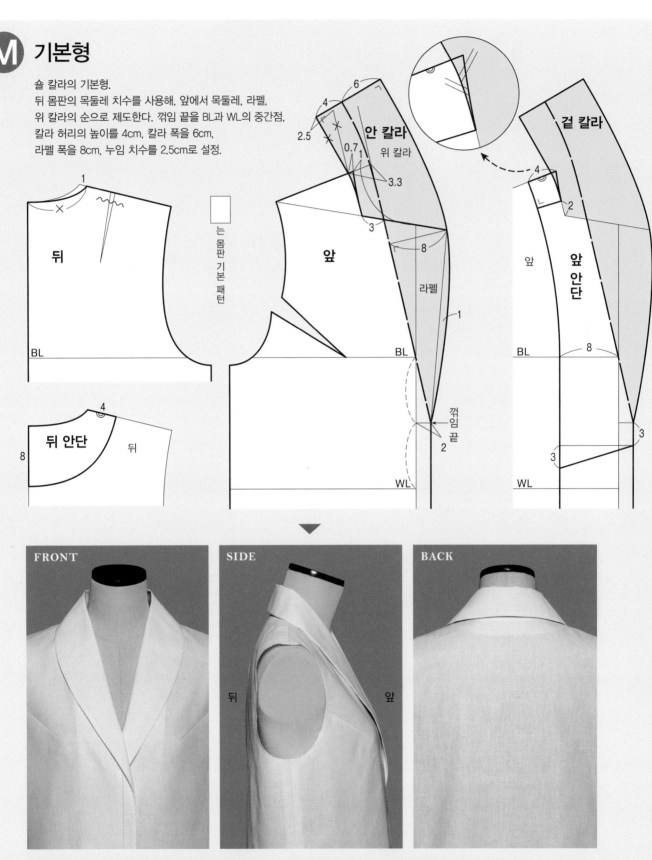

완만한 곡선으로 여성스러움이 돋보이는 우아한 디자인. 칼라 허리가 높아, 라펠에서 위 칼라 쪽으로 칼라 허리가 서고,
옆에서 뒤까지 목 쪽으로 붙는다. 옆에서 보면 목을 가리는 분량이 많다.

→ 몸판 기본 패턴 만드는 법…P.180, 누임 치수, 라펠 폭 차이에 따른 비교…P.112, 113

목에 숄을 걸치는 듯한 디자인으로 둥근 칼라.
위 칼라와 라펠의 구성은 테일러드 칼라와 같지만 깃아귀가 없고, 일명 수세미 칼라라고도 부른다.
칼라를 꺾었을 때 이음선이 보이지 않도록 안단은 겉 라펠과 겉 위 칼라를 이어서 재단한다.
칼라 허리의 높이, 칼라 폭, 라펠 폭, 누임 치수, 꺾임 끝의 위치에 따라 느낌이 달라진다.

Ⓝ 쇼트 타입

꺾임 끝을 BL보다 위쪽 위치에 설정한 작은 숄 칼라.
뒤 몸판의 목둘레 치수를 사용해, 앞에서 목둘레, 라펠,
위 칼라의 순으로 제도한다. 균형을 고려해 각 치수는
작게 설정. 칼라 허리의 높이를 3cm, 칼라 폭을 4cm,
라펠 폭을 5cm, 누임 치수를 2cm로 설정.

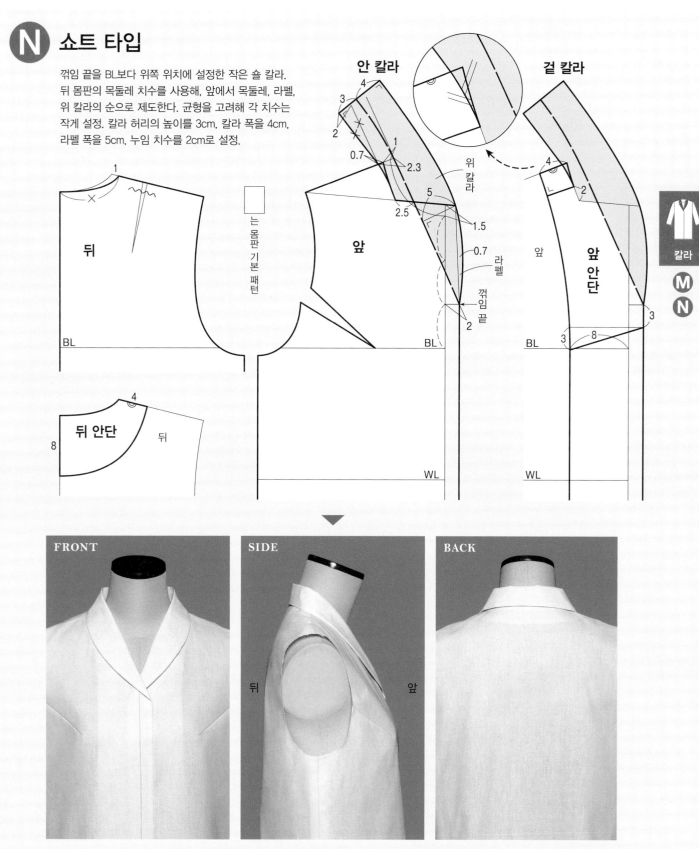

작은 숄 칼라는 우아함보다 귀여운 느낌이 포인트. 가슴 부근의 트임이 적고, 좀 더 고급스러운 인상을 풍긴다.

→ 몸판 기본 패턴 만드는 법…P.180, 누임 치수, 라펠 폭 차이에 따른 비교…P.112, 113

6 교시 후드
— Hood —

◎ 기본형

둥근형 패턴의 정통적인 후드.
앞 몸판에 겹쳐 후드의 외형을 그리고, 정수리가 되는 모서리는 완만한 곡선으로 그린다.

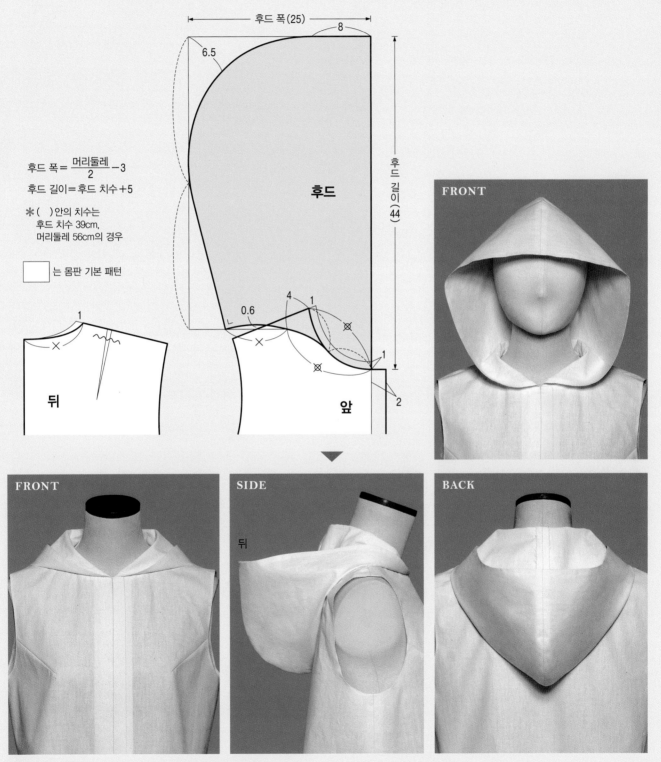

후드 폭 = $\dfrac{\text{머리둘레}}{2} - 3$

후드 길이 = 후드 치수 + 5

＊( )안의 치수는
후드 치수 39cm,
머리둘레 56cm의 경우

☐ 는 몸판 기본 패턴

후드 폭(25)

6.5

8

후드 길이(44)

후드

뒤

1

0.6

4

1

1

2

앞

FRONT

FRONT

SIDE

뒤

BACK

뒤집어쓰면 중심 솔기가 강조되어 정수리에서 삼각으로 뾰족한 모양이 된다. 앞 끝 윗부분은 이마와 가깝다.
벗으면 후드는 입체적.

목둘레에 붙여서 머리에 덮어쓰는 쓰개의 일종.
스포티한 느낌을 더해 디자인 효과를 내는 역할뿐 아니라, 계절이나 목적에 따라서 방수나 방한 목적으로도 사용한다.
재킷이나 코트에 사용 빈도가 높고 변형도 다양하다.

P 덧천 넣기

중심에 덧천을 넣은 3면 구성의 후드.
O와 같이 외형을 그리고, 덧천 분량을 자른다. 이음선과 같은 치수로 덧천을 그린다.
덧천 폭은 중간 정도에서 뒤 목둘레선까지 서서히 좁게 하면 균형이 맞는다.

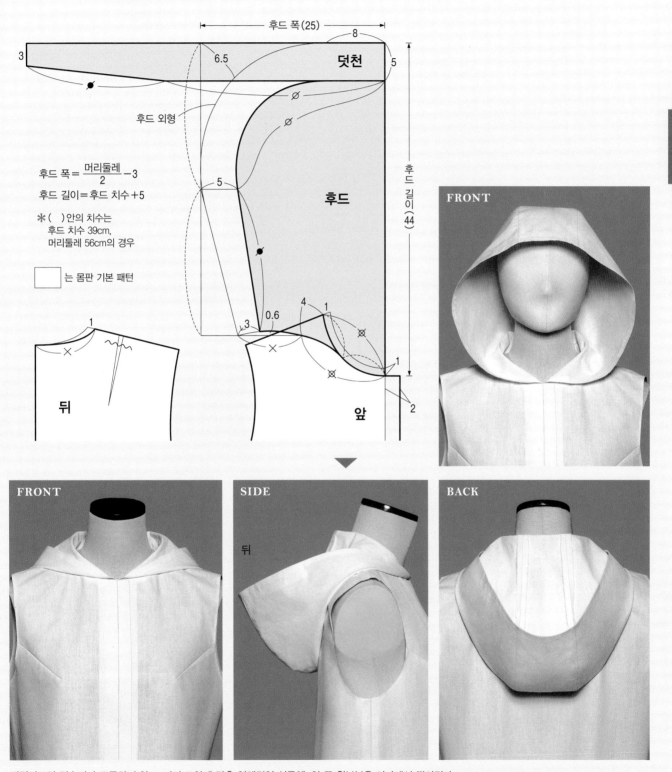

후드 폭 $= \dfrac{\text{머리둘레}}{2} - 3$

후드 길이 = 후드 치수 + 5

* ( )안의 치수는
후드 치수 39cm,
머리둘레 56cm의 경우

☐ 는 몸판 기본 패턴

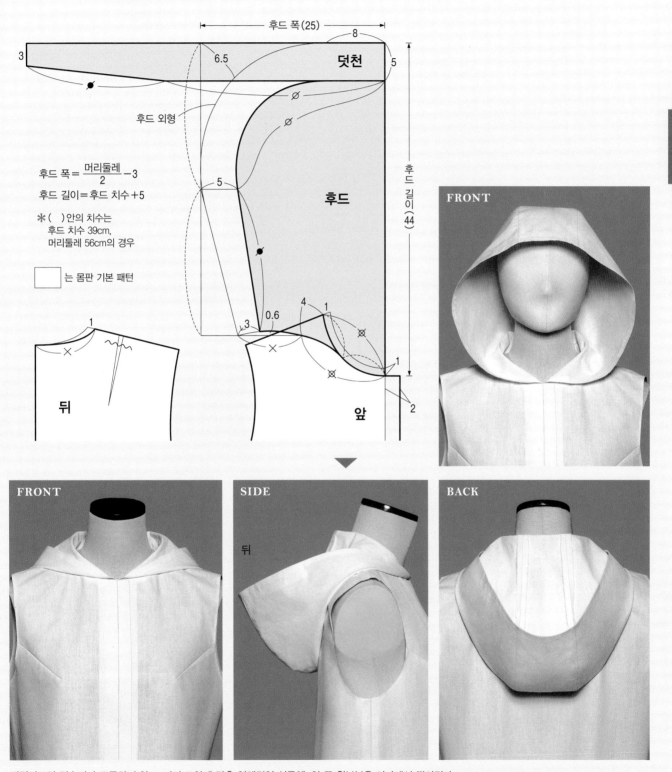

뒤집어쓰면 정수리가 뾰족하지 않고, 머리 모양에 맞춘 입체적인 실루엣. 앞 끝 윗부분은 이마에서 떨어진다.
벗으면 후드는 입체적.

→ 몸판 기본 패턴 만드는 법…P.180, 치수 재기…P.22

6 후드
교시 —Hood—

Q 일체형 앞 몸판에서 이어진 후드.
겹침분 폭을 넓게 잡아 후드의 외형을 그리고, 정수리가 되는 모서리는 완만한 곡선으로 그린다.

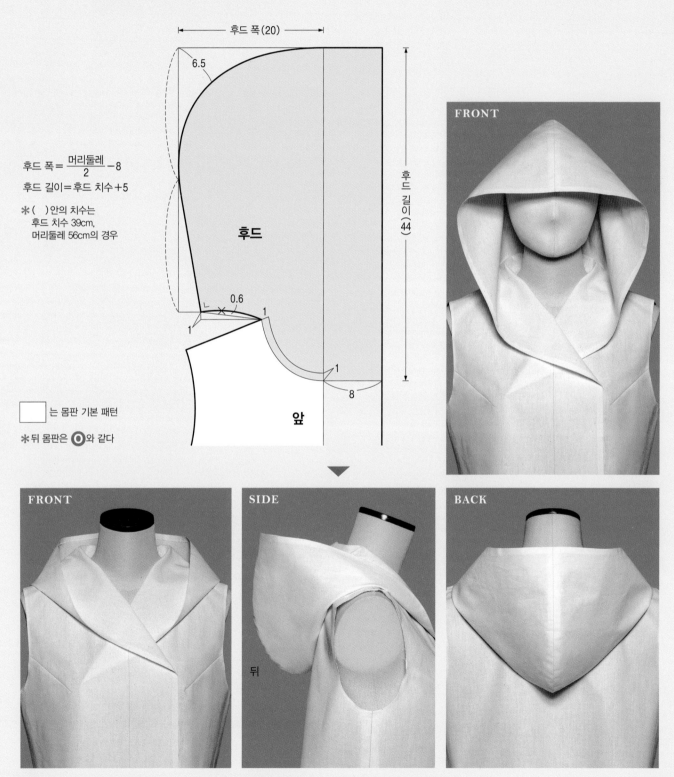

후드 폭 = $\dfrac{머리둘레}{2}$ − 8

후드 길이 = 후드 치수 + 5

✽ ( ) 안의 치수는
후드 치수 39cm,
머리둘레 56cm의 경우

□ 는 몸판 기본 패턴

✽ 뒤 몸판은 **O** 와 같다

겹침분 폭이 넓어 앞 끝 윗부분은 깊게 덮인다. 정수리는 **O** 와 같이 뾰족한 모양. 벗으면 후드는 입체적.

R 플랫형

더플코트에 주로 쓰이는 가로로 이음을 넣은 후드.
몸판 앞 중심에서 비스듬히 후드 길이를 잡아 제도한다.

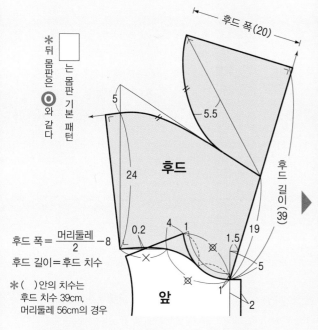

* [ ] 는 몸판 기본 패턴
※ 뒤 몸판은 ◎ 와 같다

후드 폭(20)
5.5
5
24
후드
0.2
4
1
1.5
19
후드 길이(39)
5
1
2
앞

후드 폭 = $\dfrac{\text{머리둘레}}{2} - 8$

후드 길이 = 후드 치수

※ ( )안의 치수는
후드 치수 39cm,
머리둘레 56cm의 경우

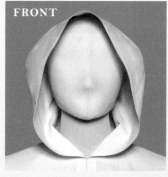
FRONT

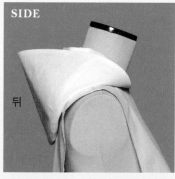
SIDE
뒤

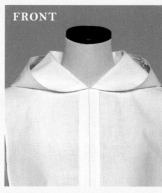
FRONT

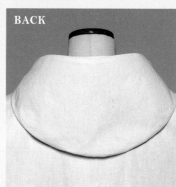
BACK

머리 모양을 따라 덮는 후드. 앞 끝 윗부분은 얕게 덮인다. 정수리는 곡선 모양.
벗으면 후드는 평면적.

S 하이넥형

앞을 하이넥 스타일로 세운 스포티한 후드.
앞 몸판의 FNP를 내린 위치에서 세우고,
몸판에 겹쳐 후드의 외형을 그린다.
정수리가 되는 모서리는 완만한 곡선으로 그린다.

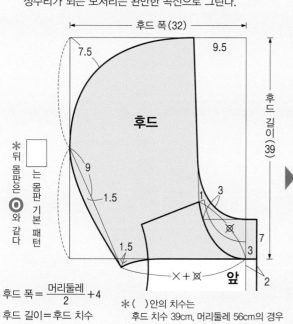

후드 폭(32)
7.5
9.5
후드
후드 길이(39)
9
1.5
1
3
7
1.5
3
앞
× + ⊗
2

* [ ] 는 몸판 기본 패턴
※ 뒤 몸판은 ◎ 와 같다

후드 폭 = $\dfrac{\text{머리둘레}}{2} + 4$

후드 길이 = 후드 치수

※ ( )안의 치수는
후드 치수 39cm, 머리둘레 56cm의 경우

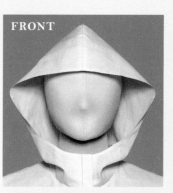
FRONT

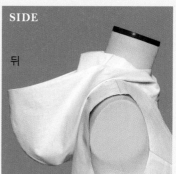
SIDE
뒤

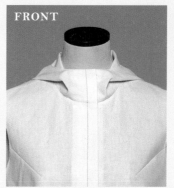
FRONT

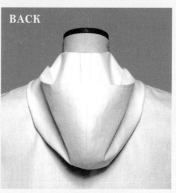
BACK

앞의 서는 부분이 목을 덮는 후드. 머리둘레의 여유는 적고 머리에 잘 맞는다.
정수리는 뾰족한 모양. 벗으면 후드는 입체적.

→ 몸판 기본 패턴 만드는 법…P.180, 치수 재기…P.22

칼라
Q
R
S

디자인 칼라
— Design collar —

T **보틀넥**
목 쪽으로 붙여 세운 칼라.
SNP에서 2cm 위치와 중심에서 세우고
완만한 곡선으로 위 끝선을 그린다.

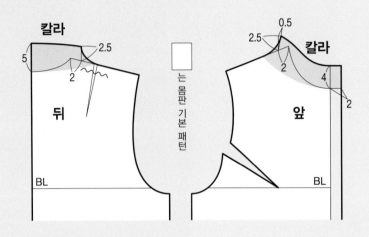

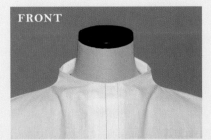

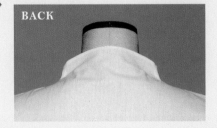

목둘레에서 자연스럽게 세운다.

U **라펠풍**
앞 끝을 접어 칼라로 한 디자인.
목둘레에서 연결해 위 끝선을 그리고, 밑단선을 연장한 위치와 연결한다.

□ 는 몸판 기본 패턴

＊뒤 몸판은 **A**와 같다

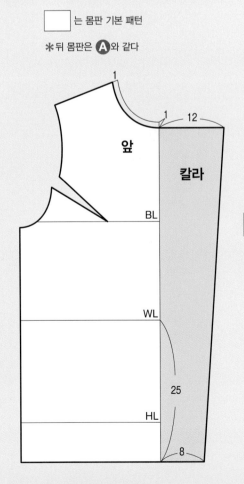

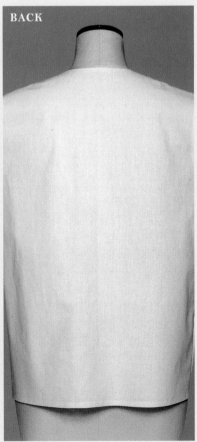

윗부분을 자연스럽게 접으면 라펠풍이 된다.

재킷이나 코트에 추천하고 싶은 디자인으로 구성.
목둘레에 뉘앙스를 더한 보틀넥이나 앞트임을 살린 드레이프 스타일 등
몸판에서 이어서 재단하는 타입의 변형을 소개한다.

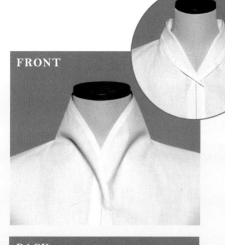

V 하이넥

몸판에서 연결해 세운 칼라. 접는 것도 가능.
앞의 SNP에서 2cm 위치에서, 뒤 목둘레 치수를 사용해
칼라 달림선과 칼라 폭선을 그리고, 칼라 외곽선을
완만한 곡선으로 앞 끝선에 연결한다.

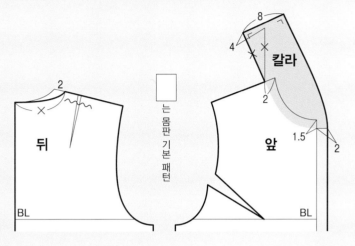

는 몸판 기본 패턴

BACK

칼라

앞 끝에서 완만하게 서고, 뒤는 목 쪽으로 붙
는 높은 칼라. 접으면 작은 숄 칼라풍이 된다.

W 드레이프 칼라

앞 끝을 드레이프로 한 칼라. 앞은 SNP에서 2cm 위치에서 세우고 수평으로 위 끝선을 그려
밑단선을 연장한 위치와 연결한다. 뒤는 세운 치수와 같은 폭의 스탠드 칼라를 단다.

뒤 칼라

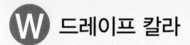

2.5

는 몸판 기본 패턴

＊뒤 몸판은 V와 같다

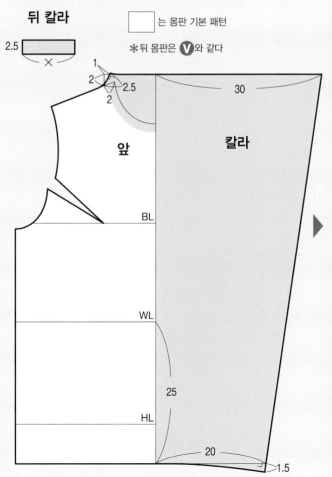

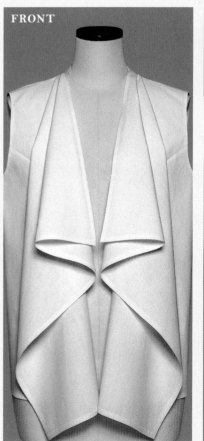

FRONT

BACK

목을 따라 자연스럽게 세우면, 목둘레에서 앞 끝으로 우아한 드레이프가 나타난다.

→ 몸판 기본 패턴 만드는 법…P.180 89

8교시 칼라리스
— Collarless —

칼라를 달지 않은 다양한 네크라인.
특히 재킷이나 코트에 주로 쓰이는 3종류를 소개한다.

칼라

X Y Z

X 크루넥

좁고 둥근 모양의 목둘레.
뒤는 SNP에서, 앞은 SNP와 FNP에서 넓혀
목둘레를 그린다.

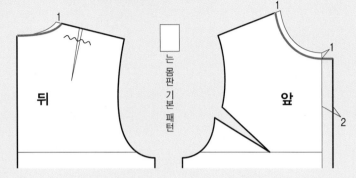

는 몸판 기본 패턴

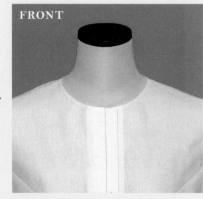

FRONT

목둘레에 맞춘 콤팩트한 라인.

Y 보트넥

완만한 곡선으로 옆으로 넓은 배 밑바닥 모양의 목둘레.
앞뒤 모두 SNP에서 넓혀 목둘레를 그린다.

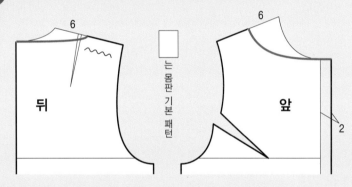

는 몸판 기본 패턴

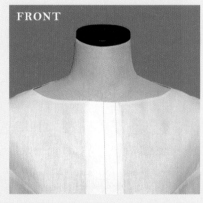

FRONT

목 주위가 깔끔하게 보이는 우아한 네크라인.

Z V넥

V라인의 세로로 긴 목둘레.
뒤는 SNP에서 넓혀 목둘레를 그리고,
앞은 SNP에서 넓힌 위치와 앞 끝의 V 포인트를 완만하게 연결한다.

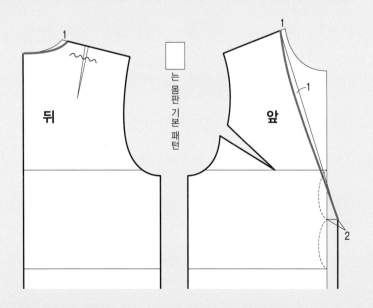

는 몸판 기본 패턴

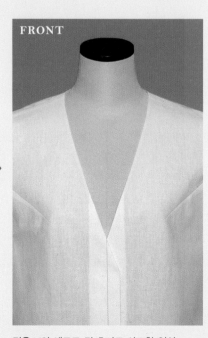

FRONT

깊은 V의 세로로 긴 효과로 샤프한 인상.

Lecture on Pattern-making

응용 종류와 방법을 쉽게 설명한다
특별 강의

나만의 특별한 감각을 한층 높이고 싶다면 필수 코스인 '응용'.
패턴에 부분적인 변화를 주어 형태, 착용감, 기능 등
가능성을 무한대로 넓힐 수 있다.
응용 종류와 방법을 알면 완성도와 만족감이 높아진다.
기본 패턴 ❷로 설명.

길이의 변형

볼레로 재킷~롱 코트, 반소매~긴소매 등 옷 길이나 소매길이를 바꾸기만 해도 다양한 아이템을 자유자재로 응용할 수 있다.
몸판 Ⓐ와 소매 Ⓐ의 패턴으로, 단계적으로 길이를 변화시켜 소개한다.
오리지널 디자인의 이미지를 만드는 데 활용하자.

옷 길이

WL을 기준으로 가감. 앞 중심에 트임을 위한 2cm의 겹침분을 추가하고,
길이 56cm의 소매를 달아 11종류를 소개.

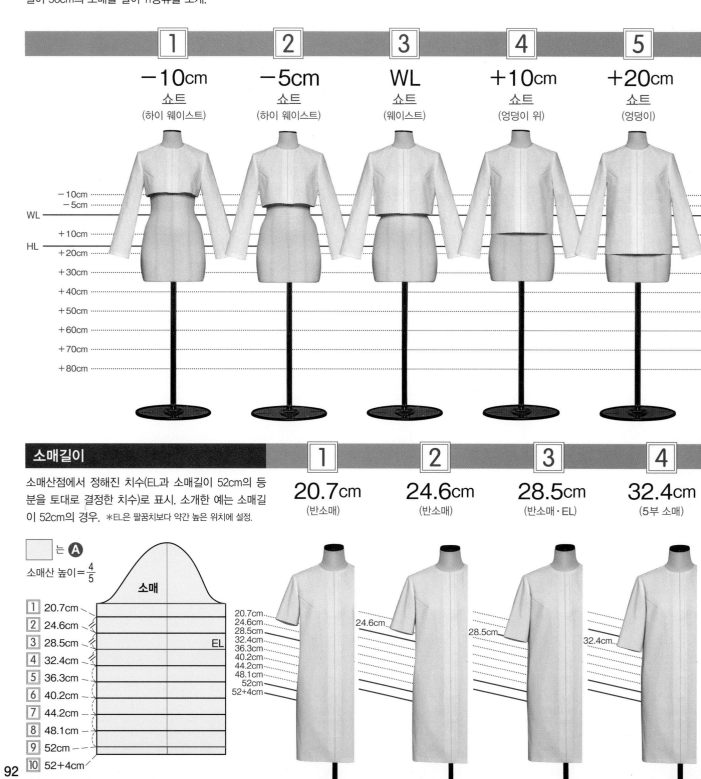

	1	2	3	4	5
	−10cm	−5cm	WL	+10cm	+20cm
	쇼트	쇼트	쇼트	쇼트	쇼트
	(하이 웨이스트)	(하이 웨이스트)	(웨이스트)	(엉덩이 위)	(엉덩이)

소매길이

소매산점에서 정해진 치수(EL과 소매길이 52cm의 등분을 토대로 결정한 치수)로 표시. 소개한 예는 소매길이 52cm의 경우. ＊EL은 팔꿈치보다 약간 높은 위치에 설정.

1	2	3	4
20.7cm	24.6cm	28.5cm	32.4cm
(반소매)	(반소매)	(반소매·EL)	(5부 소매)

☐ 는 Ⓐ

소매산 높이 = $\frac{4}{5}$

소매

1	20.7cm
2	24.6cm
3	28.5cm
4	32.4cm
5	36.3cm
6	40.2cm
7	44.2cm
8	48.1cm
9	52cm
10	52+4cm

EL

20.7cm
24.6cm
28.5cm
32.4cm
36.3cm
40.2cm
44.2cm
48.1cm
52cm
52+4cm

24.6cm

28.5cm

32.4cm

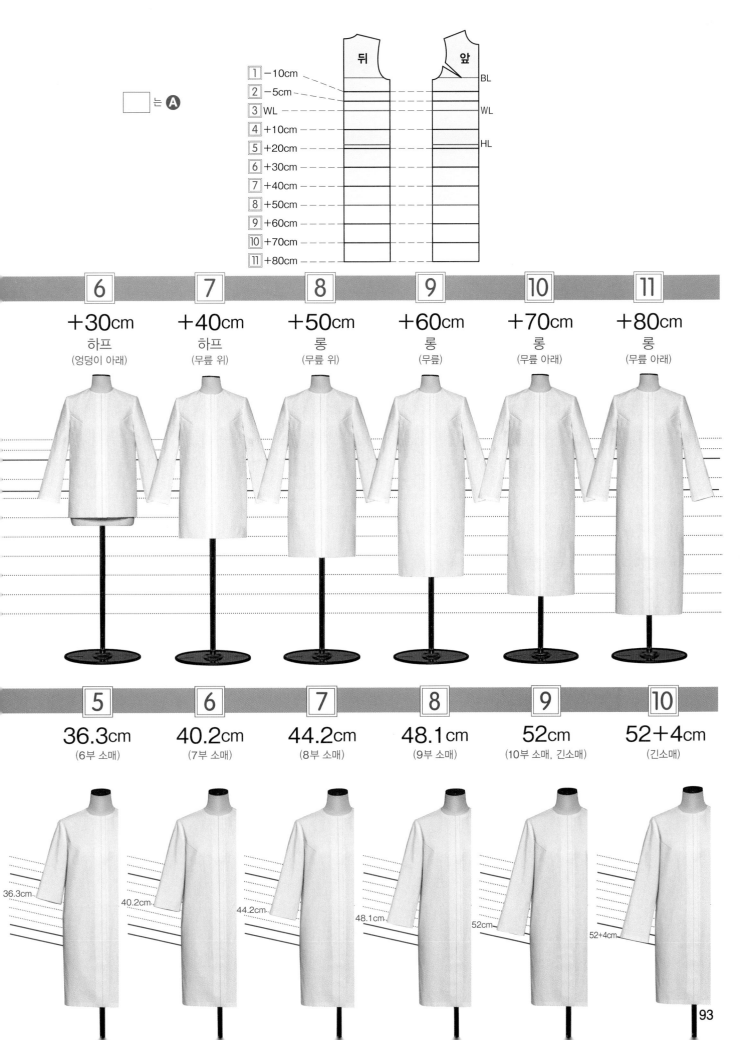

는 Ⓐ

		뒤	앞	
1	−10cm			BL
2	−5cm			
3	WL			WL
4	+10cm			
5	+20cm			HL
6	+30cm			
7	+40cm			
8	+50cm			
9	+60cm			
10	+70cm			
11	+80cm			

6	7	8	9	10	11
+30cm	+40cm	+50cm	+60cm	+70cm	+80cm
하프	하프	롱	롱	롱	롱
(엉덩이 아래)	(무릎 위)	(무릎 위)	(무릎)	(무릎 아래)	(무릎 아래)

5	6	7	8	9	10
36.3cm	40.2cm	44.2cm	48.1cm	52cm	52+4cm
(6부 소매)	(7부 소매)	(8부 소매)	(9부 소매)	(10부 소매, 긴소매)	(긴소매)

36.3cm 40.2cm 44.2cm 48.1cm 52cm 52+4cm

밑단 너비 차이에 따른 비교

밑단 너비는 자유자재로 변경 가능. 그 변화에 따라 볼륨감이 달라진다.
웨이스트를 잘록하게 하는 피트 & 플레어 라인의 디자인은 WL에서 아랫부분을 변경한다.
토대로 한 패턴은 프린세스 라인 Ⓜ(P.38).

는

Ⓜ

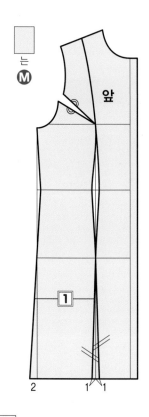

앞

1

2 1 1

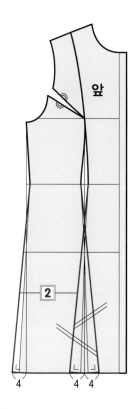

앞

2

4   4 4

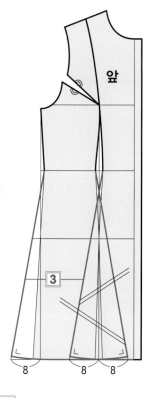

앞

3

8   8 8

1 기본

프린세스 라인 Ⓜ 그대로의 밑단 너비로, 피트 & 플레어의 리듬감은 덜하다.

2 조금 넓게

전체(앞뒤의 합계)에서 Ⓜ보다 32cm 넓혀, 피트 & 플레어의 대비가 두드러진다.

3 넓게

전체(앞뒤의 합계)에서 Ⓜ보다 80cm 넓혀, 플레어가 크게 물결치고 볼륨감이 커진다.

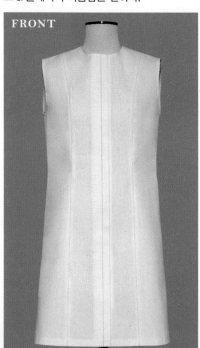

FRONT

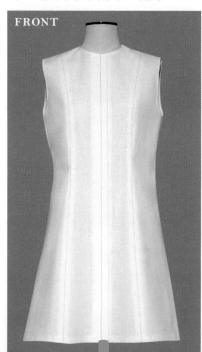

FRONT

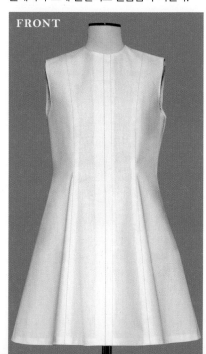

FRONT

겹침분의 변형

겹침분이란 트임을 위한 겹침 분량을 말한다. 재킷이나 코트의 겹침분은 앞 중심에서의 추가 치수에 따라
단추가 1열로 달리는 싱글브레스트와 2열로 달리는 더블브레스트가 기본.
가벼운 인상의 싱글과 중후함이 있는 더블…, 각각의 특징을 살려, 희망하는 완성 이미지에 맞추어 선택하자.
박시 라인 Ⓐ(P.26)를 토대로, 폭이나 경사를 달리한 5개 스타일을 소개한다.

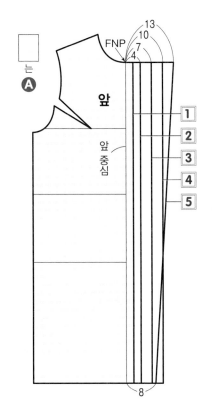

1 싱글(기본)

몸판 Ⓐ 그대로, 앞 중심에서 2cm.

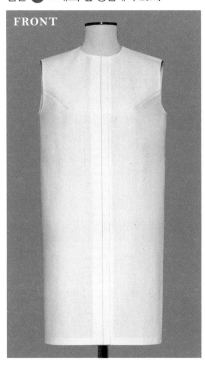

2 싱글(넓게)

앞 중심에서 평행으로 4cm 추가.

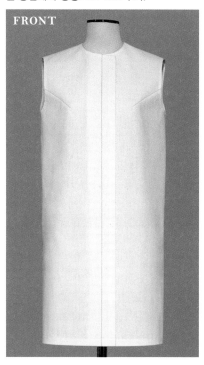

3 더블(좁게)

앞 중심에서 평행으로 7cm 추가.

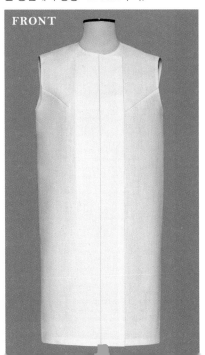

4 더블(넓게)

앞 중심에서 평행으로 10cm 추가.

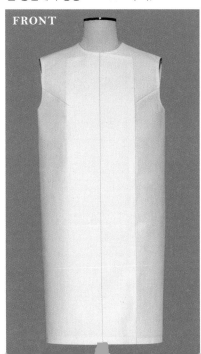

5 더블(비스듬히)

앞 중심의 FNP에서 13cm, 밑단에서 8cm 추가.

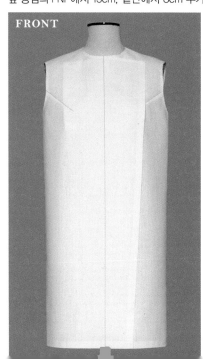

95

프런트 커트의 변형

1 스퀘어(기본)

둥글림도 경사도 없는 직각. 싱글에서 더블까지 폭넓게 사용할 수 있다.

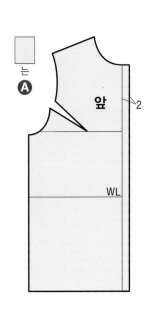
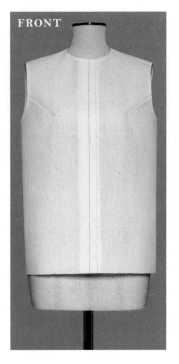

2 라운드(작게)

모서리를 살짝 둥글게 자른다. 둥글림이 작아 1에 가깝지만, 조금 부드러운 표정이 된다.

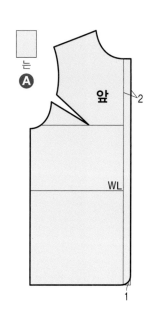
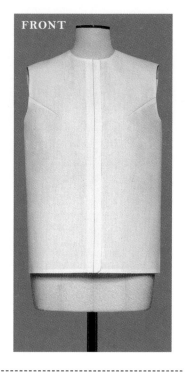

3 라운드(중간)

모서리를 둥글게 자른 기본적인 디자인. 경사가 없어 차분한 인상이 된다.

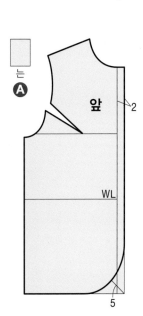
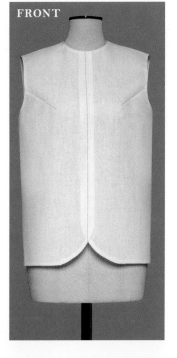

4 라운드(크게)

싱글 재킷에 주로 사용하는 곡선을 크게 한 커트. 완만하게 둥글린 라인.

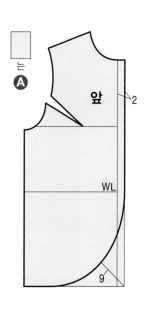

프런트 커트란 앞 끝에서 밑단의 모양을 말한다. 이 부분의 커트 방법에 따라 인상이 달라진다.
박시 라인 Ⓐ (P.26)를 토대로, 재킷에 주로 쓰이는 쇼트 길이(WL에서 25cm)로 8종류의 디자인을 소개.
이 밖에도 길이, 몸판 라인, 겹침분 폭 등에 따라, 다시 변형의 폭이 넓어진다.

5 커터웨이

곡선 치수를 많게 하고, 크게 비스듬히 잘라낸 커트. 모닝코트가 대표적.

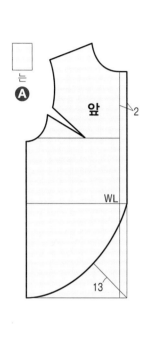

6 스퀘어 (경사 적게)

조금 경사를 둔 직선적인 커트. 둥글림이 없고 샤프한 인상이 된다.

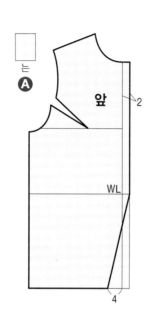

7 스퀘어 (경사 중간)

경사를 급하게 한 스퀘어 커트. 쇼트 길이에 효과적이고, 움직임이 편한 경쾌한 디자인.

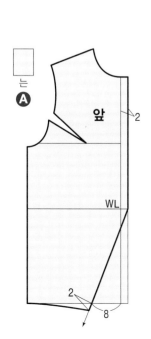

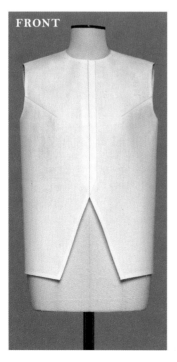

8 스퀘어 (경사 많게)

앞을 비스듬히 크게 벌린 스퀘어 커트. 샤프하고 스포티한 분위기로.

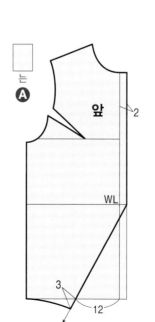

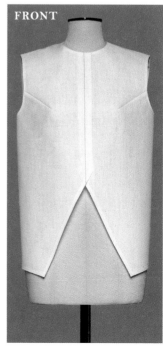

앞트임 종류

1 단추(싱글)

1열로 단 단추로 열고 닫는 기본 트임. 단추는 안자락에 단다.
*박는 법은 P.150 참조

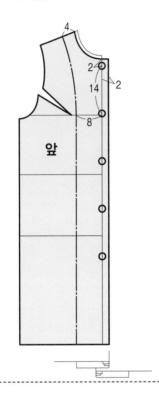

앞

2 단추(더블)

넓은 겹침분에 단추가 2열로 달리는 트임. 겉자락 안쪽은 장식 단추, 앞 끝을 고정하는 단추는 안자락 안쪽에 단다.
*박는 법은 P.150 참조

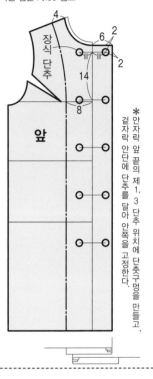

앞

*안자락 앞 끝의 제 1, 3 단추 위치에 단춧구멍을 만들고, 겉자락 안단에 단추를 달아 안쪽을 고정한다.

3 단추집(단추)

안단과의 사이에 단추집 천을 달아 단추를 숨기는 트임. 단추집은 트임 전체가 아니라 일부분에 만든다.
*박는 법은 P.152 참조

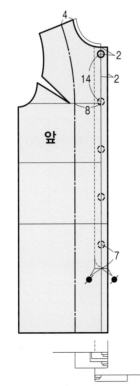

앞

4 단추집(지퍼)

오픈 지퍼를 사용하는 단추집 트임. 트임 전체를 단추집으로 하는 것이 가능.
*박는 법은 P.154 참조

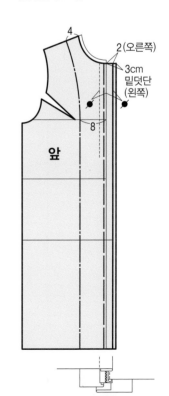

앞

2 (오른쪽)
3cm 밑덧단 (왼쪽)

잠금장치나 겹침분의 모양, 완성 방법 등으로 변형이 다양하다. 재킷이나 코트에 주로 사용하는 7종류를 소개한다.
단추나 호크(걸단추)의 간격은 길이나 디자인에 따라 적당히 조정하자. 단추는 똑딱단추(스냅)로도 변경이 가능하다.
소개한 예는 기본적인 칼라리스 **X**(P.90)의 경우로 설명한다.

＊각 치수는 임의. 디자인에 따라 적당히 조정

5 맞대기(호크)

겹침분이 없는 트임. 앞 끝을 완성한 뒤 호크를 단다.
＊박는 법은 P.150 참조

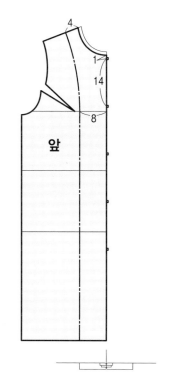

6 맞대기(지퍼)

안쪽에 오픈 지퍼를 단 맞댄 트임.
＊박는 법은 P.151 참조

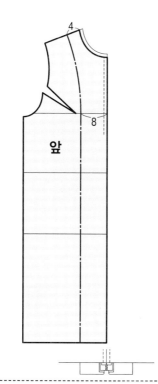

7 맞대기(지퍼)

오픈 지퍼를 바깥쪽으로 보이게 한 맞댄 트임. 몸판의 앞 끝을 지퍼 분량만큼 띄워서 만든다.

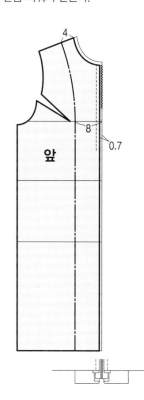

Point 단추의 크기와 겹침분 치수, 다는 위치의 관계

우선 처음에 단추 크기를 정한다. 겹침분 치수(더블의 경우는 앞 끝과의 간격)와 위 끝에서의 거리(●)는 단추의 크기와 같은 치수로 하는 것이 기본이지만, 바꾸는 경우는 단추 크기 ±0.5cm 정도까지로 한다.

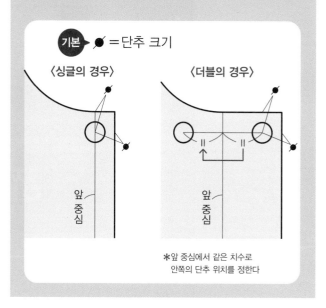

＊앞 중심에서 같은 치수로 안쪽의 단추 위치를 정한다

99

소맷부리 디자인 종류

커프스를 단다, 트임을 만든다, 벨트를 단다 등 응용 방법에 따라 완성품의 방향성이 결정된다.
심플하게, 스포티하게, 베이식하게, 캐주얼하게…,
완성형을 상상하면서 이미지를 실현할 수 있도록 디자인을 선택하자.
＊각 치수는 임의. 디자인에 따라 적당히 조정

1 스트레이트 커프스

소맷부리에 평행으로 이음을 넣은, 심플한 커프스로 마무리.

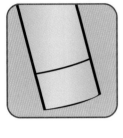
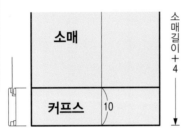

소매

커프스 10

소매길이 +4

2 니티드 커프스

니트 소재의 커프스를 달아, 소맷부리가 피트된 디자인.

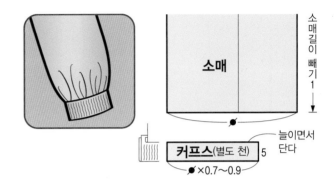

소매

소매길이 빼기 1

커프스(별도 천) 5

늘이면서 단다

×0.7~0.9

3 슬릿 커프스

1에 슬릿을 추가. 커프스를 접어서도 입을 수 있는 투웨이(2Way) 유형의 응용.

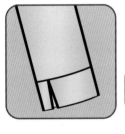
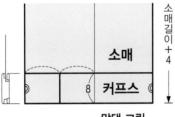

소매

8 커프스

소매길이 +4

맞댄 그림

커프스

4 기본 트임

2장 소매의 이음을 이용해 만드는 본격적인 소맷부리 트임. 일반적으로 단추로 열고 닫는다.

트임 끝

소매

1.5

2

10 3

소매길이 +4

5 장식 소매 벨트

별도의 벨트 장식을 소매 밑 등의 이음에 끼워 만들어, 소맷부리에 뉘앙스를 더하는 테크닉.

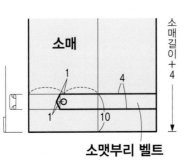

소매

1

4

1 10

소매길이 +4

소맷부리 벨트

6 소맷부리 벨트

버클 달린 별도의 벨트를 소맷부리에 끼우는, 트렌치 코트의 특징적인 디테일.

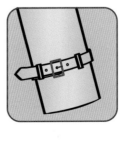
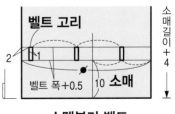

벨트 고리

2 1

벨트 폭+0.5 10 소매

소매길이 +4

소맷부리 벨트

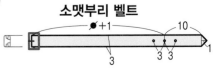

+1 10

3 3 3 1.5

뒤 이음선 차이에 따른 비교

바깥소매와 안소매 2개 파트로 분할되는 2장 소매는 그 이음선의 위치에 따라 완성 모양이나 외형이 달라진다.
세트인 슬리브 **F**의 2장 소매(P.56)를 토대로, 뒤쪽 이음선의 위치를 바꾸어 검증.
3 은 이음선이 팔 안쪽으로 돌아가기 때문에 소맷부리에 트임이나 민트임을 만드는 디자인에는 적합하지 않다.

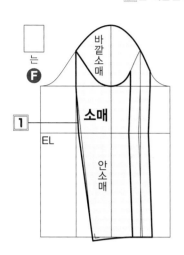

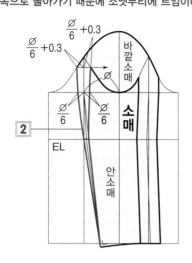

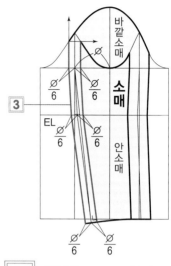

1 기본(같은 위치)

세트인 슬리브 **F**의 2장 소매. 바깥소매와 안소매의 뒤쪽 이음선이 같은 위치인 패턴. 이음선의 솔기로 인해, 가로 장력이 생겨 약간 평면적인 완성으로.

2 소매산 쪽만 이동

소매산 쪽만 차이를 둔 패턴. 이음선이 조금 안소매 쪽으로 이동해, 솔기의 가로 장력이 약해지고, 원통형의 입체감이 살아난다.

3 평행으로 이동

앞쪽 이음선과 같이, 동일한 폭으로 평행으로 차이를 둔 패턴. 안소매 폭이 좁아지고, 이음선이 확연히 안소매 쪽으로 이동하기 때문에 솔기가 가려지고 2 보다 입체적이다.

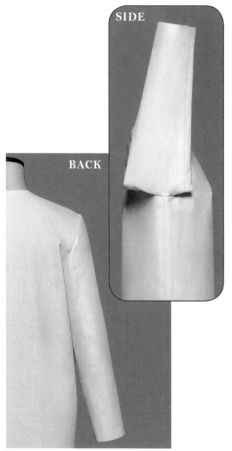

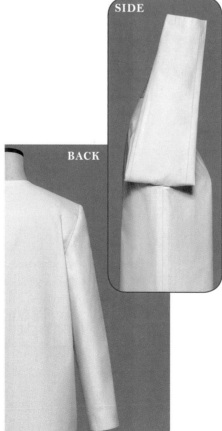

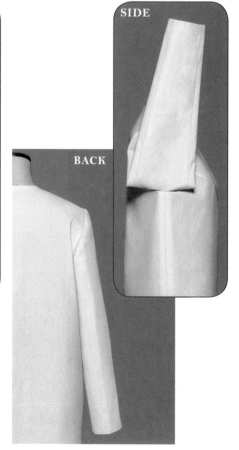

셔츠, 래글런, 요크,
기모노, 드롭 각 소매에 대응

소맷부리 폭
차이에 따른
비교

위의 각 소매는 소매 폭과 소맷부리 폭을 같게 한
원통형 디자인을 소개했지만,
소맷부리 폭의 변경이 가능.
래글런 슬리브 **L**(P.60)을 예로,
좁히는 방법을 2종류 소개한다.
소맷부리 치수는 소매 폭의 $\frac{3}{4}$이 기준.
소맷부리에 트임을 만들지 않는 경우
손바닥 둘레 치수+3cm(여유분) 이상이
되도록 조정하자.

는
L

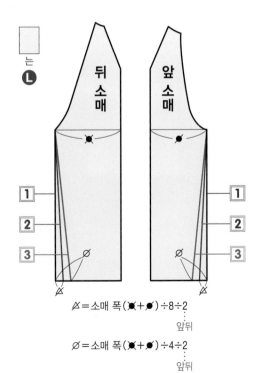

∅＝소매 폭(◑＋◐)÷8÷2
　　　　　　　　　앞뒤

∅＝소매 폭(◑＋◐)÷4÷2
　　　　　　　　　앞뒤

1

기본 소맷부리 폭

소매 디자인 소개 예, 래글런 슬리브
L 그대로. 소매 폭과 소맷부리 폭
이 같은 치수인 원통형.

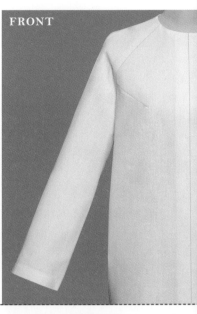
FRONT

2

소맷부리 폭을
조금 좁게

소맷부리 치수를 소매 폭의 $\frac{1}{8}$로 좁
히고, 소매 밑선에 경사를 둔다. 소
맷부리 쪽으로 살짝 좁아진, 직선적
이고 깔끔한 소매가 된다.

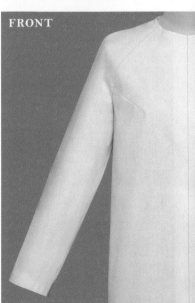
FRONT

3

소맷부리 폭을 좁게

소맷부리 치수를 2 보다 더 좁히고
(소매 폭의 $\frac{1}{4}$), 소매 밑선의 경사를
급하게 한다. 소맷부리 쪽으로 좁아
지는 타이트한 라인의 소매가 된다.

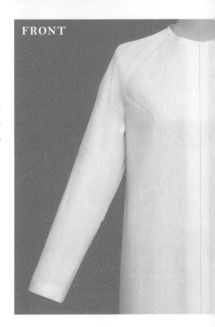
FRONT

경사 차이에 따른 비교

소매 디자인으로 소개한 래글런 슬리브는 옷 폭에 대하여 최상의 균형으로 설정되었지만,
경사를 바꾸는 응용도 가능하다. 래글런 슬리브 **L**(P.60)을 토대로 소매산 높이($\frac{4}{5}$)를 고정하여 검증한다.
소매산 높이를 바꾸지 않는 경우 경사가 급해질수록 소매 폭은 넓어지지만, 운동 기능은 감소한다.
또 경사의 변경은 셔츠 슬리브, 요크 슬리브에도 응용할 수 있다.

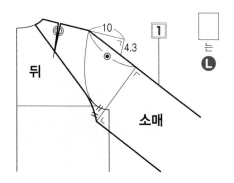

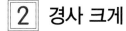

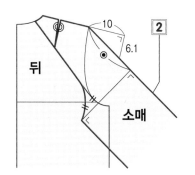

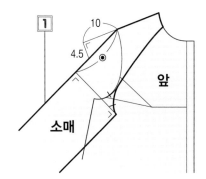

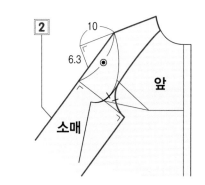

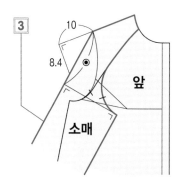

1 기본

래글런 슬리브 **L** 그대로. 소매산 높이에 균형이 잡힌 소매.

2 경사 크게

경사를 조금 급하게 하고, 소매 아래의 곡선, 소매 밑선, 소맷부리선을 다시 그린다. 소매 폭이 조금 넓어지고, 겨드랑이 아랫부분의 여유가 늘어나지만 팔 올리기가 약간 불편하다.

3 경사 최대

경사를 좀 더 급하게 하고, 소매 아래의 곡선, 소매 밑선, 소맷부리선을 다시 그린다. 소매 폭이 넓어지고, 겨드랑이 아랫부분의 여유가 더 늘어나지만 팔을 올리기 불편하다.

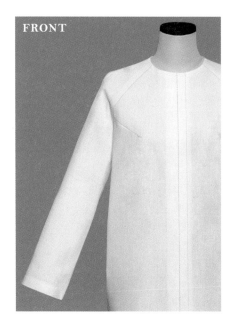

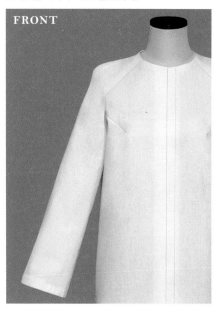

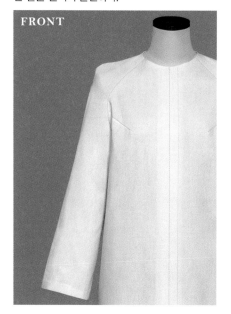

래글런 슬리브에 대응
경사와 소매산 높이 차이에 따른 비교

P.103에 소개한 것처럼 몸판 어깨선의 연장선에서 경사를 두어 제도하는 래글런 슬리브는 그 경사를 바꾸는 것이 가능.
여기서는 다시 소매산 높이와 연동시켜 균형 있게 응용하는 방법을 소개한다.
래글런 슬리브 Ⓛ(P.60)과 Ⓜ(P.61)에 새로운 설정을 더한 총 5종류.
🔢, 🔢, 🔢는 Ⓛ, Ⓜ의 몸판 래글런 선을 그대로 이용하고, 경사와 소매산 높이를 바꿔 소매를 제도했다.
경사를 급하게 할 때는 소매산을 높이고, 경사를 완만하게 할 때는 소매산을 낮추는 것이 기본적인 테크닉.
경사가 급하고 소매산이 높으면 소매 폭은 좁아지고, 경사가 완만하고 소매산이 낮으면 소매 폭은 넓어진다.
또 이 방법은 셔츠 슬리브, 요크 슬리브에도 응용 가능.

1 경사 최대 & 소매산 최고

어깨에서 경사가 급하고 소매산도 높아 타이트한 실루엣. 소매는 몸판에 가깝고 팔을 올리기 불편하다.

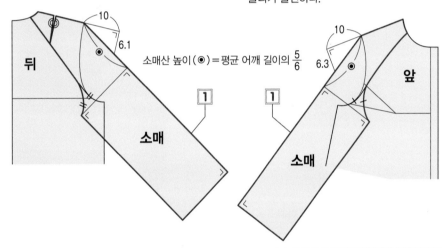

소매산 높이(◉) = 평균 어깨 길이의 $\frac{5}{6}$

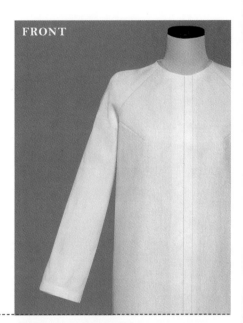

FRONT

2 경사 크게 & 소매산 높게

경사가 급하고 소매산도 비교적 높은 래글런 슬리브 Ⓛ. 깔끔하고 좁은 실루엣.

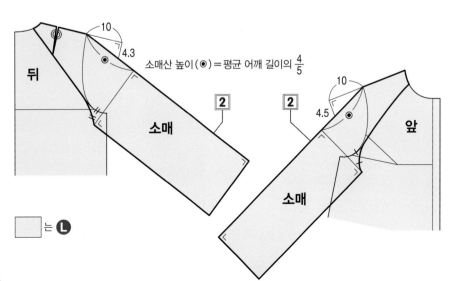

소매산 높이(◉) = 평균 어깨 길이의 $\frac{4}{5}$

□ 는 Ⓛ

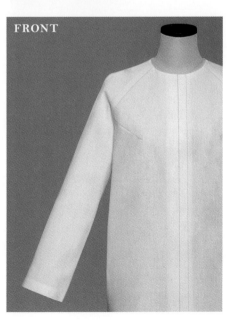

FRONT

3 경사 중간 & 소매산 중간

어깨에서 경사도 소매산 높이도 중간. 소매는 몸판에서 떨어진다. 소매 폭에 여유를 더한 조금 넓은 실루엣. 팔을 올리기가 약간 편하다.

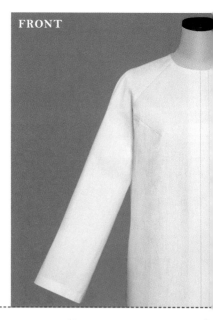

FRONT

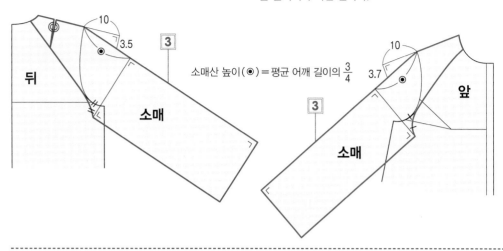

소매산 높이(◉) = 평균 어깨 길이의 $\frac{3}{4}$

뒤 / 소매 / 10 / 3.5 / 3 / 3 / 10 / 3.7 / 소매 / 앞

4 경사 적게 & 소매산 낮게

어깨에서 경사가 완만하고 소매산을 낮게 한 래글런 슬리브 Ⓜ. 알맞은 여유와 기능성을 겸비한 넓은 실루엣.

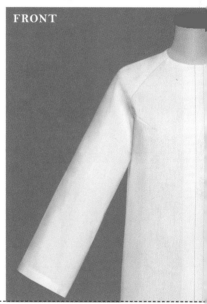

FRONT

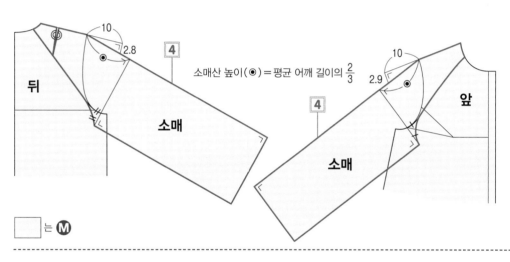

소매산 높이(◉) = 평균 어깨 길이의 $\frac{2}{3}$

뒤 / 소매 / 10 / 2.8 / 4 / 4 / 10 / 2.9 / 소매 / 앞

□ 는 Ⓜ

5 경사 최소 & 소매산 최저

어깨에서 경사가 적고 소매산도 낮은 실루엣. 소매 폭은 넓고 몸판에서 크게 떨어져 팔을 올리기 상당히 편하다.

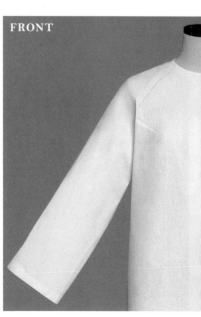

FRONT

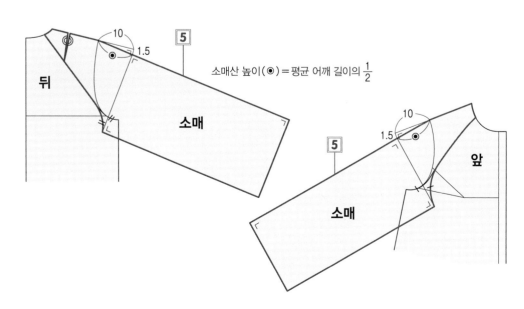

소매산 높이(◉) = 평균 어깨 길이의 $\frac{1}{2}$

뒤 / 소매 / 10 / 1.5 / 5 / 5 / 10 / 1.5 / 소매 / 앞

105

칼라 밴드 달린 셔츠 칼라, 셔츠 칼라에 대응
칼라 끝 변형

1 기본
셔츠 칼라 **G**.
기본적인 칼라 끝 라인.

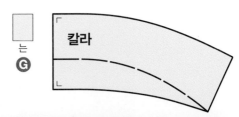

는 **G**

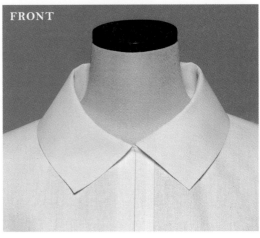

2 둔각
칼라 외곽을 자르고 칼라 끝을 둔각으로 한 라인.
칼라 끝이 벌어진 콤팩트한 칼라.

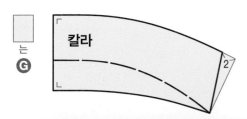

는 **G**

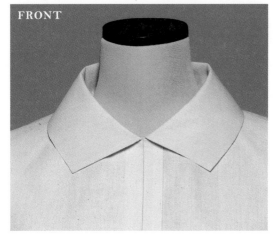

3 거의 직각
직사각형에 가까운 패턴.
폴로 셔츠 칼라에 가까운 라인.

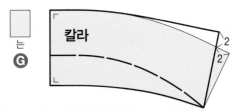

는 **G**

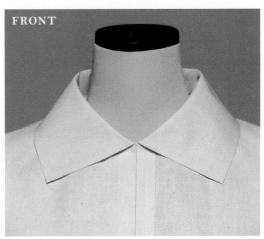

4 예각
칼라 끝을 조금 뾰족하게 한 라인.
깔끔하고 스포티하다.

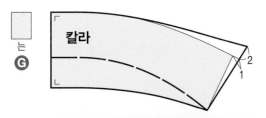

는 **G**

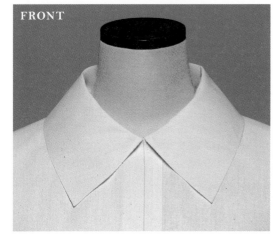

칼라 끝 모양은 각도나 둥글림을 주는 방법 등으로 자유롭게 응용할 수 있다.
셔츠 칼라 **G**(P.78)를 토대로 8종류의 변형을 소개한다.

5 뾰족한 모양

칼라 끝을 4 보다 더 뾰족하고 길게 한 라인. 존재감 있는 칼라.

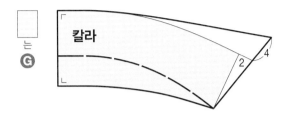

6 살짝 둥글게

모서리를 살짝 둥글게 자른 라인. 부드러운 인상이 된다.

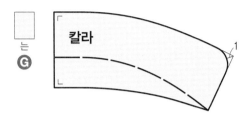

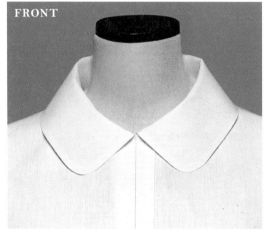

7 라운드

칼라 끝을 둥글게 자른 라인. 귀여운 라운드 칼라.

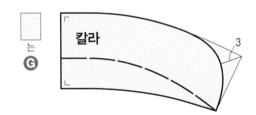

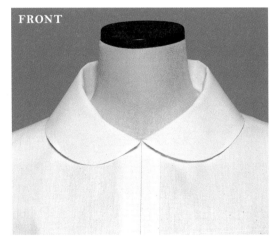

8 곡선

칼라 끝의 자르는 분량이 많고, 앞쪽 전체를 완만한 곡선으로 한 라인. 여성스러운 분위기.

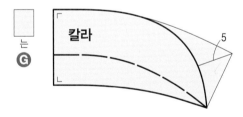

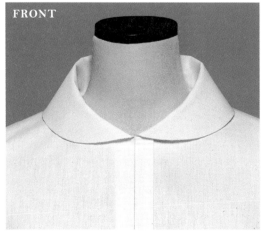

목둘레 모양 차이에 따른 비교

1 기본 목둘레

셔츠 칼라 Ⓖ 그대로. 목둘레는 기본적인 디자인으로, 목 주위 여유분은 적다.

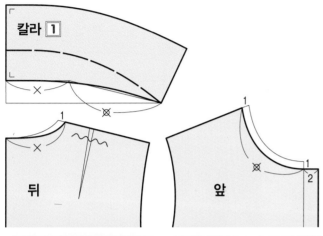

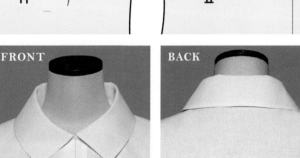

2 라운드넥

목둘레 치수가 늘어나 칼라는 1보다 가로로 긴 패턴. 목 주위 여유분이 많고, 칼라는 목에서 떨어진다. 우아한 이미지로.

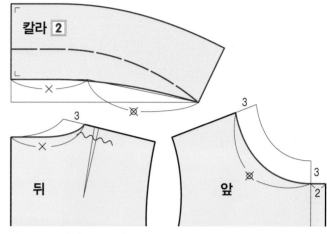

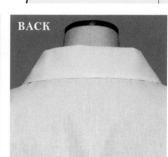

3 보트넥

FNP와 BNP의 위치는 1과 같다. SNP만 조금 떨어뜨린 목둘레로, 칼라가 서듯이 달린다. 가로로 퍼지는 깔끔하고 고급스러운 인상으로.

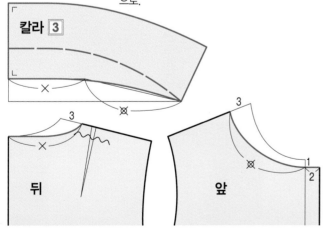

4 보트넥

SNP를 3보다 크게 떨어뜨린 가로로 퍼지는 목둘레로, 칼라가 서듯이 달리고 롤 칼라풍의 느낌으로.

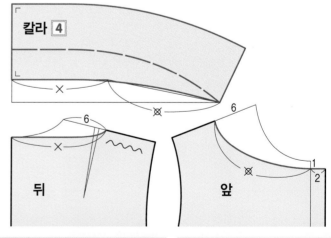

칼라는 다양한 모양의 목둘레에 다는 것이 가능하다. 따라서 같은 디자인의 칼라라도 몸판의 목둘레를 바꾸면 목 주위의 여유분이나 외형이 달라진다.
셔츠 칼라 Ⓖ(P.78)를 사용해 8종류의 목둘레로 검증. 몸판에 자신이 원하는 목둘레를 그리고, 그 목둘레 치수를 사용해 Ⓖ와 같이 제도한다.

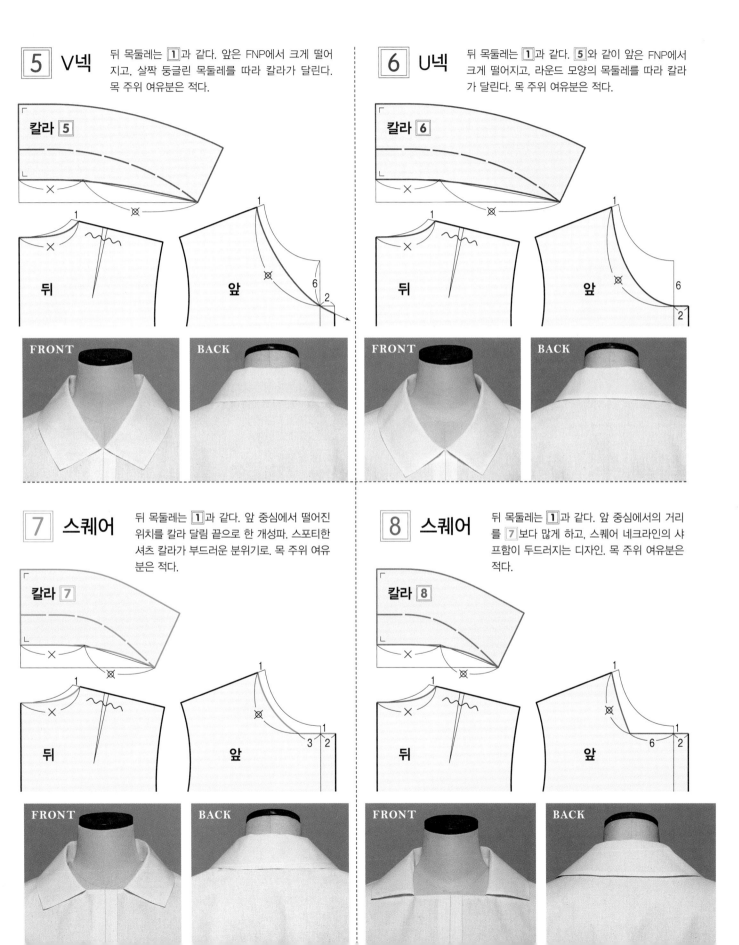

5 V넥

뒤 목둘레는 1과 같다. 앞은 FNP에서 크게 떨어지고, 살짝 둥글린 목둘레를 따라 칼라가 달린다. 목 주위 여유분은 적다.

칼라 5

뒤 앞

FRONT BACK

6 U넥

뒤 목둘레는 1과 같다. 5와 같이 앞은 FNP에서 크게 떨어지고, 라운드 모양의 목둘레를 따라 칼라가 달린다. 목 주위 여유분은 적다.

칼라 6

뒤 앞

FRONT BACK

7 스퀘어

뒤 목둘레는 1과 같다. 앞 중심에서 떨어진 위치를 칼라 달림 끝으로 한 개성파. 스포티한 셔츠 칼라가 부드러운 분위기로. 목 주위 여유분은 적다.

칼라 7

뒤 앞

FRONT BACK

8 스퀘어

뒤 목둘레는 1과 같다. 앞 중심에서의 거리를 7보다 많게 하고, 스퀘어 네크라인의 샤프함이 두드러지는 디자인. 목 주위 여유분은 적다.

칼라 8

뒤 앞

FRONT BACK

칼라 폭 차이에 따른 비교

칼라는 기초 강의의 소개 예뿐 아니라
칼라 폭을 자유롭게 바꿀 수 있다.
같은 목둘레를 사용하더라도 칼라 폭을 바꾸면
외곽 치수나 모양이 달라진다.
셔츠 칼라 (P.78)를 토대로
칼라 허리 폭을 고정하여 3종류의 칼라 폭으로 검증.
칼라 폭에 따라
뒤 중심에서 세우는 치수(★)가 달라진다.

```
1
          칼라
4
칼라
허리 폭····4                      0.3      2
                                          6
★1        ×              ⊠
```

```
2
              칼라
6                              3.5
칼라
허리 폭····4           0.3          8
★3         ×                 ⊠
```

```
3
                칼라
8
칼라
허리 폭····4      0.7
              ×      1.3
★10                           10    3
                      ⊠
```

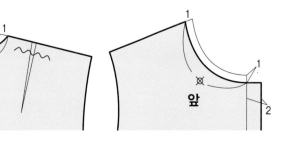

뒤   앞

1

칼라 폭을 좁게 한다

뒤 칼라 폭을 4cm, 앞 칼라 폭을
6cm로 변경. 칼라를 접었을 때 외곽
치수의 여분을 없애기 위해 ★ 치수
는 1cm로. 목 주위 쪽으로 붙게 서
는, 직선적이고 콤팩트한 칼라.

2

기본 칼라 폭

칼라 디자인 소개 예, 셔츠 칼라
그대로. ★ 치수는 3cm. 칼라 폭을
넓게 설정해 재킷이나 코트에 적합
한 볼륨감이 있지만, 1보다 조금
부드러운 인상. 피트감 있는 스포티
한 칼라.

3

칼라 폭을 넓게 한다

뒤 칼라 폭을 8cm, 앞 칼라 폭을
10cm로 변경. 칼라를 접었을 때 필
요한 외곽 치수를 확보하기 위해 ★
치수는 10cm로. 칼라가 누워 어깨
주위에 붙고, 플랫 칼라에 가까운 우
아한 분위기로.

칼라 끝 변형

테일러드 칼라는 위 칼라의 칼라 끝이나 라펠 끝 모양으로 이미지를 달리하여 3가지 스타일로 즐길 수 있다.
디자인 **J**(P.79)를 토대로 기본적인 응용 방법을 소개한다.

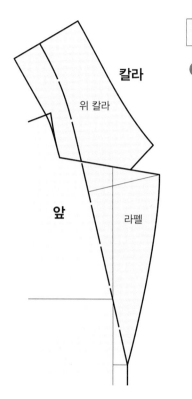

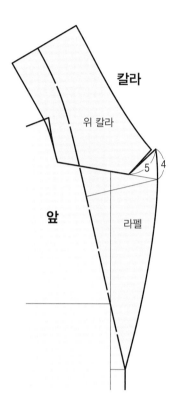

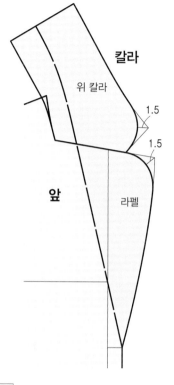

1 노치트 라펠

테일러드 칼라 **J**. 라펠의 끝이 내려간 기본 스타일. 폭넓게 활용할 수 있는 응용 범위가 넓은 기본형.

2 피크트 라펠

'피크'란 끝이 뾰족하다는 의미로, 위쪽으로 향한 라펠 끝이 특징인 디자인. 포멀한 느낌이 강한 스타일.

3 클로버 리프

위 칼라의 칼라 끝과 노치트 라펠의 끝을 클로버잎처럼 둥글게 자른 모양의 칼라. 부드러운 표정의 테일러드 칼라. 위 칼라와 라펠 어느 한쪽을 자르는 응용 방법도 있다.

테일러드 칼라에 대응

누임 치수 차이에 따른 비교

테일러드 칼라는 누임 치수 차이로 위 칼라의 표정이 달라진다.
디자인 **J** (P.79)를 토대로 검증. 누임 치수를 바꾸면 칼라 허리 폭과 ★ 치수도 변한다.

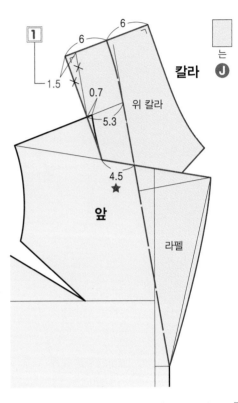

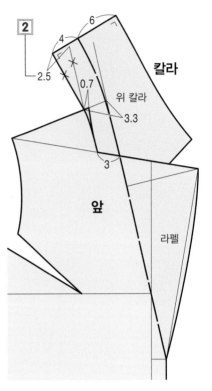

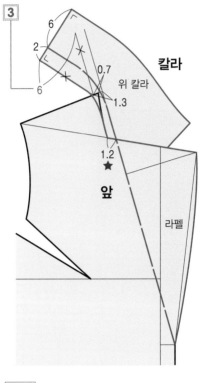

1 적게 한다

누임 치수를 1.5cm로. 칼라 허리 폭을 뒤 중심 6cm, 옆 5.3cm, ★ 치수를 4.5cm로 각각 조정. 칼라가 서고 목에 딱 맞는다. 꺾임선의 V존도 좁아진다.

2 기본

테일러드 칼라 **J**. 누임 치수는 2.5cm. 표준적인 균형으로 라펠에서 위 칼라 쪽으로 칼라 허리가 서고 목 쪽으로 붙는다.

3 많게 한다

누임 치수를 6cm로. 칼라 허리 폭을 뒤 중심 2cm, 옆 1.3cm, ★ 치수를 1.2cm로 각각 조정. 칼라가 눕고 외곽 치수가 길어져 플랫으로. 꺾임선의 V존도 넓어진다.

테일러드 칼라에 대응

라펠 폭 차이에 따른 비교

테일러드 칼라는 라펠 폭에 따라 표정이 달라진다.
디자인 **J** (P.79)를 토대로 깃아귀 치수를 고정하여 검증. 라펠 폭을 바꾸면 위 칼라의 크기도 변한다.

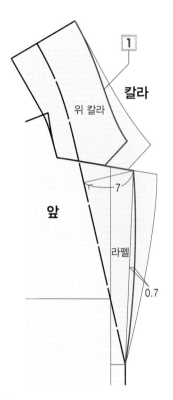

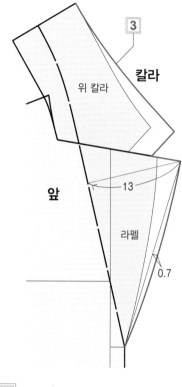

1 좁게 한다

라펠 폭을 7cm로 변경. 위 칼라도 콤팩트해지고 깔끔하고 가는 테일러드로. 직선적이고 샤프한 인상.

2 기본

테일러드 칼라 **J**. 라펠 폭은 10cm. 차분함과 부드러움을 겸비한 기본 스타일.

3 넓게 한다

라펠 폭을 13cm로 변경. 위 칼라의 볼륨도 커지고 가로로 퍼지는 테일러드로. 우아한 분위기.

테일러드 칼라에 대응
고지 라인 높이 차이에 따른 비교

고지 라인이란 위 칼라와 라펠의 솔기(봉제선, 이은 자국)를 말한다. 이 높이에 따라 표정이 달라진다.
디자인 **J**(P.79)를 토대로, 위아래 평행으로 이동하여 검증.

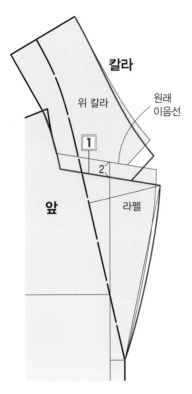

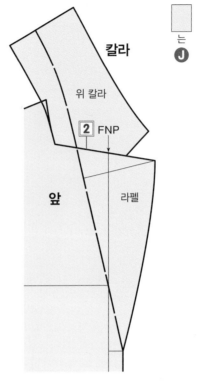

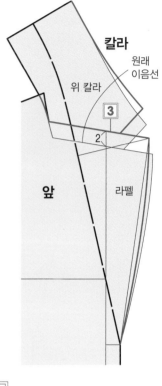

는 **J**

1 내린다

2cm 아래로 이동. 라펠이 짧아지고, 위 칼라의 볼륨이 커진다. 차분한 분위기로 클래식한 인상.

2 기본

테일러드 칼라 **J** 그대로. SP와 FNP를 연결한 연장선상에 깃아귀 위치를 설정한 기본 스타일.

3 올린다

2cm 위로 이동. 라펠이 길어지고 위 칼라는 콤팩트하게. 포인트가 올라가고 깔끔하고 스마트한 인상.

고지 라인 경사 차이에 따른 비교

이 경사 각도에 따라 표정이 달라진다.

디자인 **J**(P.79)를 토대로, 2점을 연결하여 연장하는 한쪽 포인트를 FNP에 고정하여 검증.

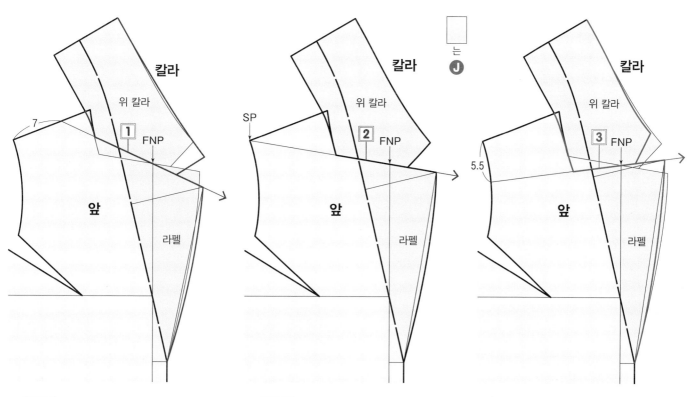

1 경사를 내린다

고지 라인의 경사를 어깨선에서 중심 쪽으로 내린다. 깃아귀 위치의 V존이 아래쪽으로 향하고, 부드럽고 고급스러운 인상으로.

2 기본

테일러드 칼라 **J** 그대로. SP와 FNP를 연결한 선을 고지 라인으로 설정. 경사는 중심 쪽으로 완만하게 내려간 모양.

3 경사를 올린다

고지 라인의 경사를 진동 둘레에서 중심 쪽으로 완만하게 올린다. 깃아귀 위치의 V존이 위쪽으로 향하고, 피크트 라펠풍으로.

천 차이에 따른 비교

A라인　사용 패턴은 몸판 **I** (P.34) + 소매 **A** (P.54, 소매산 높이 $\frac{4}{5}$) + 칼라 **X** (P.90)

1 폴리에스테르 얇은 새틴

부드럽고 처짐이 있기 때문에, 바이어스인 옆선이 늘어져 양옆이 자연스럽게 내려간다. 와이드한 느낌은 최소.

2 나일론 형상기억

장력이 있어 와이드한 실루엣이 된다. 부드럽지만 처짐은 없어 밑단은 수평.

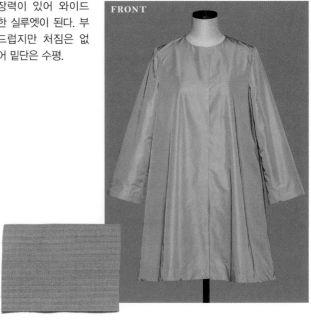

3 두꺼운 면

촘촘하고 장력이 강해 밑단 퍼짐은 최대. 보통 천으로 처짐은 없고 밑단은 수평.

(소개 작품에 사용한 천과 같다)

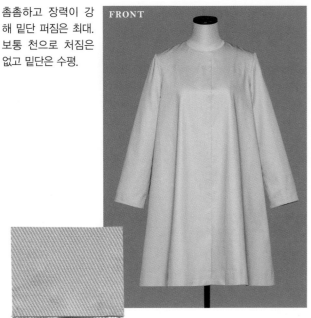

4 리넨 캔버스

투박하게 짠 보통 천으로 장력이 있고, 우아한 실루엣이 된다. 처짐이 있어 옆선이 내려간다.

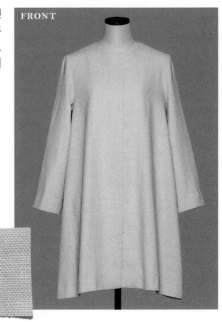

디자인이 같아도 소재에 따라 표정이나 볼륨감 등이 달라진다.
옷 만들기에서 중요한 역할을 담당하는 천. 만들고 싶은 완성 이미지에 맞춰 신중하게 선택하자.
여기서는 A라인과 프린세스 라인 2가지 타입의 디자인을 같은 8종류의 천으로 실제 예를 소개한다.

5 울 압축 니트

부드럽고 잘 풀리지 않는 소재로, 완만한 실루엣이 된다. 니트 소재에 비해 늘어지지 않아 처짐은 적다.

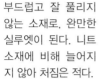
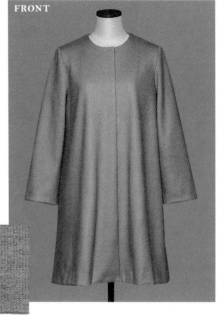

6 아크릴, 울의 팬시 트위드

투박하게 짠 중간 두께의 천. 부드럽지만 약간 장력과 처짐이 있고, 우아한 실루엣이 된다.

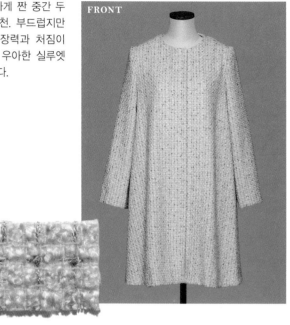

7 울 비버

털이 있어 부드럽다. 천의 무게로 아래로 당겨져 바이어스인 옆선이 약간 늘어진다. 와이드한 느낌은 적다.

8 울 중간 두께의 이중직

두께와 장력은 최대. 와이드한 실루엣이지만 천의 무게로 인해 밑단 퍼짐은 약간 덜하다.

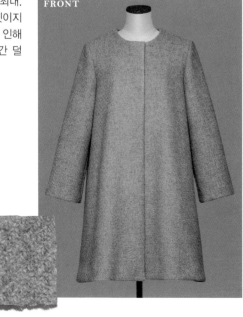

천 차이에 따른 비교

프린세스 라인   사용 패턴은 몸판 **Ⓜ**(P.38)＋소매 **Ⓕ**(P.56, 소매산 높이 $\frac{4}{5}$)＋칼라 **Ⓧ**(P.90)   *몸판은 밑단 너비의 추가 치수를
각 이음에서 1cm를 1.5cm, 옆 2cm를 3cm로 변경

1   폴리에스테르   얇은 새틴

부드럽고 처짐이 있기
때문에, 약간 바이어
스가 되는 옆선과 이
음선이 늘어져 자연스
럽게 내려간다. 와이
드한 느낌은 최소.

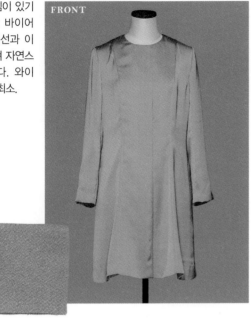

2   나일론   형상기억

장력이 있고 입체적
인 실루엣이 된다. 부
드럽지만 처짐은 없
어 밑단은 수평.

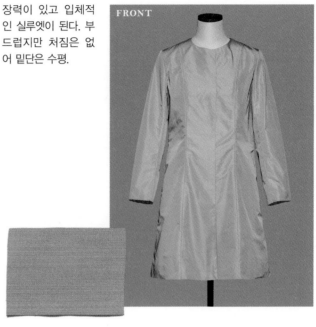

3   두꺼운   면

(소개 작품에 사용한 천과 같다)

촘촘하고 장력이 강
해 입체적인 실루엣
이 된다. 보통 천으로
처짐은 없고 밑단은
수평.

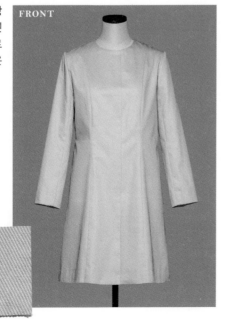

4   리넨   캔버스

투박하게 짠 보통 천
으로 장력이 있고, 입
체적이고 우아한 실
루엣이 된다. 처짐이
있고, 옆선과 이음선
이 늘어져 조금 내려
간다.

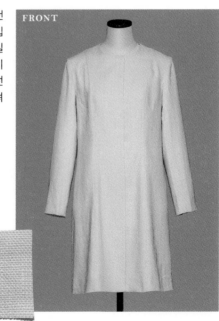

5 울 압축 니트

부드럽고 잘 풀리지 않는 소재로, 셰이프트 라인도 완만하게 표현할 수 있다. 늘어짐이 적어 처짐은 적다.

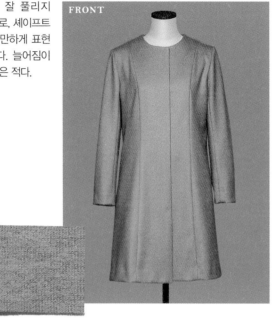

FRONT

6 아크릴, 울의 팬시 트위드

투박하게 짠 중간 두께의 천. 처짐이 조금 있어 옆선과 이음선이 늘어진다. 장력으로 인해 입체적인 실루엣이 된다.

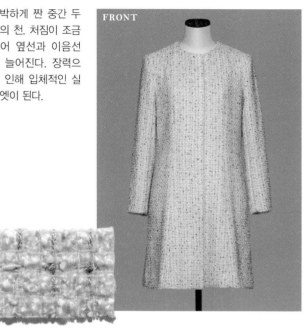

FRONT

7 울 비버

털이 있어 부드럽다. 천의 무게로 아래로 당겨지고, 깔끔한 실루엣이 된다. 옆선이나 이음선의 늘어짐은 적다.

FRONT

8 울 중간 두께의 이중직

두께와 장력은 최대. 오목함과 볼록함은 적고 완만한 형태가 된다.

FRONT

벨트 종류

1 끈 벨트

잠금장치 없는 끈 모양의 벨트. 원하는 형태로 묶어서 사용한다. 몸판의 옆이나 뒤 중심에 벨트 고리를 달아 안정시킨다. 양 끝은 비스듬히 하거나 뾰족한 스타일로 자르는 디자인도.

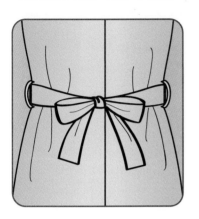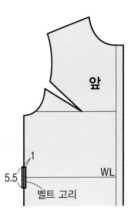

벨트

2 버클 달린 벨트

버클로 고정하는 본격적인 벨트. 1과 같이 몸판의 옆이나 뒤 중심에 벨트 고리를 달아 안정시킨다. 끝 모양은 비스듬히 하거나 뾰족한 스타일 등 다양하게 응용 가능.

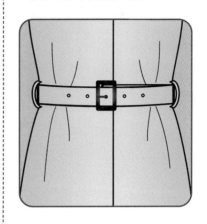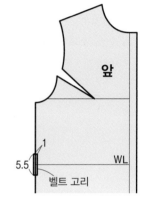

벨트

3 새시 벨트

잠금장치 없는 큰 폭의 벨트. 허리에서 리본으로 묶는 경우가 대부분이기 때문에, 비교적 얇은 천에 적합한 디자인. 직사각형이나 끝을 비스듬히 하는 등 패턴 형태는 다양하다.

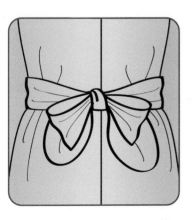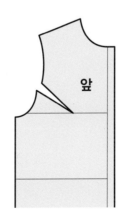

벨트

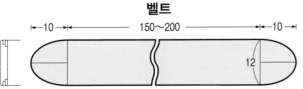

4 뒤 벨트

백 스타일에 뉘앙스를 더하는, 디자인 포인트 역할을 하는 벨트. 양옆에 끼워 뒤 전체에 단다. 그 밖에 좌우 옆 2줄의 벨트를 중심에서 단추로 고정하는 디자인도 추천한다.

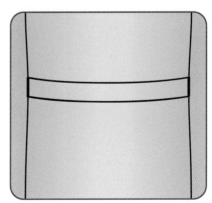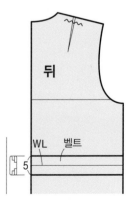

실용성과 장식 기능을 겸비한 벨트는 재킷이나 코트 등의 아우터에 꼭 필요한 주요 파트.
기본적인 벨트부터 디자인에 악센트를 더하는 벨트까지 베리에이션도 풍부하다.
취향대로 응용을 추가해 독창적인 아우터를 만들어보자.
＊각 치수는 임의. 디자인에 따라 적당히 조정. 단면도는 일례

5 뒤 장식 벨트

4와 같이 백 스타일에 뉘앙스를 더하는 장식 벨트. 부분적으로 다는 디자인으로, 허리를 줄이는 것도 가능하다. 패턴 형태는 소개 예의 작은 둥글림 이외에 직사각형이나 뾰족한 스타일 등 다양. 주로 단추로 고정.

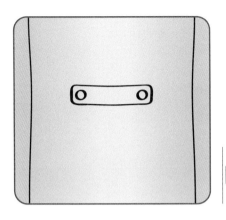

6 끼워 넣는 벨트

몸판을 이어 끼워 넣는 타입의 벨트. 다른 천을 이용하여 악센트를 주거나, 위아래 디자인을 바꾸는 분기점의 역할도 한다. 패널 라인 등의 세로 이음 부분만 벨트로 하는 디자인도.

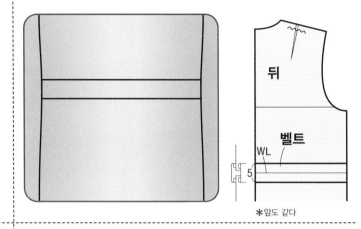

＊앞도 같다

7 밑단 벨트

쇼트 길이 아이템에 주로 쓰이는 밑단 벨트. 별도로 재단한 직사각형의 파트를 밑단에 추가한다. 진 재킷이나 집업 재킷 등이 대표적. 기본적으로는 몸판의 밑단과 같은 치수.

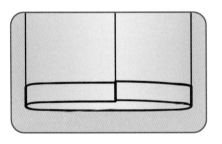

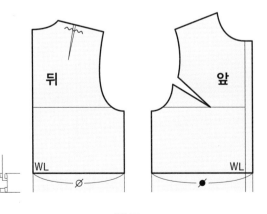

8 밑단 니트 벨트

스포티한 파카나 블루종의 주요 파트. 리브 니트 등을 늘여 달아, 적당한 퍼프 효과로 밑단을 줄인다. 벨트 길이를 가감하여 취향대로 줄이기를 조정한다.

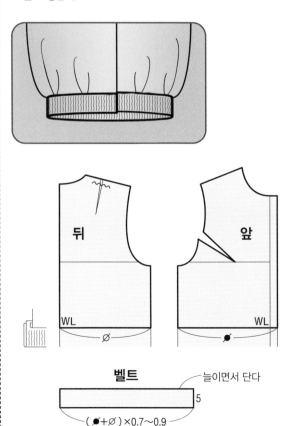

포켓 종류

재킷이나 코트 등의 아우터에 빼놓을 수 없는 포켓은 디자인 포인트로도 중요한 역할을 한다.
주로 사용하는 4가지 타입을 응용 예를 추가하여 소개한다. 주머니 천 제도는 시접 분량이 포함되지 않았다.

＊각 치수는 임의. 디자인에 따라 적당히 조정

1 패치

바탕천에 겹쳐 만드는 포켓. 모양은 둥근 모서리, 사각형, 기본형이 대표적. 포켓 입구에 플랩을 겹치는 응용도.

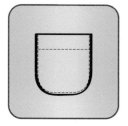

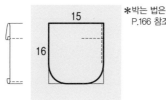

＊박는 법은 P.166 참조

2 박스

바탕천에 가위집을 넣고, 박스 모양(직사각형)의 파트(박스 천)를 달아 만든 포켓. 박스 천의 경사는 바탕 디자인에 따라 다양하다.

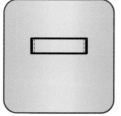

＊박는 법, 주머니 천은 P.168 참조

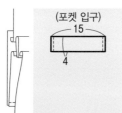

＊주머니 천은 P.171 참조

3 더블 파이핑

바탕천에 가위집을 넣고, 포켓 입구를 파이핑으로 마무리한 포켓. 2 와 같이 경사는 다양하다. 플랩을 추가하는 응용도.

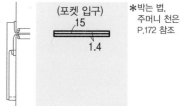

＊박는 법, 주머니 천은 P.172 참조

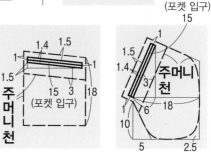

4 솔기 이용

솔기로 만드는 포켓. 옆이 대표적이지만, 가로 이음을 이용하거나 스티치를 겉으로 보이게 하는 응용 디자인도.

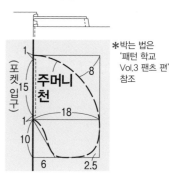

＊박는 법은 '패턴 학교 Vol.3 팬츠 편' 참조

Point 포켓 위치와 주머니 천 크기

옷 길이가 긴 경우는 손을 넣기 편한 위치에 포켓 입구를 설정하는 것이 가능. 주머니 천은 손을 넣을 때 손이 쏙 들어가고, 둘레에 일정한 여유가 있는 크기를 표준으로 정한다. 옷 길이가 짧은 경우는 주머니 천의 아래 끝을 밑단에서 2cm 띄워야 하기 때문에, 포켓 입구 위치와 주머니 천의 깊이(시접을 넣은 후의)를 고려한다.

옷 길이가 짧을 경우 / 옷 길이가 긴 경우

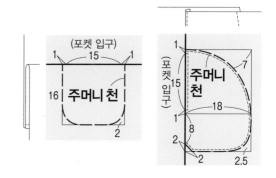

Lecture on Pattern-making

독창적인 디자인의 제작 과정을 배운다

실습

여기가 이 책의 핵심이다.

'기초 강의', '특별 강의'에서 배운 지식을 살려 실천하기 위한 필수 수업이기 때문이다.

실제로 자신만의 특별한 디자인과 패턴을 만드는 과정에 대해 설명한다.

마루야마 하루미 선생이 토대가 되는 기본 패턴과 디자인을 응용해

완성한 오리지널 작품도 소개한다.

디자인 결정하는 법

1 아이템을 결정한다

완성된 이미지를 상상해서 결정하자. 슬림한 실루엣인지 여유 있는 실루엣인지, 깔끔한 옷인지 캐주얼한 옷인지 등 스타일이나 취향을 정해두면 나중에 패턴 선택이 순조롭게 진행된다.

결정하지 못했다 ▶

아이템 결정하는 법

'정통 재킷', '기본 트렌치', '스포티한 블루종', '스타일리시한 질레' 등 이미지를 구체화해보자. TPO나 기능성을 생각하면 결정하기 쉽다. 천을 이미 결정한 상태라면 거기에 맞추거나, 지니고 있는 좋아하는 옷이나 잡지 등도 참고한다.

결정했다 예: 슬림 재킷

2 몸판 모양을 결정한다

이미지를 결정했다면 P.24~51 '몸판 패턴' **A**~**Z** 중에서 고른다.

결정하지 못했다 ▶

몸판 모양을 결정하는 법

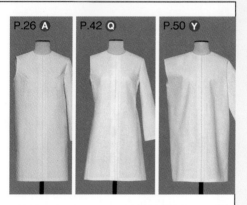

P.26 **A**　P.42 **Q**　P.50 **Y**

1에서 결정한 이미지에 맞게 디자인이나 볼륨 등 자신이 만들고 싶은 디자인에 가까운 패턴을 고른다. 셰이프트 라인의 유무를 기준으로 하면 선택 범위가 좁아져 고르기 쉽다. 몸매 라인을 살리는 정도나 밑단 너비는 나중에 변경이 가능하다.

결정했다 예: 셰이프트 라인

3 소매 모양을 결정한다

몸판 모양을 결정했다면 P.52~73 '소매 패턴' **A**~**Z** 중에서 고른다. **2**에서 고른 몸판에 따라서는 대응하지 않는 소매가 있기 때문에 P.126의 대응표를 보고 확인한다.

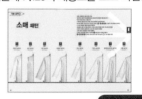

결정하지 못했다 ▶

소매 모양을 결정하는 법

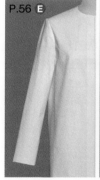

P.56 **E**　P.72 **Y**

몸판 선택과 마찬가지로 **1**에서 결정한 이미지에 맞게 디자인이나 볼륨 등 자신이 만들고 싶은 디자인에 가까운 패턴을 고른다. 몸판과의 조화나 세트인 슬리브인지 래글런 슬리브인지 등 소매가 달리는 모양을 결정하면 선택 범위가 좁아진다. 소매길이, 소매폭, 소맷부리 디자인은 나중에 변경이 가능하다.

결정했다 예: 세트인 슬리브(2장 소매)

4 칼라 모양을 결정한다

소매 모양을 결정했다면 P.74~90 '칼라 패턴' **A**~**Z** 중에서 고른다. **2**와 **3**에서 고른 몸판과 소매에 따라서는 대응하지 않는 모양이 있기 때문에 P.126의 대응표를 보고 확인한다.

결정하지 못했다 ▶

칼라 모양을 결정하는 법

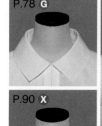

P.78 **G**　P.79 **J**　P.90 **X**

몸판이나 소매와 마찬가지로 **1**에서 결정한 이미지에 맞게 디자인이나 볼륨 등 자신이 만들고 싶은 디자인에 가까운 패턴을 고른다. 전체적인 균형과 귀엽게, 세련되게 같은 취향을 생각하거나 지금까지 고른 몸판과 소매를 조합해 일러스트로 그려보면 이미지를 구체화하기 쉽다. 칼라 폭 등 디테일한 부분은 나중에 변경이 가능하다.

결정했다 예: 칼라리스(크루넥)

→ 오른쪽 페이지로

나만의 특별한 디자인을 만들 때 순서대로 진행하면 쉽게 정할 수 있다.
그 과정을 소개하였으므로 참고하여 만들고 싶은 재킷이나 코트 디자인을 결정해보자.
여기서는 P.132에서 소개하는 오리지널 디자인 **1**을 예로 설명한다.

5 응용한다

몸판, 소매, 칼라를 고르고 변경할 곳을
검토한다. 옷 길이, 소매길이, 칼라 폭이
나 칼라 끝 모양 등. 앞 밑단의 모양, 포
켓, 장식(테이프나 브레이드 등), 벨트를
추가할지 등 외형 디자인은 여기에서 정
한다.

결정하지 못했다 →

응용 방법

P.131을 참고로 어떻게 응용
할지 정한다. 일러스트로 그
려서 생각하면 이미지를 구
체화하기 쉽다.

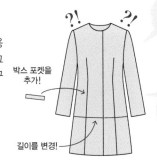

포켓은 필수!
샤프함도 갖추려면
박스 포켓으로??

박스 포켓을
추가!

길이를 변경!

몸판은
셰이프트 라인 L 예정.

심플한 재킷이니까
역시 엉덩이 길이가 좋을까?

응용하지 않는다 또는 결정했다
예: 옷 길이 변경, 포켓 추가

6 앞트임의 디테일과 유형을 정한다

맞대기, 싱글, 더블 등 트임 형태나 단추,
지퍼, 똑딱단추 등 잠금장치에 따라서 변
형은 다양하다. 만들고 싶은 아이템이나
디자인, 기능성 등을 생각하여 선택한다.

결정하지 못했다 →

트임을 결정하는 법

기본 디자인이 같아도 앞트임의 형태로 인상은 크게
달라진다. 확실하게 완성 이미지를 생각하여 결정하는
것이 중요하다. P.95~99를 참조하여 적절히 정하자.

맞대기 호크 　　 싱글 버튼 　　 더블 버튼 　　 넓은 싱글 단추집 지퍼

결정했다
예: 맞대기 안단 마무리 호크, 앞 밑단 둥글림 작게

7 봉제 유형을 결정한다

대략적으로 디자인과 관계없는 옷 안쪽의
박는 법이나 박는 순서를 생각해두면 제도
나 패턴 제작이 수월해진다. 스티치 등도
중요한 디자인 요소가 되므로 검토한다.

결정하지 못했다 →

봉제 유형을 결정하는 법

디자인이나 천에 맞춰 옷 안
쪽의 유형, 박는 순서(P.148),
시접 폭(P.130), 시접 마무리
등을 검토한다. 요크(1장이나
2장)나 밑단 등의 접는 법도
여기에서 정해둔다. 재단 끝
이 풀리지 않는 천 이외에는
오버로크, 지그재그 박기 등
으로 시접을 마무리한다.

시접 마무리 종류

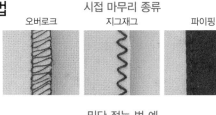

오버로크 　　 지그재그 　　 파이핑

밑단 접는 법 예

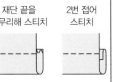

재단 끝을 마무리해 감침질 　 2번 접어 감침질 　 재단 끝을 마무리해 스티치 　 2번 접어 스티치

스티치를 결정하는 법

캐주얼한 디자인에는 주로 스티치를 사용하는
경우가 많다. 시접을 누르고, 밑단과 소맷부리의
접단을 고정하는 등의 목적으로 사용한다. 스티
치 폭, 실의 굵기나 색상이 디자인 요소가 된다.
재킷이나 코트에는 핸드 스티치도 효과적이다.

스티치 용도

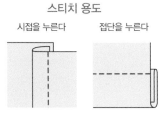

시접을 누른다 　　 접단을 누른다

결정했다
예: 전체 안감

예: 완성 이미지

디자인 결정!

지금까지 결정한 것을 일러스트로 그려보고 상상한 디자인이 맞는지
빠진 것은 없는지 확인하자.

몸판, 소매, 칼라, 트임의 대응표

1 몸판과 소매

몸판 \ 소매	A~G	H	I~O	P	Q	R	S	T~V	W	X	Y	Z
A~H												
I												
J												
K~N					다							
O					옆							
P					옆							
Q~T		소			패							
U					다							
V		소			패							
W												
X												
Y												
Z												

다 = 몸판의 다트나 프린세스 라인을
이동해 새롭게 패널 라인을 그리든지,
몸판의 다트나 프린세스 라인을
패널 라인으로 변경한다
옆 = 몸판의 옆쪽 이음선을 사용하여 그린다
소 = 소매까지 패널 라인을 연장한다
패 = 몸판의 패널 라인을 사용하여 그린다

2 몸판과 칼라

몸판 \ 칼라	A~P	Q	R	S	T	U	V	W	X~Z
A~V									
W									
X					연				
Y									
Z									

연 = 몸판의 이음선을 칼라까지 연장한다

3 소매와 칼라

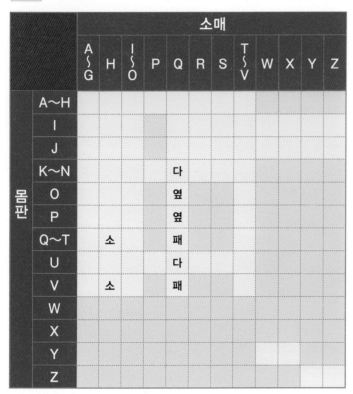

소매 \ 칼라	A~I	J~N	O	P	Q	R	S	T	U	V	W	X~Z
A~K												
L							래					
M							래					
N		안										
O		안										
P		목			이			목		이	이	
Q												
R		목			이			목		이	이	
S		목			이			목		이	이	
T												
U												
V												
W~Z												

래 = 래글런 선을 칼라까지 연장한다
안 = 안단은 요크 이음선을 연결해 재단한다
목 = 목둘레에 다트가 있는 경우는 맞대고 칼라를 제도한다
이 = 앞 AH 다트는 목둘레 외 다른 곳으로 이동한다

□ …대응한다
■ …대응하지 않는다
□ …조건 있음

각 파트와 트임을 선택하고 조합하여 디자인을 결정할 때는 약간의 주의가 필요하다.

1~5의 순서로 체크해 조합에 문제가 없는지 확인한다.

일부 디자인은 그대로 조합하면 문제가 있지만, 치수를 변경하면 대응할 수 있다.

표에서는 디자인 이름을 생략하고 알파벳으로 표기했다. 스타일 명칭과 디자인 번호를 확인할 때는 조견표를 참조.

4 몸판과 앞트임

P.98에서 소개한 7종류의 앞트임은
모두 몸판에 대응한다.

		트임						
		1	2	3	4	5	6	7
		단추(싱글)	단추(더블)	단추집(단추)	단추집(지퍼)	맞대기(호크)	맞대기(지퍼)	맞대기(지퍼)
몸판	A~Z							

5 칼라와 앞트임

		트임						
		1	2	3	4	5	6	7
		단추(싱글)	단추(더블)	단추집(단추)	단추집(지퍼)	맞대기(호크)	맞대기(지퍼)	맞대기(지퍼)
칼라	A~I							
	J~N							
	O							
	P							
	Q	얕				얕	얕	얕
	R~T							
	U							
	V							
	W							
	X~Z							

얕＝후드 폭이 얕아도 괜찮으면 가능.
안단은 앞 끝과 평행으로 한다

스타일 명칭 & 디자인 번호 조견표

	몸판		소매		칼라
A	박시 라인	A		A	
B		B		B	스탠드 칼라
C	커쿤 라인	C	세트인 슬리브	C	
D		D		D	칼라 밴드 달린 셔츠 칼라
E	트라페즈 라인	E		E	
F		F		F	
G		G	쇼트 슬리브	G	셔츠 칼라
H	A라인	H		H	
I		I		I	
J	셰이프트 라인	J	셔츠 슬리브	J	테일러드 칼라
K		K		K	
L		L	래글런 슬리브	L	
M	프린세스 라인	M		M	숄 칼라
N		N	요크 슬리브	N	
O		O		O	
P		P		P	후드
Q		Q	기모노 슬리브	Q	
R	패널 라인	R		R	
S		S		S	
T		T	플레어 & 케이프 슬리브	T	
U	허리 이음선	U		U	디자인 칼라
V		V		V	
W	케이프 스타일	W		W	
X		X	드롭 슬리브	X	
Y	와이드 라인	Y		Y	칼라리스
Z		Z		Z	

패턴 만드는 과정

1 몸판의 기본 패턴을 만든다

여유분이 다른 4종류(❶~❹) 중에서 만들고 싶은 디자인에 맞는 것을 골라서 만든다.

| 기본 패턴 만드는 법 |

→ 몸판…P.180

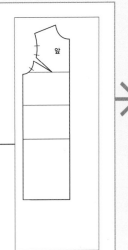

2 몸판의 기본 패턴을 커스터마이징한다

사용하기 쉽게 밑단선이나 앞 끝선을 원하는 위치에 추가해 그린다. 다트 끝에서 수직선 등도 그려두면 편리. 이 패턴을 원형으로 3 이후에 결정한 디자인으로 몸판을 만든다. 아직 미정인 경우는 나중에 선을 추가할 수 있게 여백을 남겨둔다(종이를 붙여서 사용해도 OK).

| 응용 |

→ 길이의 변형…P.92
→ 겹침분의 변형…P.95

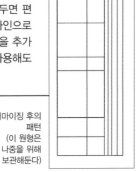

커스터마이징 후의 패턴
(이 원형은 나중을 위해 보관해둔다)

3 몸판, 소매, 칼라 패턴을 만든다+맞춤 표시

디자인 변경 같은 응용이나 추가하는 별도 파트의 제도도 이곳에서 진행한다.
세트인 슬리브 디자인의 경우는 진동 둘레와 소매산의 맞춤 표시를 베껴둔다.

| 기본 패턴 만드는 법 |

→ 소매…P.188

| 디자인 |

→ 몸판 패턴…P.24~51
→ 소매 패턴…P.52~73
→ 칼라 패턴…P.74~90

| 응용 |

→ 응용 방법…P.131
→ 밑단 너비 차이에 따른 비교…P.94
→ 겹침분의 변형…P.95
→ 프런트 커트의 변형…P.96
→ 앞트임, 소맷부리 디자인 종류…P.98, 100
→ 소매의 다양한 비교…P.101~105
→ 칼라 끝 변형…P.106, 111
→ 칼라의 다양한 비교…P.108~110, 112~115
→ 벨트 종류…P.120
→ 포켓 종류…P.122

순서 1 제도한다

《 몸판 》 2의 기본 패턴을 다른 종이에 베끼고, 필요한 선을 그려 넣는다.
칼라리스나 목둘레의 변경도, 이 단계에서 제도에 반영한다.

《 소매 》 ❹~❻, ❶, ❺의 경우는 몸판에 대응하는 기본 패턴을 만들고, 다른 종이에 베껴 필요한 선을 그려 넣는다. 위 디자인 이외는 몸판을 사용하여 제도한다.
＊기본 패턴은 4종류의 소매산 높이에서 디자인에 맞는 것을 고른다
＊몸판의 진동 둘레를 변경한 경우는 변경 후의 치수와 모양을 사용해 기본 패턴을 만든다

《 칼라 》 몸판의 목둘레 치수나 모양을 토대로 제도한다.

순서 2 추가 파트를 그린다

트임(안단, 밑덧단), 포켓 등 추가하는 파트를 그린다.

디자인에 따라서는 순서 2 와 순서 3 이 반대가 된다

순서 3 처리를 한다

'닫는다·벌린다'나 '잘라서 벌린다' 등 처리가 필요한 파트를 마무리한다.

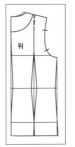

뒤

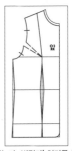

앞

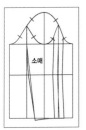

소매

박스 천

주머니 천

'닫는다·벌린다' 처리 후의 패턴

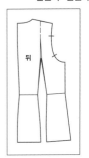

뒤

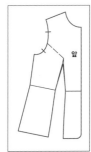

앞

＊앞뒤 몸판은 이후 '닫는다·벌린다' 처리를 한다

3의 완성형 예
몸판 ❶+소매 ❻+칼라 ⓧ
옷 길이를 짧게 하고, 프런트 커트는 살짝 둥글게. 안단과 포켓을 추가

만들고 싶은 디자인을 결정했다면 원형이 되는 기본 패턴을 시작으로 목표한 재킷이나 코트를 제도한다. 원칙은 몸판, 소매, 칼라의 순서.
이것을 파트별로 나누고 정확성을 확인한 뒤, 맞춤 표시와 시접을 넣어, 재단용 시접을 넣은 패턴을 완성한다.
P.132에서 소개하는 오리지널 디자인 **1**을 예로 설명한다.

4 파트 분리＋맞춤 표시

필요한 맞춤 표시를 넣으면서 파트별로 다른 제도용지에 베껴 분리한다. **3**에서 '닫는다·벌린다'나 '잘라서 벌린다' 등의 처리를 한 파트는 그대로 사용. 칼라, 요크, 목둘레 안단, 밑덧단 등 펼친 패턴으로 하는 경우는 그 여백을 남기고 베낀다.

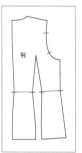
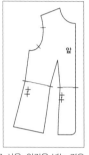

뒤 안단과 박스 천은 펼친 패턴으로 할 여백을 남기고 베낀다

처리를 한 파트는 그대로 사용. 안감을 넣는 경우는 안단선을 그려둔다.

안단은 반대 방향으로 베낀다

주머니 천은 A와 B로 나누어 베낀다

바깥소매는 그대로, 안소매는 반대 방향을 베낀다

이곳에서 넣는 맞춤 표시

앞뒤 중심(솔기인 경우와 칼라를 제외한다).
앞 끝(이어서 재단하는 안단의 경우).
WL, 안감을 넣는 경우의 EL,
V형 다트(어깨, AH),
진동 둘레 아랫점(솔기인 경우를 제외한다),
칼라 달림 끝, 몸판의 꺾임 끝, 소매산점,
소매 아랫점(소매 밑이 솔기인 경우는 제외한다),
박음질 끝, 트임 끝, 개더 끝,
턱, 포켓 입구,
포켓 다는 위치

＊ 는 이 예의 경우 맞춤 표시

---

5 패턴 체크＋맞춤 표시 패턴 전개＋맞춤 표시

맞춤 표시를 넣으면서 맞춰 박는 곳을 맞추어 길이나 연결을 확인, 수정한다. 패턴 체크 후 다시 필요한 맞춤 표시를 넣는다. 접는 칼라는 겉 칼라와 안단 패턴을 전개해 완성한다.

패턴 마무리 방법

→ 패턴 체크…P.194
→ 패턴 전개…P.198

이곳에서 넣는 맞춤 표시

《 패턴 체크 시 》
턱 위치, 다트 위치, 이음 위치,
칼라의 SNP와 뒤 중심
세트인 슬리브 이외의 진동 둘레, 소매산,
2장 소매의 이음선, 여유분 줄임을 하는
어깨선, 길게 맞춰 박는 중간점

《 패턴 전개 후 》
안단의 꺾임 끝

맞춤 표시 넣는 법

맞춤 표시는 완성선과 ＋자로 교차하도록 그린다. 직각으로 그려 넣는 것이 원칙이지만 WL 등의 잘록한 포인트는 경사에 대해 같은 각도가 되도록 그린다. V형 다트나 턱은 각각의 선을 연장. 완성선보다 바깥쪽으로 내는 치수는 시접 폭보다 조금 길게.

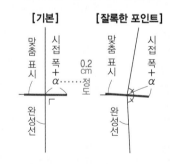

[기본]   [잘록한 포인트]

맞춤 표시 / 시접 폭＋α / 완성선 / 0.2cm 정도

[V형 다트, 턱]

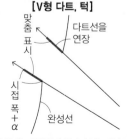

맞춤 표시 / 다트선을 연장 / 시접 폭＋α / 완성선

＊맞춤 표시는 시접 폭의 끝까지 있는 것이 중요.
이것보다 짧으면 패턴을 자른 후
시접 끝에서 멀어져 정확하지 않게 된다.

---

6 안감 패턴을 만든다

안감을 넣는 유형의 경우는 패턴 체크를 한 후 겉감 패턴을 사용해 시접 넣은 패턴을 만든다. 이때 소매산점, 소매 아랫점(소매 밑이 솔기인 경우를 제외한다), WL, EL에 맞춤 표시를 넣는다.

안감

→ 안감 패턴 만드는 법…P.176

겉감의 맞춤 표시 / WL / 0.3 / 안감의 맞춤 표시

WL과 EL의 맞춤 표시는 길이의 여유분을 고려하여 겉감 위치에서 0.3cm 밑(또는 소맷부리) 쪽으로 비켜 넣는다

겉감의 맞춤 표시 / EL / 0.3 / 안감의 맞춤 표시

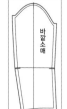
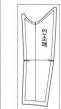

→ P.130으로

패턴 만드는 과정

시접 폭의 기준(겉감)

아래 표는 기본적인 완성 방법(꺾음솔, 가름솔)의 경우 기준. 사용하는 천이 잘 풀리는 경우는 이것보다 많게 하고, 스티치를 넣는 경우 적당히 조정한다. 불안한 경우는 조금 많게 두고 나중에 자르면 OK.

부위·파트	시접 폭
칼라, 목둘레, 앞 끝, 진동 둘레, 소매산, 커프스, 커프스를 다는 소맷부리, 벨트를 다는 밑단, 포켓(포켓 입구 이외), 태브, 벨트, 안단(안감을 넣는 경우의 안단 안쪽은 0)	1~1.2
지퍼 다는 위치	1.5~2
이음, 어깨, 옆, 소매 밑, 뒤 중심	1~1.5
1번 접기 또는 2번 접는 밑단과 소맷부리와 포켓 입구	3~5 *

* 곡선이 급한 경우는 1로   단위는 cm

7 시접 넣기

시접을 넣는 위치나 완성 방법 등 조건에 따라 적절한 폭과 모양으로 넣는다.

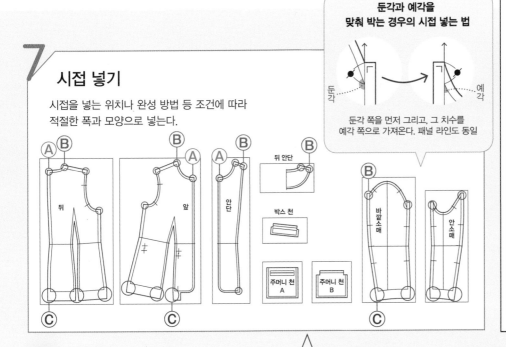

둔각과 예각을 맞춰 박는 경우의 시접 넣는 법

둔각 쪽을 먼저 그리고, 그 치수를 예각 쪽으로 가져온다. 패널 라인도 동일

시접 넣는 법

《 선 부분은 모두 평행 》

●**기본(직선, 곡선)은…**
모눈자 등을 이용하여 완성선과 평행으로 그린다

●**다트나 턱은…**
패턴 체크 시점에서 사이의 완성선을 그려두고 그 선에 평행으로 그린다

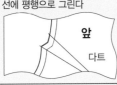

《 모서리 부분은 위치에 따라 3종류의 방법을 구분하여 사용한다 》

Ⓐ **완성선과 평행**

칼라, 커프스, 안단 등의 접어 박는 모서리

선 부분과 같이 모눈자 등을 이용하여 완성선과 평행으로 연장한다

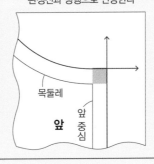

Ⓑ **완성선과 직각**

어깨선, 옆선, 이음선 등의 맞춰 박는 모서리

먼저 박는 완성선의 연장선과 나중에 박는 시접선의 교점에서 직각으로 넣는다

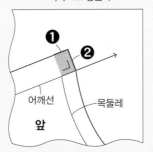

Ⓒ **완성선과 대칭**

소맷부리, 밑단, 포켓 입구 등의 접어 올리는 모서리

완성선의 연장선에서 대칭이 되도록 넣는다

---

8 시접선을 자른다

마지막으로 시접선을 자르면 완성! 펼친 패턴으로 하는 칼라, 요크, 목둘레 안단, 밑덧단 등은 중심에서 제도용지를 접어 시접선을 자른다. 완성선에 대칭으로 넣는 소맷부리나 밑단의 모서리 시접은 패턴을 완성선에서 접어 룰렛으로 덧그리고, 시접을 넣는다.

펼친 패턴으로 하는 방법

중심에서 접는다   시접선에서 자른다

접어 올리는 모서리의 시접 넣는 법
이 방법은 접어 올리는 모든 모서리에 공통

모서리를 완성선에서 접고 시접선을 룰렛으로 덧그린다

접는다

룰렛 자국을 따라 그리고 시접을 넣는다

시접 넣은 패턴 완성!

 응용 방법

만들고 싶은 디자인에 더 가까워지도록 원하는 스타일로 응용해보자.

기본 몸판은
박시 라인과
패널 라인 2가지 타입.
세트인 슬리브로
셔츠 칼라.
싱글 버튼 트임.

1 길이를 변경한다

기본 패턴은 WL에서 밑단까지
50cm(무릎 위 위치), 소매길이
56cm로 설정했다. 어느 쪽 길이
든 만들고 싶은 디자인에 맞추
어 변경이 가능하다. 기본 패턴
의 길이에서 평행으로 증감하든
지, WL에서 원하는 치수로 새로
운 밑단선을 그린다.

→ 길이의 변형…P.92

쇼트로

롱으로

2 치수를 변경한다

제도에 표시된 숫자는 어디까지
나 일례. 옆 밑단의 추가 치수, 밑
단 너비, 플레어 분량, 소맷부리
폭, 칼라 폭이나 목둘레 모양 등
은 변경이 가능하다. 제도 시 균
형을 보며 설정하고, 불안한 경우
는 시침바느질(가봉)해 입어본다.

→ 밑단 너비 차이에 따른 비교…P.94
→ 소매의 다양한 비교…P.101~105
→ 칼라의 다양한 비교…P.108~110, 112~115

밑단 너비를 넓혀
볼륨 업

목둘레를
스퀘어로

3 선을 추가한다

이음선을 넣어 파트를 나누고
디자인 포인트로. 디자인을 살린
선이므로 폭 등은 취향대로 정
한다. 이음선의 솔기를 이용한
포켓 만들기도 가능하다.

허리에 이음을 넣어
끼워 넣는 벨트로

이음+포켓으로
뉘앙스를 더하다.
소맷부리는 커프스풍으로

4 디테일을 변경한다

칼라 끝, 앞 밑단 등 세부 모양을
변경할 수 있다. 원하는 모양으
로 새롭게 선을 그린다. 패턴이
평면이어서 느낌을 모를 경우
손으로 그려서 종이를 몸에 대
보고 확인한 뒤 최종 라인을 결
정한다.

→ 프런트 커트의 변형…P.96
→ 칼라 끝 변형…P.106, 111

칼라 끝을 라운드로

앞 밑단을
스퀘어 커트로

5 뉘앙스를 더한다

기능성과 디자인 효과를 겸비
한 악센트를 더하여 세련미를
살린다. 폭이 좁은 실루엣에는
벤트나 슬릿, 여유 있는 스타
일에는 뒤 중심의 턱이 대표적
이다.

턱을 추가해
A라인으로

벤트를 추가해
활동하기 편하게

6 트임을 변경한다

앞트임 디자인은 완성 이미지
를 좌우하는 중요 요소. 겹침분
의 폭이나 잠금장치 등의 조합
으로 다양하게 변화한다. 전체
이미지나 취향에 맞추어 응용
해보자.

→ 겹침분의 변형…P.95
→ 앞트임 종류, 만드는 법
　…P.98, 150~155

싱글 단추집
트임

더블 버튼
트임

7 파트를 추가한다

벨트, 포켓, 커프스 등 새로운 파
트를 자유롭게 추가해 매력을
더한다. 포켓은 안쪽에 주머니
천을 대고 스티치만 보이게 하
는 유형도 효과적이다.

→ 소맷부리 디자인 종류…P.100
→ 벨트 종류…P.120
→ 포켓 종류…P.122

허리에
장식 벨트를
추가

쇼트 길이 밑단으로
벨트 & 가슴 포켓 +
스티치 &
소맷부리 커프스

8 부속품을 단다

단추, 똑딱단추, 호크 같은 잠금
장치를 비롯해 테이프나 리본,
브레이드 등도 중요한 디자인
요소가 된다. 천에 대보고 알맞
은 것을 고른 뒤, 크기와 폭, 위
치를 결정한다. 심플한 디자인에
는 핸드 스티치도 효과적이다.

앞 끝에
핸드 스티치

테이프로 장식해
라인 효과를 추가

 디자인 변형

오리지널 디자인 1

폭이 좁은 실루엣으로 깔끔함을 살린 기본 스타일.
단정함이 느껴지는 고상한 디자인이다.

〈 디자인을 결정하기까지 〉

 몸판 **L** (P.37)  소매 **F** (P.56)  칼라 **X** (P.90)

1 원형으로 할 파트와
기본 패턴을 고른다

몸판은 **L**로, 몸에 피트되는 셰이프트 라인.
소매는 **F**로, 입체적인 2장 소매.
칼라는 **X**로, 심플한 칼라리스.
슬림한 느낌을 유지하기 위해
기본 패턴은 표준적인 여유분인 **2**를,
소매산은 가장 높은 $\frac{5}{6}$를 선택.

2 자신의 스타일로 응용한다

몸판은 **L**을 참고해 길이를 짧게 하여 제도한다.
프런트 커트는 라운드 작게(P.96),
앞 중심은 맞대기로 하여 호크로 고정(P.98).
박스 포켓(P.122)과 앞뒤 안단을 추가한다.
칼라는 **X**를, 소매는 **F**를 그대로 사용.

●표준 사용량
(오른쪽 페이지 완성 작품·9호의 경우)
겉감 = 148cm 폭 1m 70cm
안감(주머니 천 분량을 포함한다)
= 90cm 폭 2m
접착심지(박스 천 분량을 포함한다)
= 90cm 폭 75cm

소매산 높이
는 소매 **F**
평균 어깨 길이의 $\frac{5}{6}$

포켓
앞
4 13 4
7.5
2.5
다트를 맞댄다

절개 그림
4
앞
*뒤 절개 방법은 P.37 참조

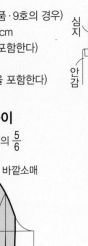

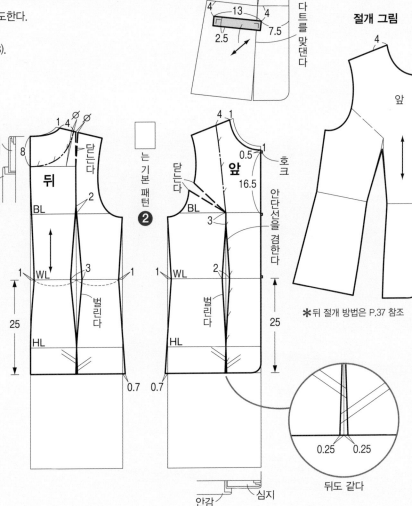

마루야마 하루미 선생이 디자인한 9종류를 소개한다.
시침바느질(가봉)용 천으로 만든 것과 실제로 착용할 수 있는 천으로 만든 작품을 비교해 디자인을 구상할 때 참고한다.
접착심지를 붙이는 위치나 스티치 등의 유형은 본인의 디자인을 고민할 때 참고해보자.

우아한 인상의 칼라리스 재킷 완성!

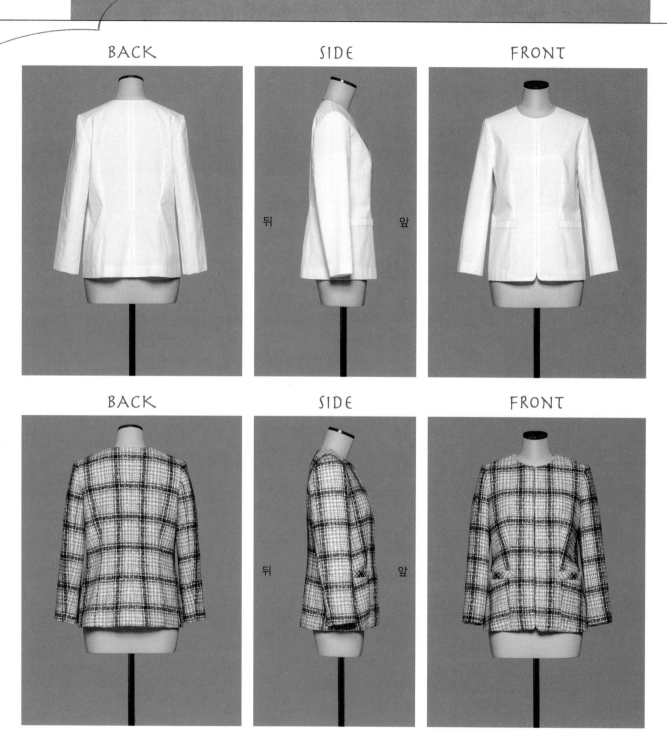

BACK   SIDE   FRONT

뒤   앞

BACK   SIDE   FRONT

뒤   앞

천은 여성스러움이 돋보이는 울 팬시 트위드.
귀여운 핑크 색상이 스마트한 디자인에 페미닌한 분위기를 더한다. 2장 소매와 박스 포켓으로 재킷의 단정함을 살렸다.
목 주위가 깔끔하게 보이는 칼라리스와 심플한 맞대기에 호크 고정으로 우아한 마무리. 전체 안감으로 재봉.

디자인 변형

오리지널 디자인 ②

트래디셔널한 정통파. 적당히 여유가 있는 박스형으로
활용하기 좋은 만능 아이템.

〈 디자인을 결정하기까지 〉

1 원형으로 할 파트와 기본 패턴을 고른다

 몸판 Ⓑ (P.27)

 소매 Ⓑ (P.54)

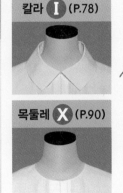 칼라 Ⓘ (P.78)

목둘레 Ⓧ (P.90)

몸판은 Ⓑ로, 밑단을 조금 넓힌 박시 라인.
소매는 Ⓑ로, 소맷부리를 조금 좁힌 원통형의 세트인 슬리브.
칼라는 Ⓘ로, 기본적인 수티앵 칼라.
코트로는 표준적인 착용감을 확보하기 위해
기본 패턴은 여유분이 많은 ❸을.
소매 폭이 너무 넓어지지 않도록, 소매산은 비교적 높은 $\frac{4}{5}$를 선택.

2 자신의 스타일로 응용한다

몸판은 Ⓑ를 참고해 길이는 기본 패턴과 같이 제도한다.
목둘레를 칼라를 다는 경우의
기본적인 라인(Ⓧ와 같다)으로 변경.
앞 중심은 겹침분 폭을 조금 넓게 하고, 단추로 고정(P.98).
앞뒤 안단과 패치 포켓(P.122)을 추가한다.
소매는 Ⓑ를 그대로 사용.
칼라는 Ⓘ와 같이 제도하고, 칼라 끝을 살짝 둥글린다(P.107).

● 표준 사용량(오른쪽 페이지 완성 작품·9호의 경우)
겉감 = 148cm 폭 2m 10cm
안감(주머니 천 분량을 포함한다) = 90cm 폭 2m 50cm
접착심지 = 90cm 폭 1m

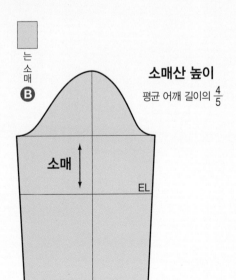

소매산 높이
평균 어깨 길이의 $\frac{4}{5}$

칼라

는 칼라 Ⓘ

는 기본 패턴 ❸

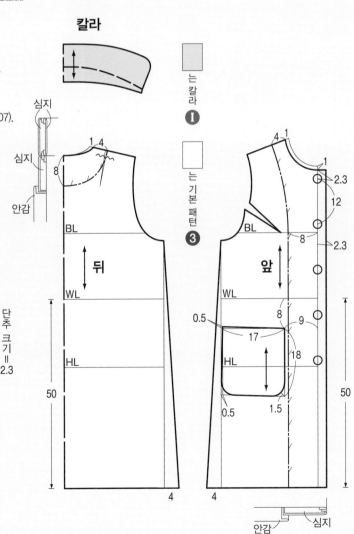

심플한 수티앵 칼라 코트 완성!

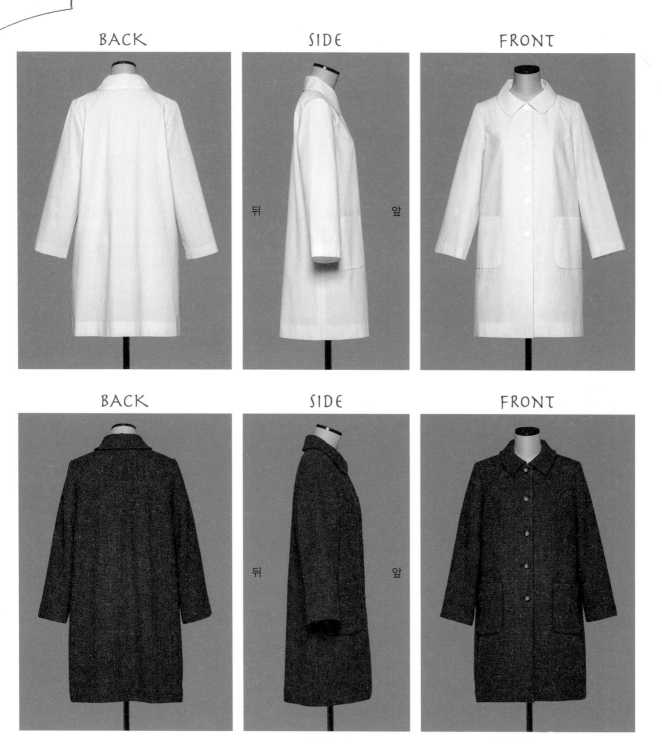

BACK SIDE FRONT

뒤 앞

BACK SIDE FRONT

뒤 앞

천은 두께감 있는 울 넵 트위드. 브리티시 그린이 스탠더드한 디자인의 매력을 돋보이게 한다.
적당한 여유감을 표현하는 실루엣에, 칼라 끝을 살짝 둥글게 한 수티앵 칼라와 패치 포켓으로 사랑스러움을 더했다.
싱글 버튼으로 고정하고, 전체 안감으로 재봉.

 디자인 변형

오리지널 디자인 3

적당한 편안함이 매력인, 새로운 기본 스타일로 자리매김한 코디건(코트+카디건).
어깨가 끼지 않는 넉넉한 스타일이 특징이다.

《 디자인을 결정하기까지 》

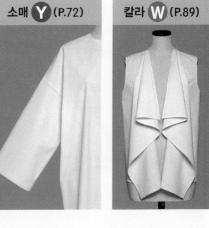

몸판 **Z** (P.51) ｜ 소매 **Y** (P.72) ｜ 칼라 **W** (P.89)

1 원형으로 할 파트와 기본 패턴을 고른다

몸판은 **Z**로, 볼륨 있는 와이드 라인.
소매는 **Y**로, 넉넉한 드롭 슬리브.
칼라는 **W**로, 우아한 드레이프 칼라.
빅 실루엣 디자인의 경우
기본 패턴은 여유분이 최대인 **4**가 필수.

2 자신의 스타일로 응용한다

몸판은 **Z**를 참고해 길이를 길게 하여 제도하고,
옆에 솔기를 이용한 포켓을 추가한다.
소매는 **Y** 그대로 소맷부리 폭을 변경.
칼라는 **W**와 같이 제도하고, 몸판에서 연결된
소매 폭은 좁게 한다.

● 표준 사용량(오른쪽 페이지 완성 작품·9호의 경우)
겉감 = 120cm 폭 3m 50cm
접착심지 = 10×25cm

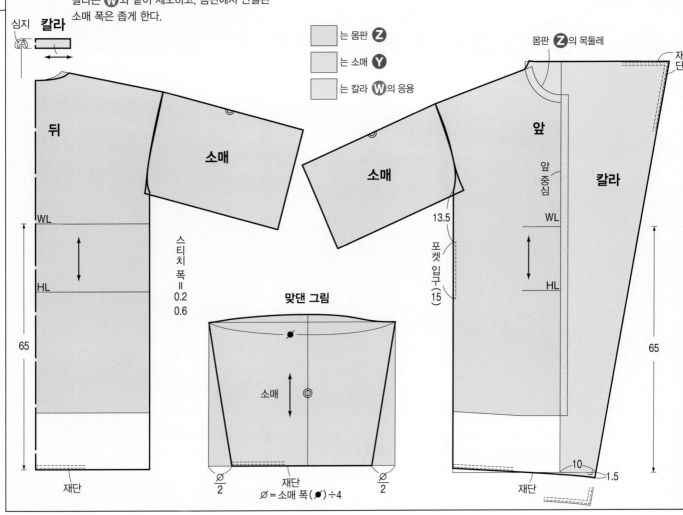

가볍게 걸칠 수 있는 코디건 완성!

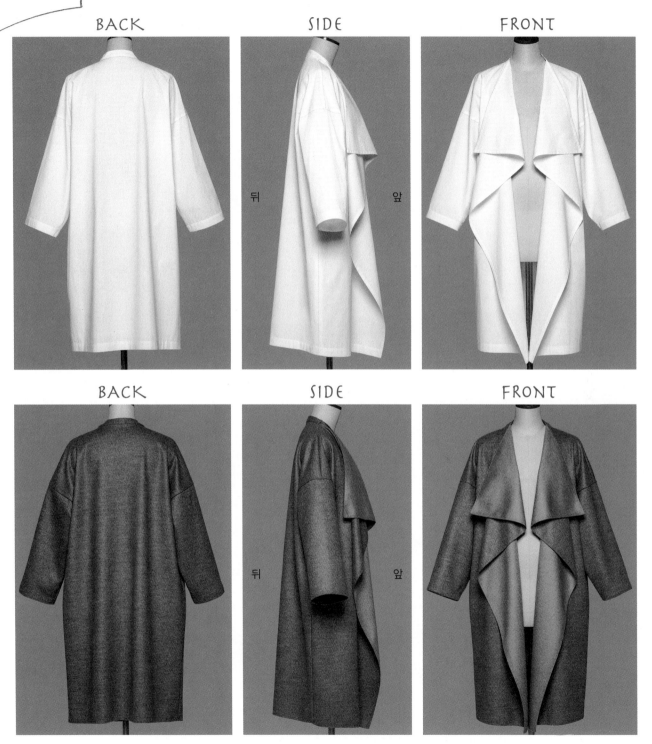

BACK　　　　　SIDE　　　　　FRONT

뒤　　　앞

BACK　　　　　SIDE　　　　　FRONT

뒤　　　앞

천은 드레이프 칼라를 다양한 느낌으로 연출하는, 더블 페이스의 울 압축 니트.
이 특징을 살려 가벼운 홑겹 재봉으로 제작. 적당히 캐주얼한 느낌을 주는 재단 테크닉도 매력을 한 단계 업.
볼륨이 풍성한 디자인을 스톨을 걸치듯 편하고 멋있게 즐기는 가벼운 코디건.

디자인 변형

오리지널 디자인 4

스타일리시한 아이템은 세심한 디테일이 열쇠.
샤프함이 돋보이는 파트의 조합으로 매력을 끌어내보자.

〈 디자인을 결정하기까지 〉

몸판 S (P.44)　　소매 I (P.57)　　칼라 J (P.79)

1 원형으로 할 파트와
기본 패턴을 고른다

몸판은 S로, 몸에 피트되는 패널 라인.
소매는 I로, 화사한 캡 슬리브.
칼라는 J로, 깔끔하고 샤프한 테일러드 칼라.
좀 더 날씬한 형태로 완성하기 위해
기본 패턴은 여유분이 최소인 1을,
소매가 꼭 끼지 않도록
소매산은 비교적 낮은 $\frac{3}{4}$을 선택.

2 자신의 스타일로 응용한다

몸판은 S를 참고해 길이를 길게 하여 제도한다.
프런트 커트는 스퀘어(P.96)로 변경하고,
벤트, 더블 파이핑 포켓(P.122), 앞뒤 안단을 추가한다.
앞 중심은 겹침분 폭을 좁게 하고 단추로 고정(P.98).
소매는 I 그대로, 칼라는 J를 응용해 제도한다.

● 표준 사용량(오른쪽 페이지 완성 작품·9호의 경우)
겉감 = 150cm 폭 2m 30cm
접착심지 = 90cm 폭 1m 10cm

소매산 높이

는 소매 I

평균 어깨 길이의 $\frac{3}{4}$

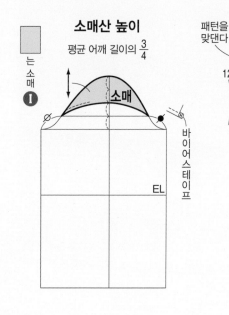
소매
EL
바이어스테이프

포켓

패턴을 맞댄다
앞
WL
4.5
12　14　9
1.5
바이어스
스티치 폭 = 0.74
단추 크기 = 1.5

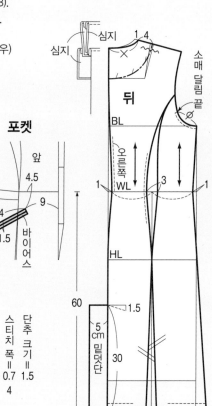

뒤
심지　심지
1.4
×
BL
오른쪽
WL
HL
1　3　1
60
5cm 밑덧단
30
1.5
1.5　1.5
심지

는 칼라 J 의 응용

는 기본 패턴 1

* 절개 방법은 P.44 참조

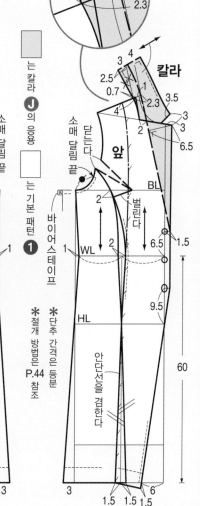

칼라
3　4
2.5
0.7
1
2.3
3.5
3
3
6.5
앞
4
2
소매 닫는다
바이어스테이프
닫는다
벌린다
2
2
BL
6.5
1.5
1　WL　2
HL
9.5
60
안단선을 겸한다
3　6
1.5　1.5　1.5
심지

* 단추 간격은 등분
소매 달림 끝

날씬한 롱 질레 완성!

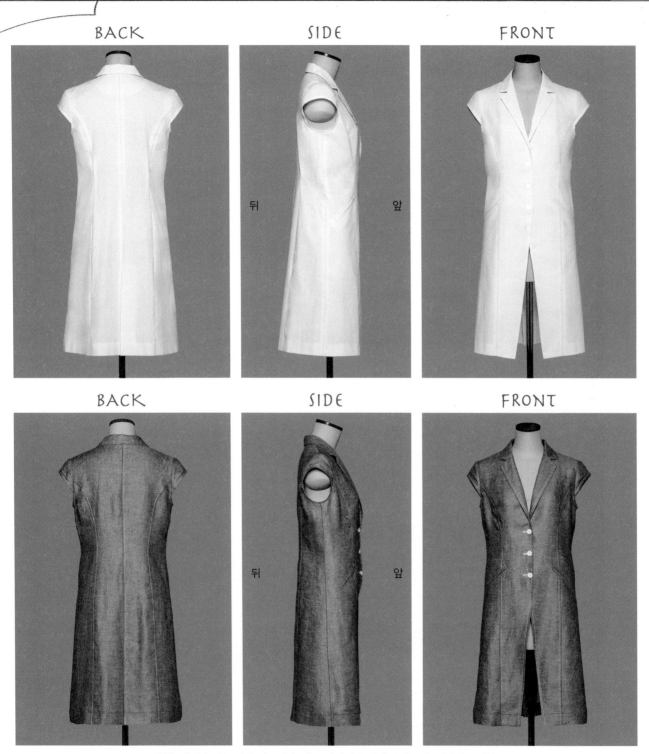

BACK SIDE FRONT

뒤 앞

BACK SIDE FRONT

뒤 앞

천은 광택감 있는 리넨 샴브레이. 피트 타입의 몸판에 폭이 좁은 테일러드 칼라.
직선적인 프런트 커트 등 조이는 효과를 높이는 디테일을 총망라. 입는 순간 트렌디함을 더하는 디자인이다.
흰색 스티치와 단추가 가는 허리를 강조해 날씬해 보인다. 뒤는 기능성을 고려해 벤트를 추가했다. 홑겹 재봉.

디자인 변형

오리지널 디자인 5

인기가 많은 스포츠 스타일에 여성스러움을 더했다.
차밍한 믹스 스타일 연출로 매력이 한층 돋보인다.

〈 디자인을 결정하기까지 〉

 몸판 **E** (P.30)
 소매 **A** (P.54)
 칼라 **C** (P.76)

목둘레 **X** (P.90)

1 원형으로 할 파트와 기본 패턴을 고른다

몸판은 **E**로, 살짝 밑단이 퍼지는 트라페즈 라인.
소매는 **A**로, 원통형 세트인 슬리브.
칼라는 **C**로, 니트 소재를 사용한 스탠드 칼라.
넉넉한 느낌을 더하기 위해
기본 패턴은 여유분 최대인 **4**를,
소매산은 가장 낮은 $\frac{2}{3}$를 선택.

2 자신의 스타일로 응용한다

몸판은 **E**를 참고해 길이를 짧게 하여 제도한다.
목둘레를 칼라를 다는 경우의 기본적인 라인(**X**와 같다)으로 변경.
밑단 니트 벨트(P.120)를 추가한다.
앞 중심은 맞대기의 오픈 지퍼 트임(P.98)으로.
소매는 **A**의 길이를 자르고 니티드 커프스(P.100)를 추가.
칼라는 **C**와 같이 제도한다.

●표준 사용량(오른쪽 페이지 완성 작품·9호의 경우)
겉감＝130cm 폭 1m 30cm
별도 천＝150cm 폭 40cm

소매산 높이 평균 어깨 길이의 $\frac{2}{3}$

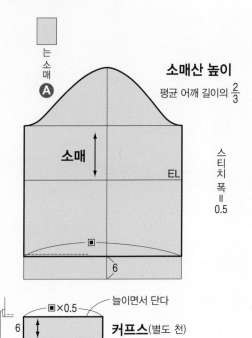
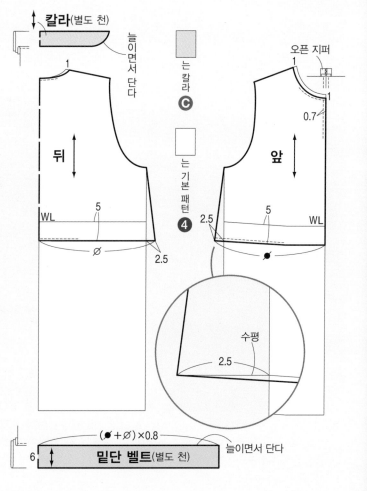

스위트 & 스포티한 레이스 블루종 완성!

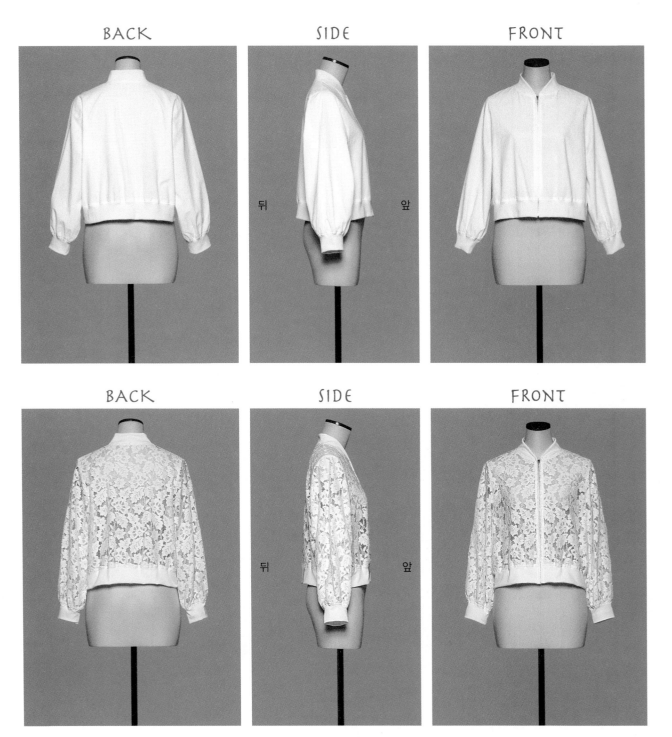

BACK | SIDE | FRONT

뒤 | 앞

BACK | SIDE | FRONT

뒤 | 앞

천은 면×나일론의 라셀 레이스, 별도 천이 폴리에스테르 스트레치 스무드. 스포티한 집업 블루종에
레이스의 화려함을 믹스했다. 원형 기본 패턴의 넉넉한 볼륨감을 더해 소프트하고 우아한 인상을 준다.
세련되고 트렌디한 아이템으로 분위기 변신. 투명한 레이스 느낌을 살려 홑겹 재봉으로.

디자인 변형

오리지널 디자인 6

개성적인 케이프 코트는
캐주얼한 느낌으로 응용해 사랑스러움을 더했다. 매력이 한층 더 살아난다.

〈 **디자인을 결정하기까지** 〉

몸판 **X** (P.49)

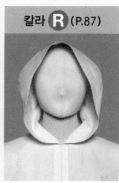
칼라 **R** (P.87)

1 원형으로 할 파트와
기본 패턴을 고른다

몸판은 **X**로, 넉넉한 케이프 스타일.
칼라는 **R**로, 플랫 타입의 후드.
볼륨감은 충분하기 때문에
기본 패턴은 여유분이 표준인 **2**를 선택.

2 자신의 스타일로 응용한다

몸판은 **X**를 참고해 길이를 짧게 하여 제도한다.
목둘레를 크게 하여 프런트 커트를 라운드(P.96)로 변경하고, 앞 안단을 추가.
앞 중심은 겹침분 폭을 조금 넓게 하고, 단추로 고정(P.98).
칼라는 **R**과 같이 제도한다.

● 표준 사용량(오른쪽 페이지 완성 작품·9호의 경우)
겉감 = 150cm 폭 2m 30cm
안감 = 90cm 폭 2m 60cm
접착심지 = 90cm 폭 80cm

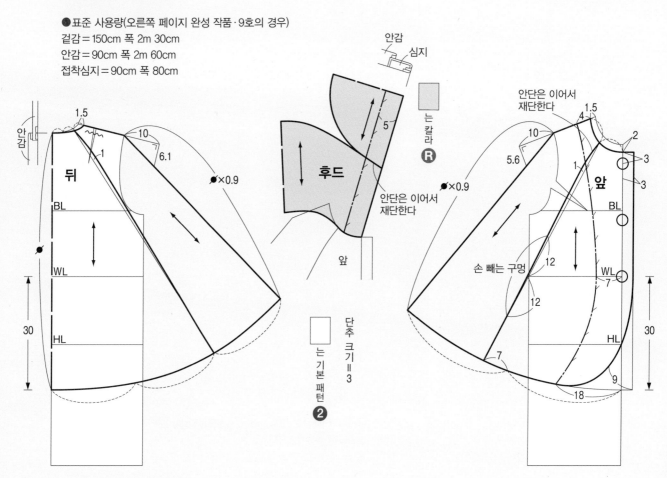

존재감 만점인 케이프 코트 완성!

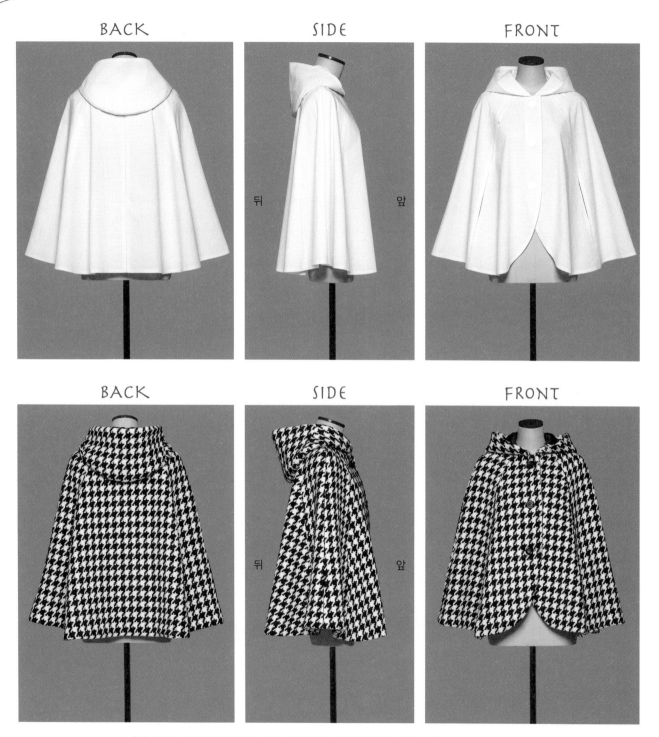

BACK   SIDE   FRONT

뒤   앞

BACK   SIDE   FRONT

뒤   앞

천은 흰색×검은색의 명쾌한 대비가 인상적인, 투박하게 짠 두툼한 하운즈투스 체크무늬 울.
모노톤의 세련미와 차분함을 캐주얼한 후드가 친근한 분위기로 만들어준다.
어떤 하의 디자인에도 잘 어울리는 길이 설정도 코디의 폭을 넓혀주는 최상의 선택이다. 전체 안감으로 재봉.

실습

디자인 변형

오리지널 디자인 7 유니폼 발상의 기능적 디테일에 여성스러움을 가미해
소프트한 감성으로 완성한 트렌치 코트.

〈 디자인을 결정하기까지 〉

몸판 **I** (P.34)　소매 **M** (P.61)　칼라 **E** (P.77)

1 원형으로 할 파트와
기본 패턴을 고른다

몸판은 **I**로, 노멀한 A라인.
소매는 **M**으로, 소매산이 낮은 기본 래글런 슬리브.
칼라는 **E**로, 스포티한 칼라 밴드 달린 셔츠 칼라.
볼륨 과다를 막기 위해 기본 패턴은 여유분이 표준인 **2**를,
소매는 몸판 실루엣에 맞춰 소매산이 낮은 $\frac{2}{3}$로 설정.

2 자신의 스타일로 응용한다

몸판은 **I**를 참고해 길이를 길게 하여 제도한다. 목둘레를 변경.
덮는 천, 플리트, 견장, 플랩 포켓, 앞 안단, 벨트 고리, 별도로 재단한 벨트와 소맷부리 벨트(P.120, 100)를 추가.
안감은 등 제외(P.175), 앞 중심은 겹침분 폭을 넓게 하여 더블 단추로 고정(P.98).
소매는 **M**을 참고해 소맷부리 폭을 좁게 하고, 칼라는 **E**를 응용해 제도한다.
*소매, 덮는 천, 플리트, 포켓, 안단, 안감, 벨트 고리는 '잘라서 벌린다' 처리 후 몸판에 제도한다

● 표준 사용량(오른쪽 페이지 완성 작품·9호의 경우)
겉감 = 145cm 폭 3m 80cm
안감(주머니 천 분량을 포함한다) = 90cm 폭 2m 20cm
접착심지(칼라, 플랩, 벨트 분량을 포함한다)
= 90cm 폭 1m 60cm

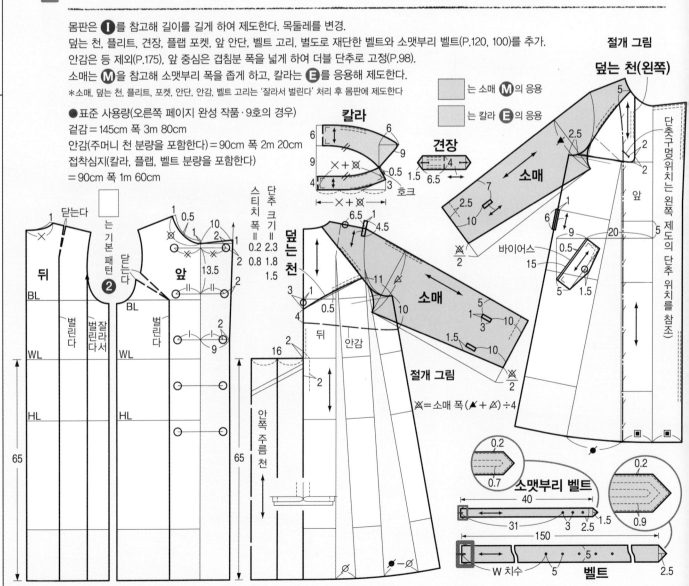

144

BACK　　　　SIDE　　　　FRONT

뒤　　앞

BACK　　　　SIDE　　　　FRONT

뒤　　앞

천은 코튼×레이온의 스트레치 트윌. 특징적인 파트를 충분히 배합한 본격적인 유형의 트렌치 코트.
벨트로 허리를 강조하여 여성스러운 피트 & 플레어 라인으로 완성했다. 소매는 기능적인 래글런 슬리브.
요소에 스티치를 넣어 디자인 포인트로 활용. 뒤 중심 플리트 효과로 뒷모습의 표정도 한껏 살아난다. 안감은 등 제외로 재봉.

디자인 변형

오리지널 디자인 8

독특한 존재감으로 사계절 내내 활용할 수 있는
데일리 스타일의 기본 아이템.

사용한 파트는 이것!

기본 패턴은 **1**을, 소매산은 $\frac{2}{3}$를 선택

몸판 **M** (P.38)

소매 **D** (P.55)

칼라 **G** (P.78)

목둘레 **X** (P.90)

몸판은 **M**를 참고해 길이를 짧게 하여 제도한다.
목둘레를 칼라를 다는 경우의 기본적인 라인(**X**와 같다)으로 변경.
앞 중심은 겹침분 폭 그대로 단추 고정.
요크, 포켓, 밑단 벨트, 앞뒤 안단을 추가한다.
소매는 **D**를 참고해 다트를 이음으로 변경하고, 커프스를 추가한다.
칼라는 **G**와 같이 제도한다. 단추 크기는 1.8cm.

● 표준 사용량(완성 작품·9호의 경우)
겉감 = 110cm 폭 1m 60cm   접착심지 = 90cm 폭 1m 5cm

BACK

FRONT

천은 코튼 데님.
허리 라인의 짧은 길이로 산뜻함이 매력이다. 경쾌한 홑겹 재봉.
장식 효과를 겸한 스티치와 금속 단추로 진 재킷만의 개성을 강조했다.

오리지널 디자인 9

스포츠웨어의 기능성을 살린
스윙 톱 타입의
집업 스타일.

사용한 패턴은 이것!

기본 패턴은 **3**을, 소매산은 $\frac{3}{4}$을 선택

몸판 **A** (P.26)

소매 **B** (P.54)

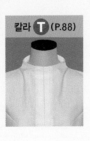
칼라 **T** (P.88)

몸판은 **A**를 참고해 길이를 짧게 하여 제도한다.
앞 중심은 단추집 지퍼 트임(P.98)으로.
뒤 중심의 턱, 옆 솔기 이용 포켓(P.122),
앞뒤 안단을 추가. 앞뒤 길이에 차이를 두고, 밑단을 라운드 모양으로.
소매는 **B**를 참고해 소맷부리를 슬릿 커프스(P.100)로 변경.
칼라는 **T**와 같이 제도한다.

● 표준 사용량(완성 작품·9호의 경우)
겉감 = 110cm 폭 2m   접착심지 = 90cm 폭 80cm

BACK

FRONT

천은 방수 가공한 나일론 태피터. 칼라는 깔끔한 보틀넥.
뒤 중심의 턱으로 볼륨을 살린 소프트한 실루엣과 곡선
헴라인으로 우아한 멋을 냈다. 소맷부리를 접는 것도 가능. 홑겹 재봉.

재킷 & 코트 제작에 유용한

기본 박는 법과 부분 박음질+안감

 기본 ·································

재킷 & 코트의 기본적인 박는 순서와 대표적인 디자인을 예로, 안감 없이, 안감 넣는 경우로 순서를 설명.

 트임 ·································

단추나 똑딱단추로 열고 닫는 '기본 트임', 잠금장치가 보이지 않는 '단추집 트임', 추가로 오픈 지퍼를 사용하는 2가지 타입을 소개.
이해하기 쉽게 칼라리스의 경우로 설명한다.

오픈 지퍼

아랫부분의 막음쇠를 빼고 전체를 벌릴 수 있다. 다양한 길이가 있고, 금속 지퍼는 길이 조정이 가능.

P.151, 154에서 사용

금속 타입
약간 무겁지만 고급스럽다.
보통 천부터 두꺼운 천에 사용.

수지 타입
가볍고 캐주얼한 느낌이 있다.
얇은 천부터 보통 천에 사용.

금속(위아래 지퍼) 타입
위에서도 아래에서도
열 수 있는 타입.

 단춧구멍 ·································

단추로 고정하는 디자인에 꼭 필요한 단춧구멍.
두꺼운 천의 볼륨에 적합한 '새눈 단춧구멍 감침질'과 고급스러운 느낌을 연출하는 '파이핑 단춧구멍' 2종류를 소개.

 칼라 ·································

재킷 & 코트에 주로 쓰이는 '테일러드 칼라', '숄 칼라', '스탠드 칼라' 3종류를 소개.

 포켓 ·································

기능성을 위해서도 필수인 디테일. '패치 포켓', '박스 포켓', '더블 파이핑+플랩 포켓' 4가지 타입을 소개.

 안감 ·································

'형태 변형을 막는다', '착용감이 매끄럽다', '비치는 것을 방지한다' 등 다양한 역할을 담당하는 안감.
안감 넣기 종류, 패턴 만드는 법에 대해 설명.

재킷 & 코트 박는 순서

다양한 재봉 방법 중에서 비교적 심플하고 폭넓은 디자인에 대응하는 박는 순서를 설명.
오른쪽 페이지에서는 구체적인 디자인을 예로, '안감 없이'와 '안감 넣기'의 순서 차이를 설명한다.
디자인에 따라 반드시 이 순서가 된다고는 할 수 없지만, 알아두면 쉽게 응용할 수 있다.

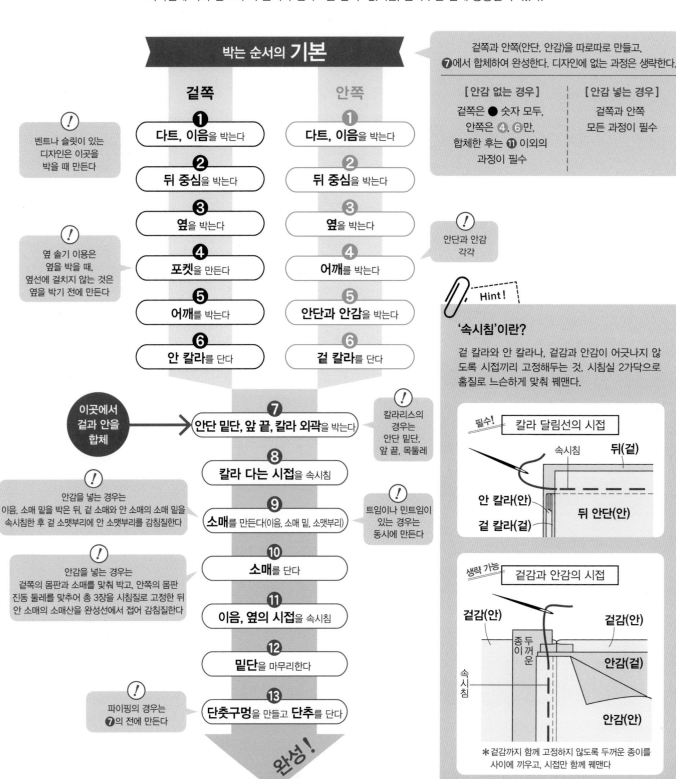

박는 순서의 기본

겉쪽과 안쪽(안단, 안감)을 따로따로 만들고,
❼에서 합체하여 완성한다. 디자인에 없는 과정은 생략한다.

[안감 없는 경우]
겉쪽은 ● 숫자 모두,
안쪽은 ❹, ❻만,
합체한 후는 ⓫ 이외의
과정이 필수

[안감 넣는 경우]
겉쪽과 안쪽
모든 과정이 필수

겉쪽
❶ 다트, 이음을 박는다
❷ 뒤 중심을 박는다
❸ 옆을 박는다
❹ 포켓을 만든다
❺ 어깨를 박는다
❻ 안 칼라를 단다

안쪽
❶ 다트, 이음을 박는다
❷ 뒤 중심을 박는다
❸ 옆을 박는다
❹ 어깨를 박는다
❺ 안단과 안감을 박는다
❻ 겉 칼라를 단다

벤트나 슬릿이 있는
디자인은 이곳을
박을 때 만든다

옆 솔기 이용은
옆을 박을 때,
옆선에 걸치지 않는 것은
옆을 박기 전에 만든다

안단과 안감
각각

이곳에서
겉과 안을
합체

❼ 안단 밑단, 앞 끝, 칼라 외곽을 박는다

칼라리스의
경우는 안단 밑단,
앞 끝, 목둘레

❽ 칼라 다는 시접을 속시침
❾ 소매를 만든다(이음, 소매 밑, 소맷부리)
❿ 소매를 단다
⓫ 이음, 옆의 시접을 속시침
⓬ 밑단을 마무리한다
⓭ 단춧구멍을 만들고 단추를 단다

안감을 넣는 경우는
이음, 소매 밑을 박은 뒤, 겉 소매와 안 소매의 소매 밑을
속시침한 후 겉 소맷부리에 안 소맷부리를 감침질한다

트임이나 밑트임이
있는 경우는
동시에 만든다

안감을 넣는 경우는
겉쪽의 몸판과 소매를 맞춰 박고, 안쪽의 몸판
진동 둘레를 맞추어 총 3장을 시침질로 고정한 뒤
안 소매의 소매산을 완성선에서 접어 감침질한다

파이핑의 경우는
❼의 전에 만든다

완성!

Hint!

'속시침'이란?

겉 칼라와 안 칼라나, 겉감과 안감이 어긋나지 않
도록 시접끼리 고정해두는 것. 시침실 2가닥으로
홈질로 느슨하게 맞춰 꿰맨다.

필수! | 칼라 달림선의 시접
속시침
뒤(겉)
안 칼라(안)
겉 칼라(겉)
뒤 안단(안)

생략 가능 | 겉감과 안감의 시접
겉감(안)
겉감(안)
종두이꺼운
안감(겉)
속시침
안감(안)

＊겉감까지 함께 고정하지 않도록 두꺼운 종이를
사이에 끼우고, 시접만 함께 꿰맨다

디자인 예

수티앵 칼라, 세트인 슬리브(1장 소매), 앞 단추 트임,
패널 이음, 패치 포켓

안감 없이

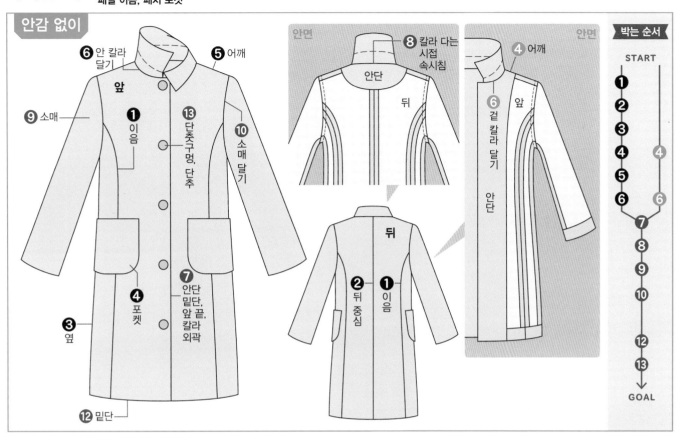

박는 순서

안감 넣기

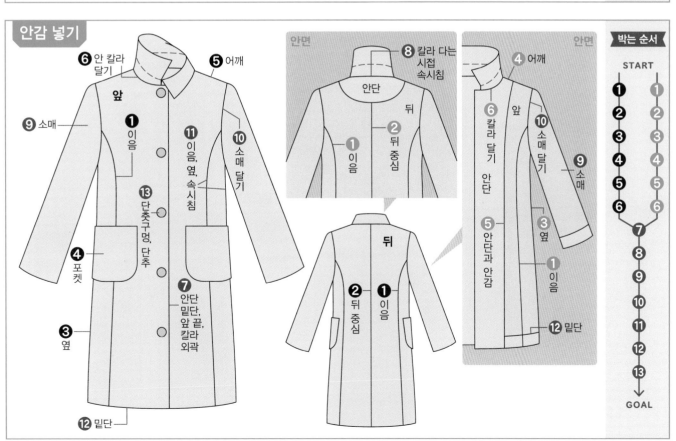

박는 순서

기본 트임

단추나 똑딱단추로 열고 닫는 가장 전통적인 트임

앞 끝에서 앞뒤 목둘레의 안쪽에 적당한 폭의 안단을 넣고 1바퀴 빙 둘러 박아 뒤집어 마무리하는 재봉 방법. 단단하게 완성하려면 안단 안쪽 전체에 접착심지를 붙인다. 앞 끝이 솔기로, 일반적인 밑단 마무리의 경우로 설명.

〈재단 방법〉 재단 끝은 적당히 마무리

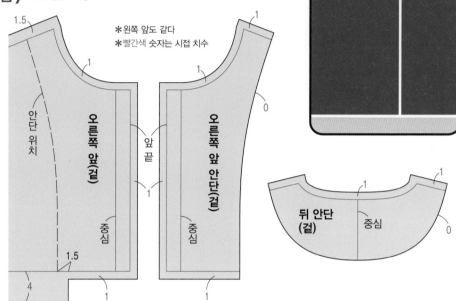

* 왼쪽 앞도 같다
* 빨간색 숫자는 시접 치수

뒤(겉) / 중심

안단 위치 / 오른쪽 앞(겉) / 중심 / 1.5 / 4
오른쪽 앞 안단(겉) / 중심 / 앞 끝 / 1

뒤 안단(겉) / 중심

1 몸판과 안단을 박는다

* 몸판, 안단의 어깨를 각각 박아 시접을 가른다

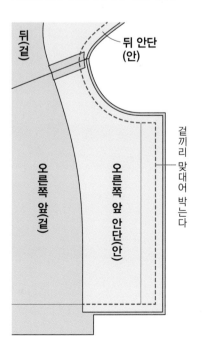

뒤(겉) / 뒤 안단(안)

오른쪽 앞(겉) / 오른쪽 앞 안단(안)

겉끼리 맞대어 박는다

2 목둘레, 앞트임을 완성한다

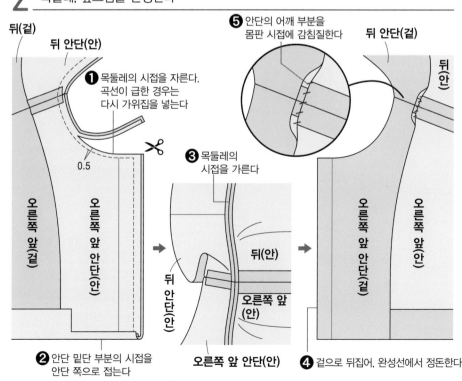

뒤(겉) / 뒤 안단(안)

❶ 목둘레의 시접을 자른다. 곡선이 급한 경우는 다시 가위집을 넣는다

0.5

오른쪽 앞(겉) / 오른쪽 앞 안단(안)

❺ 안단의 어깨 부분을 몸판 시접에 감침질한다

뒤 안단(겉) / 뒤(안)

❸ 목둘레의 시접을 가른다

뒤(안) / 뒤 안단(안) / 오른쪽 앞(안) / 오른쪽 앞 안단(안)

오른쪽 앞 안단(겉) / 오른쪽 앞(안)

❷ 안단 밑단 부분의 시접을 안단 쪽으로 접는다

❹ 겉으로 뒤집어, 완성선에서 정돈한다

* 두꺼운 천의 경우 겉쪽이 되는 쪽(몸판 쪽)의 시접을 0.3cm, 안쪽이 되는 쪽(안단 쪽)을 0.7cm로 자른다

오픈 지퍼 트임

앞 중심에 오픈 지퍼를 단 트임

겉에서 지퍼가 보이지 않도록, 앞 중심을 맞대어 완성하는 방법을 소개. 단단하게 완성하려면 안단 안쪽 전체에 접착심지를 붙인다. 다는 위치의 길이에 맞춘 지퍼를 준비한다. 지퍼에 맞추어 트임 길이를 조정해도 OK. 일반적인 밑단 마무리의 경우로 설명.

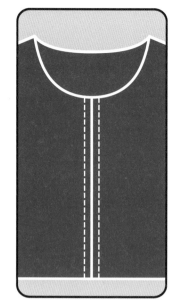

〈재단 방법〉
재단 끝은 적당히 마무리

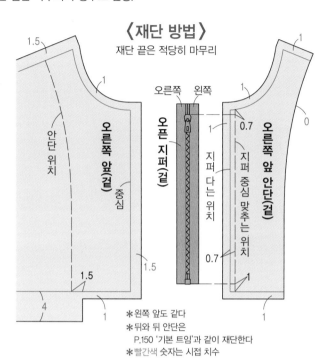

* 왼쪽 앞도 같다
* 뒤와 뒤 안단은 P.150 '기본 트임'과 같이 재단한다
* 빨간색 숫자는 시접 치수

〈제도〉

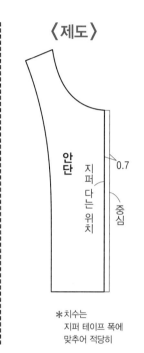

* 치수는 지퍼 테이프 폭에 맞추어 적당히

---

1 안단에 지퍼를 단다

* 몸판, 안단의 어깨를 각각 박아 시접을 가른다
* 왼쪽 앞도 같다

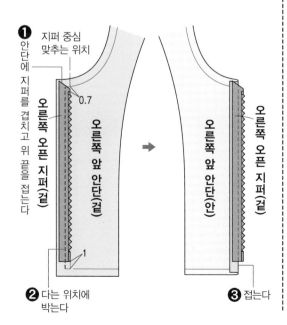

❶ 지퍼 중심 맞추는 위치
안단에 지퍼를 겹치고 위 끝을 접는다
0.7
오른쪽 오픈 지퍼(겉)
오른쪽 앞 안단(겉)
1
→
오른쪽 오픈 지퍼(겉)
오른쪽 앞 안단(안)

❷ 다는 위치에 박는다
❸ 접는다

2 목둘레, 밑단을 박고, 앞트임을 완성한다

* 스티치 폭은 적당히
* 왼쪽 앞도 같다

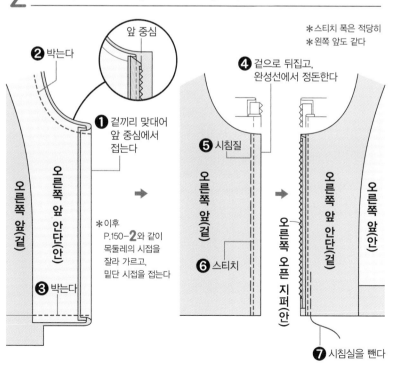

앞 중심
❷ 박는다
오른쪽 앞(겉)
오른쪽 앞 안단(안)
❶ 겉끼리 맞대어 앞 중심에서 접는다
* 이후 P.150-2와 같이 목둘레의 시접을 잘라 가르고, 밑단 시접을 접는다
❸ 박는다

→

❹ 겉으로 뒤집고, 완성선에서 정돈한다
❺ 시침질
오른쪽 앞(겉)
❻ 스티치

→

오른쪽 앞 안단(겉)
오른쪽 오픈 지퍼(안)
오른쪽 앞(안)
❼ 시침실을 뺀다

단추집 트임

바깥쪽으로 단추가 보이지 않는, 우아한 느낌의 트임

앞 겹침분의 위쪽(여자 옷은 항상 오른쪽)에 만들고, 아래쪽은 일반적인 방법으로 재봉한다. 위 끝까지 단추집 트임으로 할 수 없기 때문에, 목둘레 쪽의 제1 단추를 일반 단추 트임으로 하고, 이 위치를 기준으로 트임과 단추집의 단추 위치를 결정한다. 단춧구멍은 겉에서 보이지 않기 때문에 지그재그 박기로 감침질하는 간단한 방법으로도 OK. 단추집의 단추는 얇은 것을 단다. 단단하게 완성하려면 안단 안쪽 전체에 접착심지를 붙인다. 겉감이 두꺼운 경우는 단추집 천에 접착심지를 붙인 안감을 사용한다.

〈재단 방법〉

재단 끝은 적당히 마무리

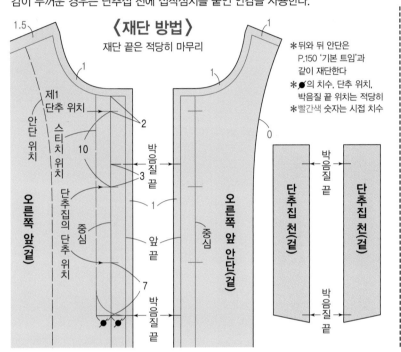

＊뒤와 뒤 안단은 P.150 '기본 트임'과 같이 재단한다
＊●의 치수, 단추 위치, 박음질 끝 위치는 적당히
＊빨간색 숫자는 시접 치수

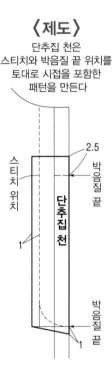

〈제도〉

단추집 천은 스티치와 박음질 끝 위치를 토대로 시접을 포함한 패턴을 만든다

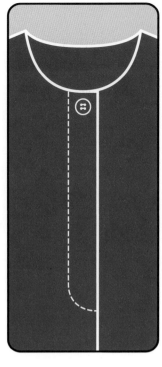

1 단추집 천을 단다

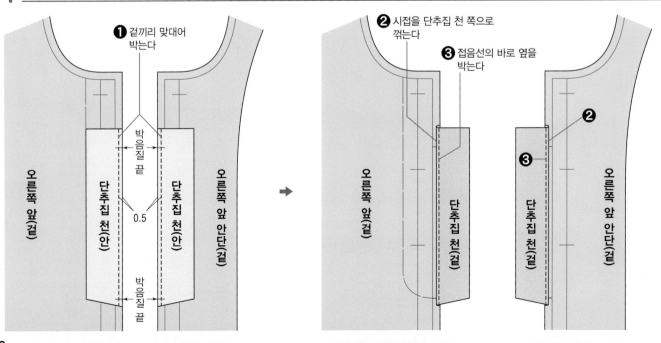

❶ 겉끼리 맞대어 박는다

❷ 시접을 단추집 천 쪽으로 꺾는다

❸ 접음선의 바로 옆을 박는다

2 앞 끝을 박는다

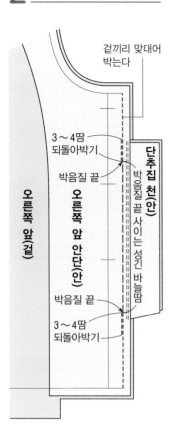

겉끼리 맞대어
박는다

3~4땀
되돌아박기

박음질 끝

박음질 끝

박음질 끝 사이는 성긴 바늘땀

단추집 천(안)

오른쪽 앞(겉)

오른쪽 앞 안단(안)

박음질 끝

3~4땀
되돌아박기

오른쪽 앞(겉)

3 단추집의 단춧구멍을 만들고, 목둘레, 밑단, 단추집 천의 위 끝을 박는다

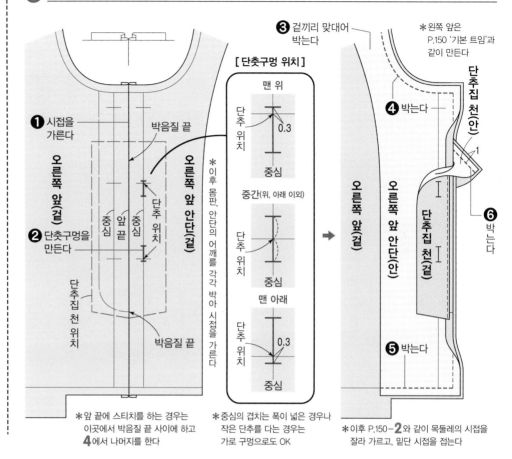

❸ 겉끼리 맞대어
박는다

＊왼쪽 앞은
P.150 '기본 트임'과
같이 만든다

❶ 시접을
가른다

박음질 끝

단추 위치

❹ 박는다

단추집 천(안)

1

❻ 박는다

오른쪽 앞(겉)

오른쪽 앞 안단(겉)

단추집 천 위치

박음질 끝

＊이후 몸판, 안단의 어깨를 각각 박아 시접을 가른다

❷ 단춧구멍을
만든다

[단춧구멍 위치]

맨 위

단추 위치
0.3
중심

중간(위, 아래 이외)

단추 위치
중심

맨 아래

단추 위치
0.3
중심

오른쪽 앞(겉)

오른쪽 앞 안단(안)

단추집 천(겉)

❺ 박는다

＊앞 끝에 스티치를 하는 경우는
이곳에서 박음질 끝 사이에 하고
❹에서 나머지를 한다

＊중심의 겹치는 폭이 넓은 경우나
작은 단추를 다는 경우는
가로 구멍으로도 OK

＊이후 P.150-❷와 같이 목둘레의 시접을
잘라 가르고, 밑단 시접을 접는다

4 앞트임을 완성한다

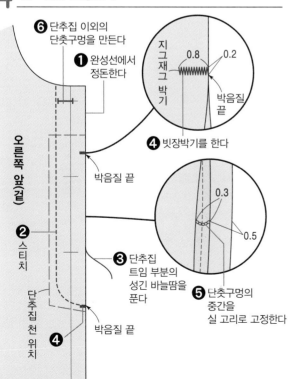

❻ 단추집 이외의
단춧구멍을 만든다

❶ 완성선에서
정돈한다

지그재그 박기

0.8 0.2

박음질 끝

❹ 빗장박기를 한다

오른쪽 앞(겉)

박음질 끝

❷ 스티치

0.3

0.5

❸ 단추집
트임 부분의
성긴 바늘땀을
푼다

❺ 단춧구멍의
중간을
실 고리로 고정한다

단추집 천 위치

박음질 끝

❹

Hint!

**단추집 트임과
단추 위치를 결정하는 법**

트임이나 단추 위치는
칼라 모양에 따라 달라진다.

셔츠 칼라

칼라리스와 같다. 항상 제
1 단추 위치를 기준으로, 단
추집 부분의 맨 위 단추 위
치를 정하고, 이것을 토대로
단추집 트임을 설정한다.

테일러드 칼라

라펠의 꺾임 끝 위치를 제
1 단추로 하고, 이 위치를 기
준으로, 단추집 부분의 맨 위
단추 위치를 정한 뒤, 이것을
토대로 단추집 트임을 설정
한다.

스탠드 칼라

몸판의 위 끝에서 단추집 부분의
맨 위 단추 위치를 정하고, 이것을
토대로 단추집 트임을 설정한다.

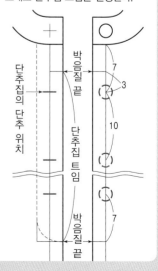

단추집의
단추 위치

박음질 끝

단추집 트임

7

3

10

7

박음질 끝

단추집 지퍼 트임

안쪽에 지퍼를 단 단추집 트임

오픈 지퍼를 사용. 오른쪽 앞은 이어서 재단하는 안단과 별도로 재단하는 안단의 이음선에, 왼쪽 앞은 몸판과 밑덧단 사이에 좌우로 분리한 지퍼를 각각 끼워 완성한다. 좌우 각각 만들기 때문에 옷을 완성했을 때 지퍼가 어긋나지 않도록 주의가 필요하다. 지퍼 다는 시침질은 정성껏. 지퍼는 다는 위치의 길이에 맞춘 것을 준비한다. 지퍼에 맞춰 트임 길이를 조정해도 OK. 단단하게 완성하려면 안단과 밑덧단 안쪽 전체에 접착심지를 붙인다. 일반적인 밑단 마무리의 경우로 설명.

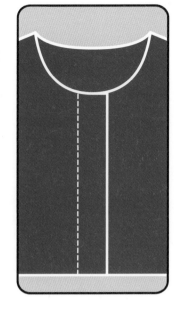

〈제도〉

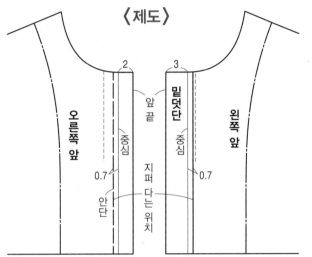

＊치수, 스티치 위치는 적당히

〈재단 방법〉
재단 끝은 적당히 마무리

＊뒤와 뒤 안단은 P.150 '기본 트임'과 같이 재단한다
＊빨간색 숫자는 시접 치수

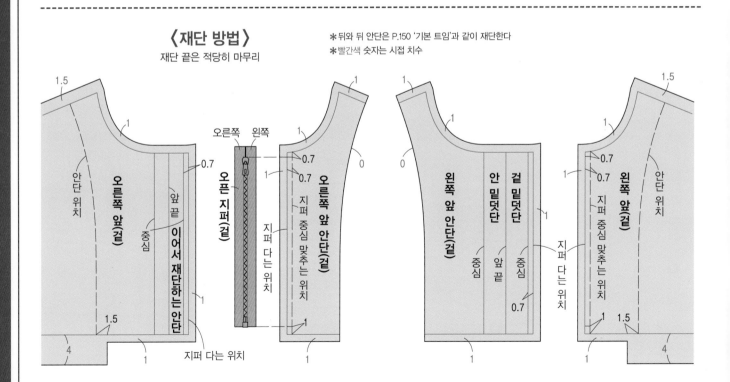

1 오른쪽 앞, 왼쪽 앞에 지퍼를 단다

＊몸판, 안단의 어깨를 각각 박아 시접을 가른다

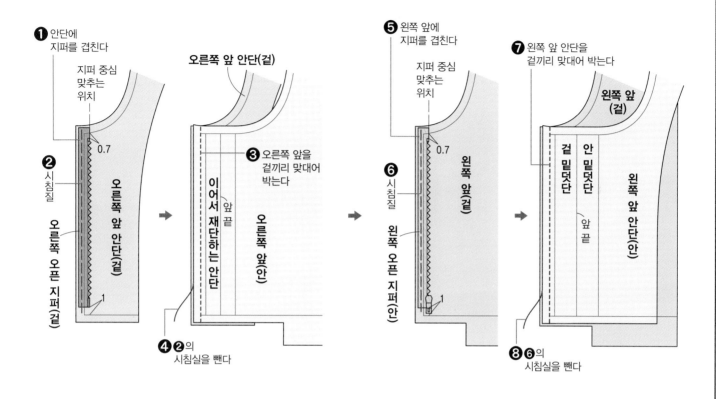

❶ 안단에 지퍼를 겹친다

지퍼 중심 맞추는 위치

0.7

❷ 시침질

오른쪽 오픈 지퍼(겉)

오른쪽 앞 안단(겉)

1

오른쪽 앞 안단(겉)

❸ 오른쪽 앞을 겉끼리 맞대어 박는다

이어서 재단하는 안단

앞 끝

오른쪽 앞(안)

❹❷의 시침실을 뺀다

❺ 왼쪽 앞에 지퍼를 겹친다

지퍼 중심 맞추는 위치

0.7

❻ 시침질

왼쪽 앞(겉)

왼쪽 오픈 지퍼(안)

1

❼ 왼쪽 앞 안단을 겉끼리 맞대어 박는다

왼쪽 앞(겉)

겉 밑덧단

안 밑덧단

왼쪽 앞 안단(안)

앞 끝

❽❻의 시침실을 뺀다

2 목둘레, 밑단을 박고, 앞트임을 마무리한다

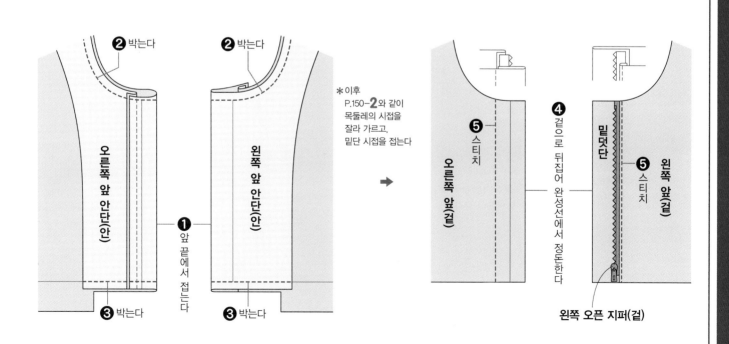

❷ 박는다

오른쪽 앞 안단(안)

❸ 박는다

❶ 앞 끝에서 접는다

❷ 박는다

왼쪽 앞 안단(안)

❸ 박는다

＊이후 P.150-2와 같이 목둘레의 시접을 잘라 가르고, 밑단 시접을 접는다

❺ 스티치

오른쪽 앞(겉)

❹ 겉으로 뒤집어 완성선에서 정돈한다

밑덧단

❺ 스티치

왼쪽 앞(겉)

왼쪽 오픈 지퍼(겉)

새눈 단춧구멍 감침질

명주실이나 단추 다는 실 등 굵은 실을 사용해 손으로 감침질하는 방법

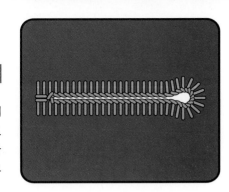

단추가 위치하는 곳을 둥글게 잘라 만드는 단춧구멍. 가정용 재봉틀로 만드는 감침질은 겨울옷인 재킷이나 코트에는 볼륨이 살지 않는 경우가 있다. 손으로 감침질하는 것이 조금 수고스러워도 완성도는 높다. 블랭킷 스티치의 요령으로 실을 걸어 고리를 만든 다음 세우듯이 같은 각도, 같은 힘으로 당기면 깔끔하게 할 수 있다. 감치는 바늘땀의 간격이나 길이를 일정하게 하는 것도 중요. 실 길이는 구멍 길이의 20~30배가 표준이다.

1 사전 준비를 한다

❶ 촘촘한 바늘땀으로 박는다

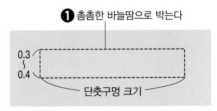

0.3~0.4
단춧구멍 크기

❷ 풀리기 쉬운 천은 안쪽을 재봉틀로 메운다

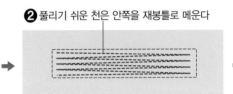

❸ 가위집을 넣는다

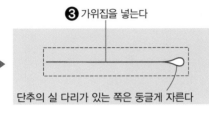

단추의 실 다리가 있는 쪽은 둥글게 자른다

2 감침질한다(확대 그림)

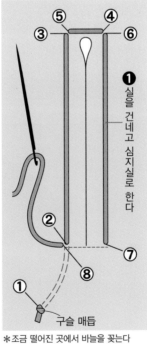

❶ 실을 건네고 심지실로 한다

⑤ ④ ③ ⑥
⑦
②
⑧
① 구슬 매듭

＊조금 떨어진 곳에서 바늘을 꽂는다

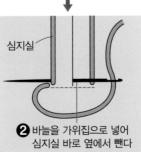

심지실

❷ 바늘을 가위집으로 넣어 심지실 바로 옆에서 뺀다

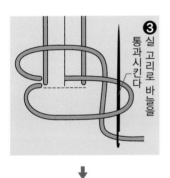

❸ 실 고리로 바늘을 통과시킨다

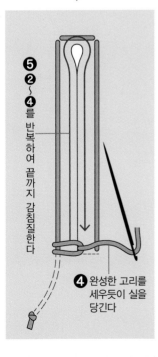

⑤ ❷~❹를 반복하여 끝까지 감침질한다

❹ 완성한 고리를 세우듯이 실을 당긴다

3 감침질 마지막을 마무리한다(확대 그림)

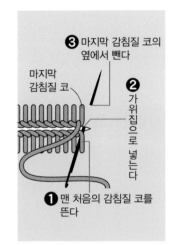

❸ 마지막 감침질 코의 옆에서 뺀다

마지막 감침질 코

❷ 가위집으로 넣는다

❶ 맨 처음의 감침질 코를 뜬다

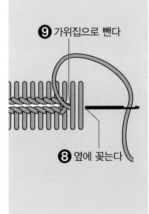

❾ 가위집으로 뺀다

❽ 옆에 꽂는다

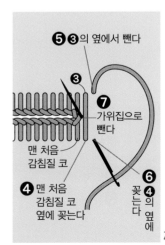

❺ ❸의 옆에서 뺀다

❸
❼ 가위집으로 뺀다

맨 처음 감침질 코

❹ 맨 처음 감침질 코 옆에 꽂는다

❻ ❹의 옆에 꽂는다

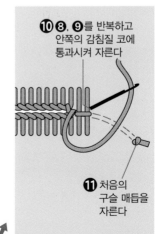

❿ ❽, ❾를 반복하고 안쪽의 감침질 코에 통과시켜 자른다

⓫ 처음의 구슬 매듭을 자른다

파이핑 단춧구멍

몸판에 가위집을 넣고 파이핑을 다는 방법

구멍의 위아래를 파이핑(천 끝을 가늘게 감싸는 마무리)으로 완성하는 단춧구멍. 파이핑 천을 완성하여 만든 뒤 다는, 파이핑 폭이 깔끔하게 정돈되는 방법을 소개한다. 시접이 모두 몸판 쪽으로 꺾이기 때문에, 얇은 천에 적합한 방법이다. 겉감이 두꺼운 경우는 파이핑 천으로 얇은 다른 천을 사용한다. 단단하게 완성하려면 몸판의 안면(전체 또는 구멍 주위 1cm 정도)에 접착심지를 붙인다.

1 파이핑 천을 만든다

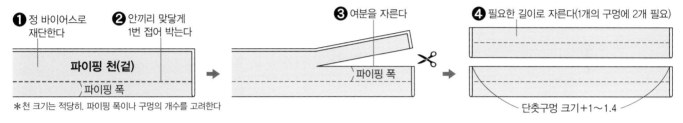

❶ 정 바이어스로 재단한다
❷ 안끼리 맞닿게 1번 접어 박는다
❸ 여분을 자른다
❹ 필요한 길이로 자른다(1개의 구멍에 2개 필요)
파이핑 천(겉)
파이핑 폭
단춧구멍 크기+1~1.4
＊천 크기는 적당히. 파이핑 폭이나 구멍의 개수를 고려한다

2 파이핑 천을 몸판에 단다

＊몸판에 파이핑 단춧구멍의 중심 위치를 표시해둔다

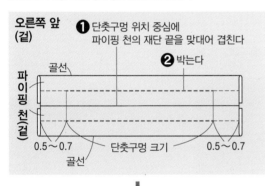

오른쪽 앞(겉)
❶ 단춧구멍 위치 중심에 파이핑 천의 재단 끝을 맞대어 겹친다
❷ 박는다
골선 / 파이핑 천(겉) / 0.5~0.7 / 단춧구멍 크기 / 0.5~0.7 / 골선

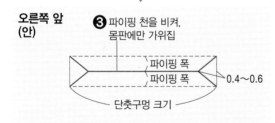

오른쪽 앞(안)
❸ 파이핑 천을 비켜, 몸판에만 가위집
파이핑 폭 / 파이핑 폭 / 0.4~0.6 / 단춧구멍 크기

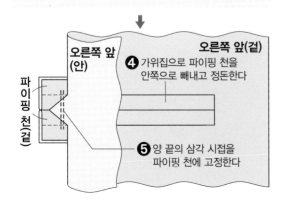

오른쪽 앞(안)
오른쪽 앞(겉)
❹ 가위집으로 파이핑 천을 안쪽으로 빼내고 정돈한다
파이핑 천(겉)
❺ 양 끝의 삼각 시접을 파이핑 천에 고정한다

3 안단을 달고 안쪽을 마무리한다

＊안단을 달고 앞 끝을 마무리해둔다

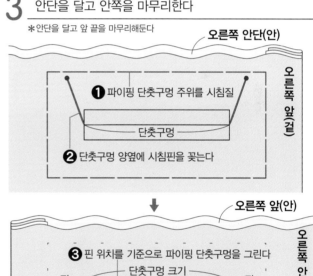

오른쪽 안단(안)
오른쪽 앞(겉)
❶ 파이핑 단춧구멍 주위를 시침질
단춧구멍
❷ 단춧구멍 양옆에 시침핀을 꽂는다

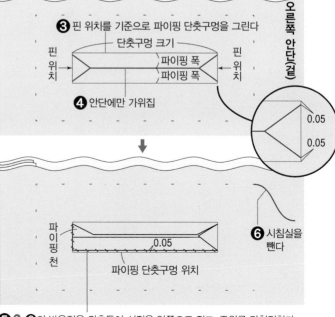

오른쪽 앞(안)
오른쪽 안단(겉)
❸ 핀 위치를 기준으로 파이핑 단춧구멍을 그린다
단춧구멍 크기
핀 위치 / 파이핑 폭 / 파이핑 폭 / 핀 위치
❹ 안단에만 가위집
0.05 / 0.05

파이핑 천
0.05
파이핑 단춧구멍 위치
❻ 시침실을 뺀다

❺ 2-❷의 박음질을 감추듯이 시접을 안쪽으로 접고, 주위를 감침질한다

157

테일러드 칼라

위 칼라와 라펠, 2개의 파트로 구성되고, 경계에 깃아귀가 있는 칼라

재킷이나 코트에 주로 쓰이는 칼라. 만드는 법은 다양한데, 가장 심플하고 이해하기 쉽게 각각 만든 겉쪽과 안쪽을 박아 뒤집는 방법을 소개한다. P.198을 참조해 패턴을 정확히 만들고, 칼라 달림 끝을 딱 맞추는 것이 포인트. 안감을 넣지 않는 경우로 설명하지만, 안감을 넣는 경우는 먼저 안단에 박아 연결해둔다. 단단하게 완성하려면 칼라와 안단에 접착심지를 붙인다.

〈재단 방법〉
재단 끝은 적당히 마무리

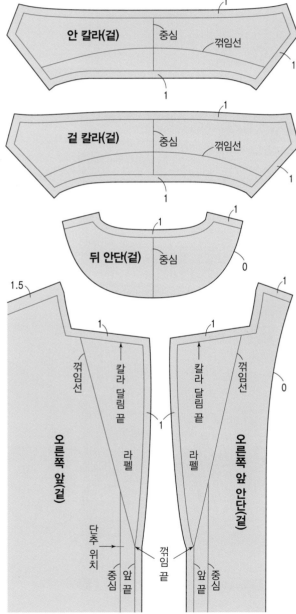

* 왼쪽 앞도 같다
* 뒤는 P.150 '기본 트임'과 같이 재단한다
* 숫자는 시접 치수

1 안 칼라를 단다

＊몸판, 안단의 어깨를 각각 박아 시접을 갈라둔다

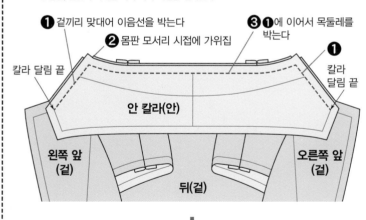

❶ 겉끼리 맞대어 이음선을 박는다
❷ 몸판 모서리 시접에 가위집
❸ ❶에 이어서 목둘레를 박는다

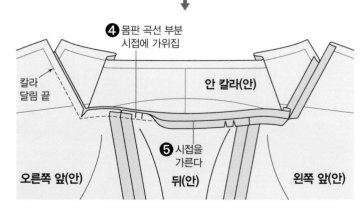

❹ 몸판 곡선 부분 시접에 가위집
❺ 시접을 가른다

2 겉 칼라를 단다

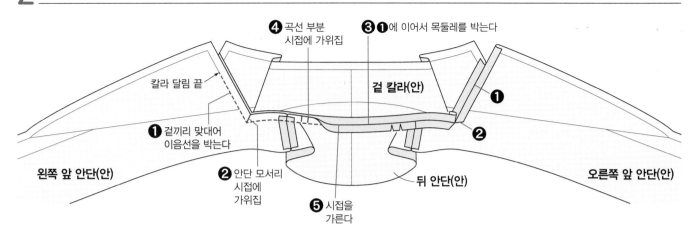

④ 곡선 부분
시접에 가위집

③ ❶에 이어서 목둘레를 박는다

칼라 달림 끝

겉 칼라(안)

❶ 겉끼리 맞대어
이음선을 박는다

❷ 안단 모서리
시접에
가위집

❶

❷

⑤ 시접을
가른다

왼쪽 앞 안단(안)

뒤 안단(안)

오른쪽 앞 안단(안)

3 겉 칼라와 안 칼라의 칼라 달림 끝을 고정한다(확대 그림)

＊번호순으로 실을 건네고 마지막에 조여 묶는다.
　실은 재봉실 2가닥 또는 시침실 1가닥

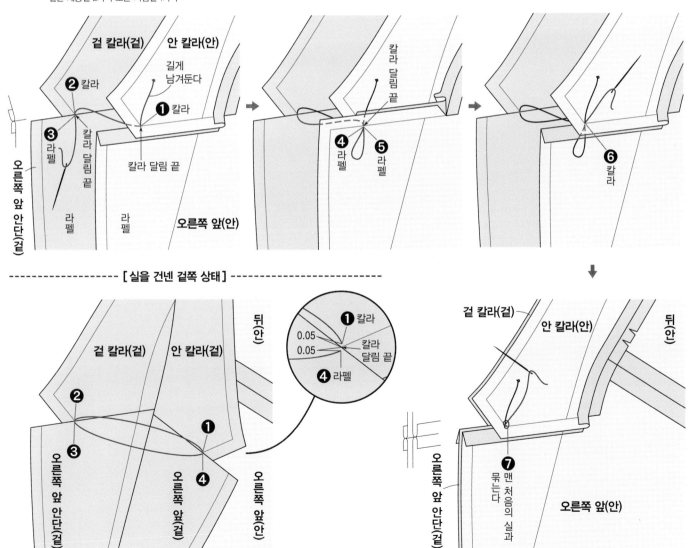

겉 칼라(겉)

안 칼라(안)

길게
남겨둔다

❷ 칼라

❶ 칼라

❸ 라펠

칼라
달림
끝

칼라 달림 끝

오른쪽 앞 안단(겉)

라펠

라펠

오른쪽 앞(안)

칼라
달림
끝

④ 라펠

⑤ 라펠

⑥ 칼라

────── [실을 건넨 겉쪽 상태] ──────

겉 칼라(겉)

안 칼라(겉)

뒤(안)

❷

❸

❶ 칼라

0.05

0.05

칼라
달림 끝

④ 라펠

❶

④

오른쪽 앞 안단(겉)

오른쪽 앞(겉)

오른쪽 앞(안)

겉 칼라(겉)

안 칼라(안)

뒤(안)

⑦ 맨 처음의 실과
묶는다

오른쪽 앞 안단(겉)

오른쪽 앞(안)

칼라 / 테일러드

159

4 칼라 외곽, 앞 끝을 박는다

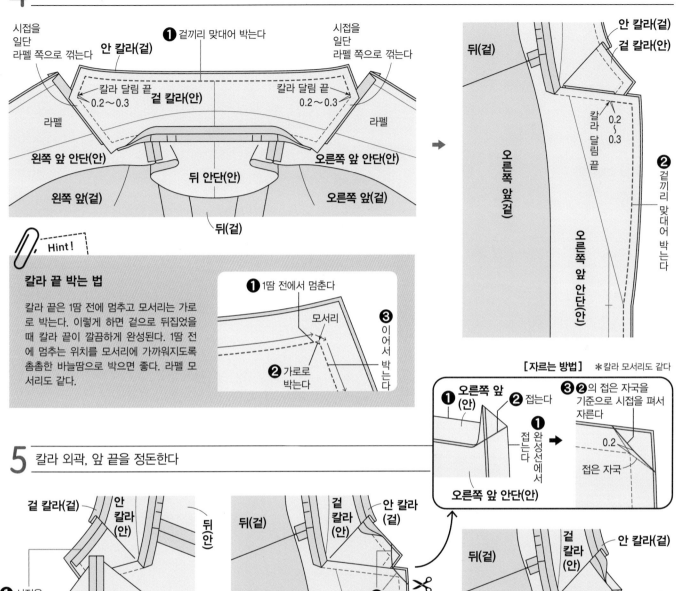

시접을 일단 라펠 쪽으로 꺾는다
❶ 겉끼리 맞대어 박는다
안 칼라(겉)
시접을 일단 라펠 쪽으로 꺾는다

칼라 달림 끝 0.2~0.3
겉 칼라(안)
칼라 달림 끝 0.2~0.3

라펠   라펠

왼쪽 앞 안단(안)   뒤 안단(안)   오른쪽 앞 안단(안)

왼쪽 앞(겉)   오른쪽 앞(겉)

뒤(겉)

뒤(겉)
안 칼라(겉)
겉 칼라(안)
칼라 달림 끝 0.2 0.3
오른쪽 앞(겉)
❷ 겉끼리 맞대어 박는다
오른쪽 앞 안단(안)

Hint!

칼라 끝 박는 법

칼라 끝은 1땀 전에 멈추고 모서리는 가로로 박는다. 이렇게 하면 겉으로 뒤집었을 때 칼라 끝이 깔끔하게 완성된다. 1땀 전에 멈추는 위치를 모서리에 가까워지도록 촘촘한 바늘땀으로 박으면 좋다. 라펠 모서리도 같다.

❶ 1땀 전에서 멈춘다
모서리
❷ 가로로 박는다
❸ 이어서 박는다

[자르는 방법] ＊칼라 모서리도 같다

❶ 오른쪽 앞(안) ❷ 접는다
❶ 접는다 완성선에서
오른쪽 앞 안단(안)

❸❷의 접은 자국을 기준으로 시접을 펴서 자른다
0.2
접은 자국

5 칼라 외곽, 앞 끝을 정돈한다

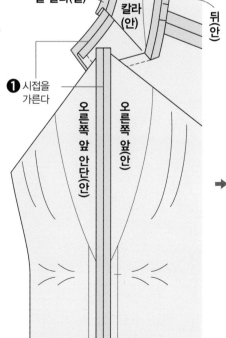

겉 칼라(겉)
안 칼라(안)
뒤(안)
❶ 시접을 가른다
오른쪽 앞 안단(안)
오른쪽 앞(안)

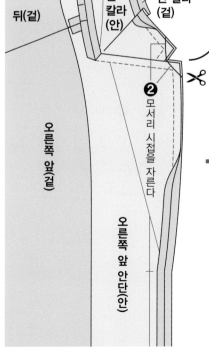

뒤(겉)
겉 칼라(안)
안 칼라(겉)
오른쪽 앞(겉)
❷ 모서리 시접을 자른다
오른쪽 앞 안단(안)

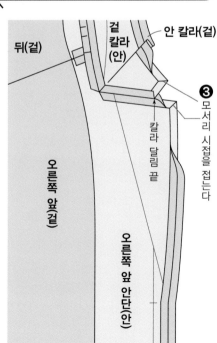

뒤(겉)
겉 칼라(안)
안 칼라(겉)
오른쪽 앞(겉)
칼라 달림 끝
❸ 모서리 시접을 접는다
오른쪽 앞 안단(안)

＊모서리는 가를 수 있는 곳까지만 OK

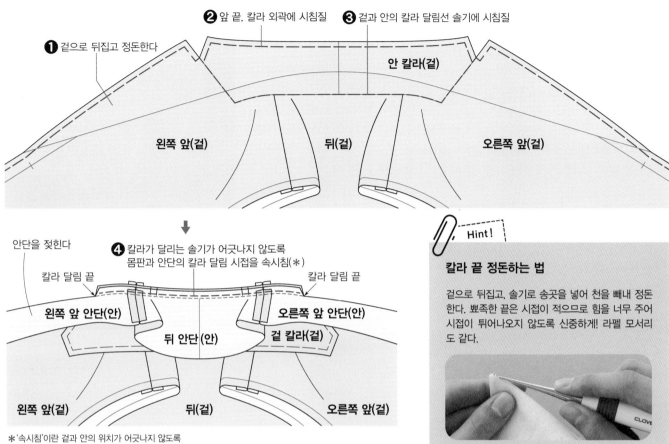

① 겉으로 뒤집고 정돈한다

② 앞 끝, 칼라 외곽에 시침질

③ 겉과 안의 칼라 달림선 솔기에 시침질

안 칼라(겉)

왼쪽 앞(겉)   뒤(겉)   오른쪽 앞(겉)

안단을 젖힌다

④ 칼라가 달리는 솔기가 어긋나지 않도록 몸판과 안단의 칼라 달림 시접을 속시침(＊)

칼라 달림 끝   칼라 달림 끝

왼쪽 앞 안단(안)   오른쪽 앞 안단(안)

뒤 안단(안)   겉 칼라(겉)

왼쪽 앞(겉)   뒤(겉)   오른쪽 앞(겉)

＊'속시침'이란 겉과 안의 위치가 어긋나지 않도록
  시접끼리 시침실로 꿰매어 고정해두는 것

⑤ 겉으로 뒤집고
   완성선에서 정돈한다

겉 칼라(겉)

뒤 안단(겉)

뒤(안)

앞(겉)

＊앞 끝, 칼라 외곽에 스티치를 하는 경우는 이곳에서 하고,
  시침실을 뺀다(스티치가 없는 경우는 완성한 후에)

Hint!

칼라 끝 정돈하는 법

겉으로 뒤집고, 솔기로 송곳을 넣어 천을 빼내 정돈한다. 뾰족한 끝은 시접이 적으므로 힘을 너무 주어 시접이 튀어나오지 않도록 신중하게! 라펠 모서리도 같다.

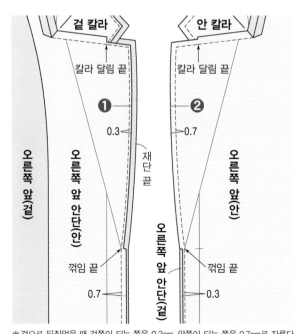

두꺼운 천의 경우

5-① 전에 앞 끝과 라펠, 칼라 외곽의 시접을 높낮이 차를 두어 자른다

겉 칼라   안 칼라

칼라 달림 끝   칼라 달림 끝

①   **②**

0.3   0.7

재단 끝

오른쪽 앞(겉)   오른쪽 앞 안단(안)   오른쪽 앞(안)

오른쪽 앞 안단(겉)

꺾임 끝   꺾임 끝

0.7   0.3

＊겉으로 뒤집었을 때 겉쪽이 되는 쪽을 0.3cm, 안쪽이 되는 쪽을 0.7cm로 자른다

솔 칼라

위 칼라와 라펠, 2개의 파트로 구성되고, 경계에 깃아귀가 없는 칼라

목에 솔을 두른 것 같은 디자인으로, 남성적인 테일러드 칼라와 분위기가 다른 둥글림이 있는
칼라. 칼라를 접었을 때 솔기가 보이지 않도록, 겉 위 칼라와 라펠, 안단은 이어서 재단하고,
안단은 꺾임 끝에서 밑단까지 사이에 이음매를 넣는다. 박는 법은 테일러드 칼라와 같이 각각
만든 겉쪽과 안쪽을 앞 끝과 칼라 외곽에서 박아 뒤집는 방법을 소개. P.200을 참조해 패턴을
정확히 만드는 것이 포인트. 두꺼운 천을 사용하는 경우는 칼라 외곽과 앞 끝의 시접을 자르
면 깔끔하게 완성된다. 안감을 넣지 않는 경우로 설명하지만, 안감을 넣는 경우는 먼저 안단
에 박아 연결해둔다. 단단하게 완성하려면 칼라와 안단에 접착심지를 붙인다.

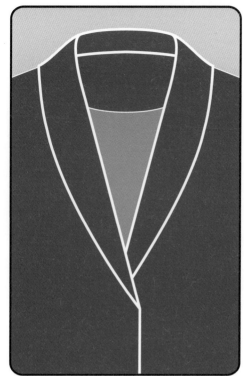

〈재단 방법〉
재단 끝은 적당히 마무리

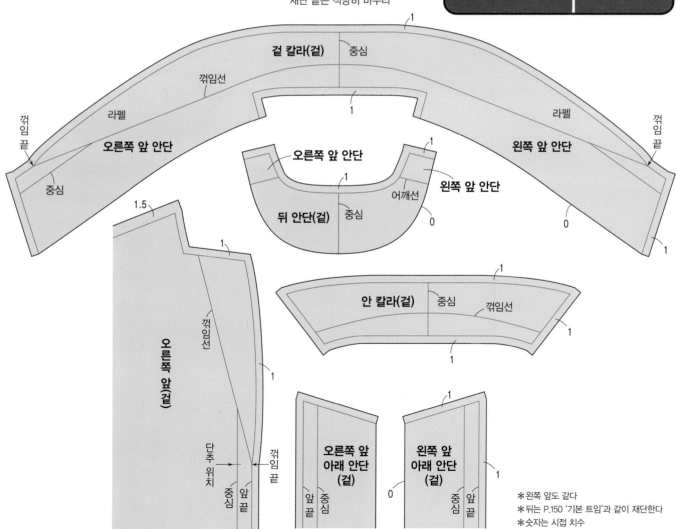

＊왼쪽 앞도 같다
＊뒤는 P.150 '기본 트임'과 같이 재단한다
＊숫자는 시접 치수

1 안 칼라를 단다

＊몸판 어깨를 박아 시접을 갈라둔다

❶ 겉끼리 맞대어
 이음선을 박는다   ❸ ❶에 이어서 목둘레를 박는다   ❶

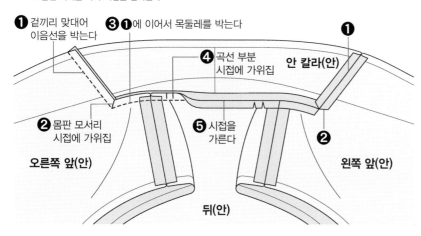

❹ 곡선 부분
 시접에 가위집

안 칼라(안)

❷ 몸판 모서리
 시접에 가위집   ❺ 시접을
              가른다

오른쪽 앞(안)   ❷   왼쪽 앞(안)

뒤(안)

2 앞 안단을 잇고, 뒤 안단에 겉 칼라를 단다

❹ ❷에 이어서 목둘레, 왼쪽 앞의 끝까지 박는다

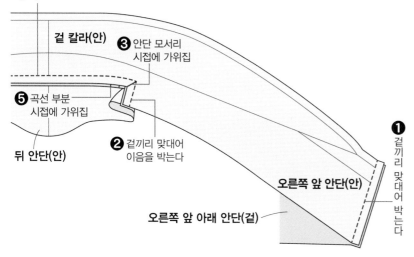

겉 칼라(안)   ❸ 안단 모서리
          시접에 가위집

❺ 곡선 부분
 시접에 가위집

뒤 안단(안)   ❷ 겉끼리 맞대어
          이음을 박는다

오른쪽 앞 안단(안)

오른쪽 앞 아래 안단(겉)

❶ 겉끼리 맞대어 박는다

3 앞 끝, 칼라 외곽을 박는다

안 칼라(겉)

겉 칼라(안)   ❷ 시접을 가른다   ❸ 겉끼리 맞대어
                          박는다

뒤 안단(안)

뒤(겉)   오른쪽 앞(겉)   오른쪽 앞 안단(안)

❶ 시접을 가른다

오른쪽 앞 아래 안단(안)

4 칼라 외곽, 앞 끝을 마무리한다

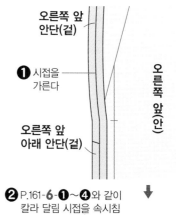

오른쪽 앞
안단(겉)

❶ 시접을
 가른다

오른쪽
앞(안)

오른쪽 앞
아래 안단(겉)

❷ P.161-6-❶~❹와 같이
 칼라 달림 시접을 속시침

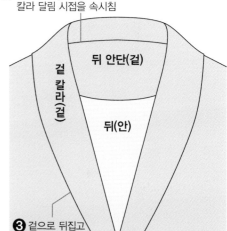

뒤 안단(겉)

겉
칼라
(겉)   뒤(안)

❸ 겉으로 뒤집고
 완성선에서
 정돈한다

앞(겉)

＊앞 끝, 칼라 외곽에 스티치를 넣는 경우는 이곳에서 한다

두꺼운 천의 경우

4-❶ 전에 앞 끝과 칼라 외곽의 시접을
 높낮이 차를 두어 자른다

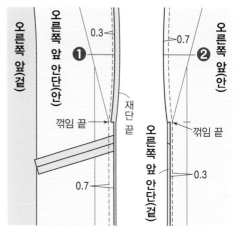

오른쪽 앞(겉)   오른쪽
          앞 안단(안)
                  0.3
              ❶
                  재단
                  끝
          꺾임 끝
              0.7

                  0.7
              ❷   오른쪽
                  앞(안)
                  꺾임 끝
              오른쪽
              앞 안단(겉)
                  0.3

＊겉쪽이 되는 쪽을 0.3cm, 안쪽이 되는 쪽을 0.7cm로 자른다

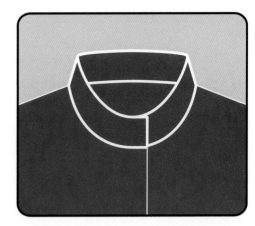

스탠드 칼라

목둘레에서 목 쪽으로 세운 직사각형에 가까운 칼라

시접 겹침을 가능한 한 적게 하여 깔끔하게 완성하는 방법을 소개. 겉쪽과 안쪽에 각각 칼라를
달고, 이 시접을 갈라 앞 끝과 칼라 외곽을 박아 뒤집는다. 칼라 달림 시접의 곡선이 급한 부분
에 가위집을 넣는 것과 겉으로 뒤집기 전에 칼라 끝 시접을 잘라두는 것이 포인트. 안감을 넣
지 않는 경우로 설명하지만, 안감을 넣는 경우는 먼저 안단에 박아 연결해둔다. 단단하게 완성
하려면 칼라 안쪽 전체에 접착심지를 붙인다.

〈재단 방법〉
재단 끝은 적당히 마무리

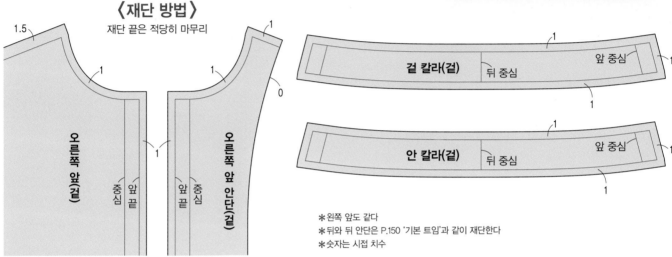

＊왼쪽 앞도 같다
＊뒤와 뒤 안단은 P.150 '기본 트임'과 같이 재단한다
＊숫자는 시접 치수

1 칼라를 단다

＊몸판, 안단 어깨를 각각 박아 시접을 갈라둔다

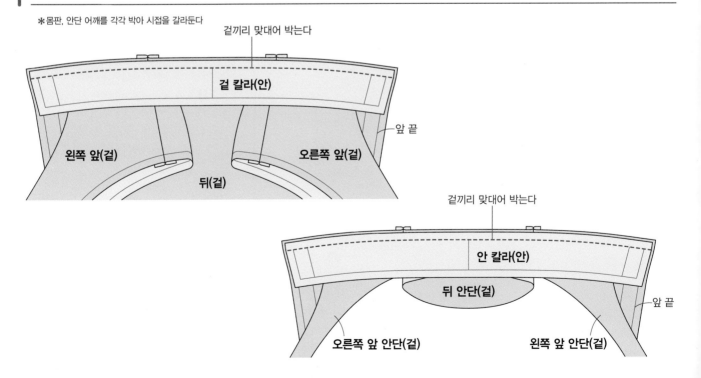

164

2 앞 끝과 칼라 외곽을 박는다

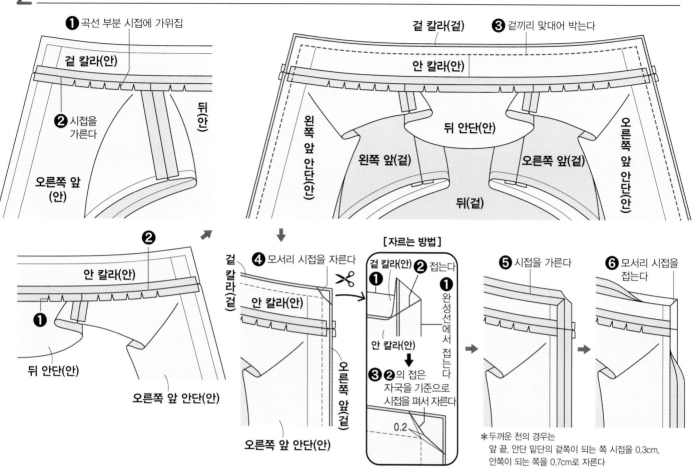

❶ 곡선 부분 시접에 가위집

겉 칼라(겉)   ❸ 겉끼리 맞대어 박는다

겉 칼라(안)

❷ 시접을
가른다

안 칼라(안)

뒤(안)

오른쪽 앞
(안)

왼쪽 앞 안단(안)

뒤 안단(안)

오른쪽 앞 안단(안)

왼쪽 앞(겉)

오른쪽 앞(겉)

뒤(겉)

❷

안 칼라(안)

❶

뒤 안단(안)

오른쪽 앞 안단(안)

겉 칼라(겉)

❹ 모서리 시접을 자른다

안 칼라(안)

오른쪽 앞(겉)

오른쪽 앞 안단(안)

[자르는 방법]

겉 칼라(안) ❷ 접는다

❶

안 칼라(안)

❸ ❷의 접은
자국을 기준으로
시접을 펴서 자른다

❶ 완성선에서
접는다

0.2

❺ 시접을 가른다

❻ 모서리 시접을
접는다

＊두꺼운 천의 경우는
앞 끝, 안단 밑단의 겉쪽이 되는 쪽 시접을 0.3cm,
안쪽이 되는 쪽을 0.7cm로 자른다

3 완성

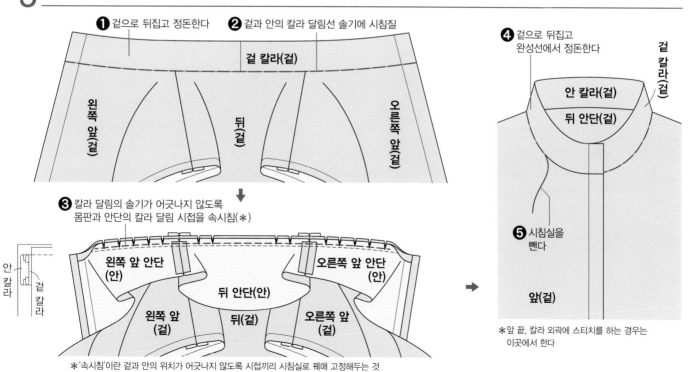

❶ 겉으로 뒤집고 정돈한다   ❷ 겉과 안의 칼라 달림선 솔기에 시침질

겉 칼라(겉)

왼쪽 앞(겉)

뒤(겉)

오른쪽 앞(겉)

❹ 겉으로 뒤집고
완성선에서 정돈한다

겉 칼라(겉)

안 칼라(겉)

뒤 안단(겉)

❺ 시침실을
뺀다

앞(겉)

❸ 칼라 달림의 솔기가 어긋나지 않도록
몸판과 안단의 칼라 달림 시접을 속시침(＊)

안
칼
라

겉
칼
라

왼쪽 앞 안단
(안)

오른쪽 앞 안단
(안)

뒤 안단(안)

왼쪽 앞
(겉)

뒤(겉)

오른쪽 앞
(겉)

＊'속시침'이란 겉과 안의 위치가 어긋나지 않도록 시접끼리 시침실로 꿰매 고정해두는 것

＊앞 끝, 칼라 외곽에 스티치를 하는 경우는
이곳에서 한다

패치 포켓

몸판에 겹쳐 다는 포켓

안감을 댄 것과 1장으로 재봉하는 2종류의 방법을 일반적인 둥근 모양의 디자인으로 설명. 모양을 정돈할 때 두꺼운 종이로 만든 둥근 모양을 사용하면 깔끔하게 완성된다. 힘이 쏠리는 포켓 입구의 양 사이드를 되돌아박기(2-⑤)나 더블 스티치(1장으로 완성하는 방법-⑧)로 보강하는 것이 튼튼하게 완성하는 포인트. 좀 더 단단하게 완성하고 싶은 경우는 포켓 입구의 안단에 접착심지를 붙인다.

〈재단 방법〉
재단 끝은 적당히 마무리

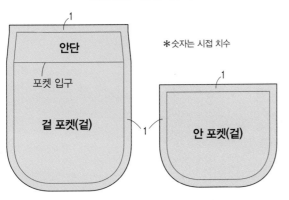

＊숫자는 시접 치수

〈패턴〉
겉 포켓은
안단을 포켓 입구에서 이어서 재단하고,
다시 안단 안쪽의 양 끝을 조금 띄워서 만든다

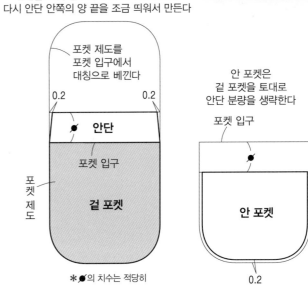

안 포켓은
겉 포켓을 토대로
안단 분량을 생략한다

＊●의 치수는 적당히

1 포켓을 만든다

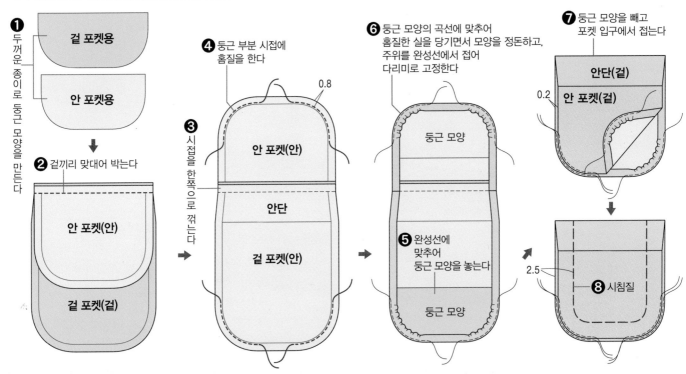

2 포켓을 단다

＊다는 위치(몸판 등)가 입체적인 경우는
프레스 볼을 아래에 댄다

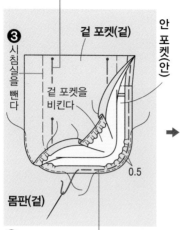

❶ 다는 위치에
시침핀으로 임시 고정

❸ 시침실을 뺀다

겉 포켓(겉)

안 포켓(안)

겉 포켓을
비킨다

몸판(겉)

0.5

❷ 안 포켓을 몸판에 시침질로
고정하고 홈질 실을 뺀다

❹ 시침핀을 빼고
포켓을 편다

겉 포켓(안)

포켓 입구

안단

안 포켓(안)

박음질의 시작과 끝은 되돌아 박기

❺ 박는다   0.1

❻ 포켓 입구에서 접는다

❼ 시침질

0.7

겉 포켓(겉)

몸판(겉)

❽ 홈질 실을 뺀다

❾ 몸판에 감침질한다

포켓 위치

❿ 시침실을 모두 뺀다

0.2

몸판(안)

1장으로 재봉하는 방법

〈재단 방법〉

재단 방법을 변경하고 아래 그림의 방법으로 만든다

재단 끝은 적당히 마무리

포켓 입구

●+0.2(★)+1   1

스티치 위치

겉 포켓(겉)   1

＊● 의 치수는 적당히
＊숫자는 시접 치수

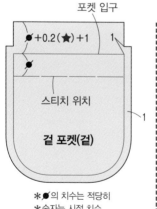

❺ 둥근 모양을 놓는다

둥근 모양

❻ 홈질한 실을 당기면서 모양을 정돈하고
주위를 완성선에서 접어
다리미로 고정한다

❶ 접는다   1

겉 포켓(안)

❼ 시침질

0.8

겉 포켓(겉)

몸판(겉)

❷ 포켓 입구에서 접는다

❸ 스티치   0.2(★)

❹ 둥근 부분의
시접에
홈질을 한다   0.8

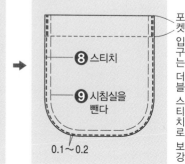

❽ 스티치

❾ 시침실을 뺀다

0.1~0.2

포켓 입구는 더블 스티치로 보강

Hint!

사각 포켓의 재단 끝이 튀어나오지 않게 모서리 접는 법

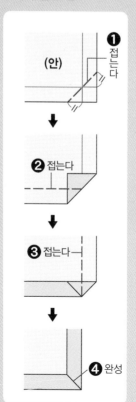

(안)

❶ 접는다

❷ 접는다

❸ 접는다

❹ 완성

포켓／패치

167

박스 포켓

몸판에 가위집을 넣고, 박스 모양의 천을 달아 만드는 포켓

1개의 포켓에 주머니 천은 2장 필요. 박스 천의 경사에 따라 주머니 천 모양이 달라진다(P.171 참조). 가위집을 신중하게 넣는 것이 깔끔하게 만드는 포인트. 단단하게 완성하려면 박스 천의 안쪽 전체에 접착심지를 붙인다. 몸판에 포켓에 걸치는 이음선이 있는 경우는 먼저 박아 시접을 갈라둔다.

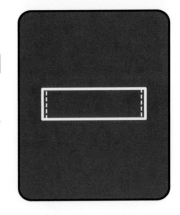

〈재단 방법〉

재단 끝은 적당히 마무리

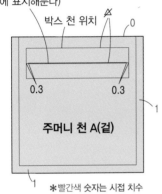

다는 위치의 표시
(안면에 표시해둔다)

박스 천 위치

0.3   0.3

주머니 천 A(겉)

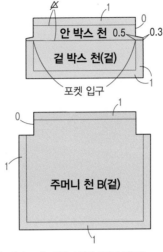

안 박스 천 0.5   0.3
겉 박스 천(겉)

포켓 입구

주머니 천 B(겉)

〈제도〉

주머니 천 A   1.5

박스 천

1   1

주머니 천 B $\frac{박스\ 천\ 폭}{2}$=✄   +1

주머니 천

＊주머니 천 깊이는 적당히 조정

＊빨간색 숫자는 시접 치수
＊손바닥 쪽이 되는 주머니 천 A는 포켓 입구에서 보이는 경우가 있기 때문에 겉감을,
　손등 쪽인 주머니 천 B는 잘 안 보이므로 겉감 외의 안감이나 면 등을 사용한다

1 박스 천을 완성선에서 접는다(확대 그림)

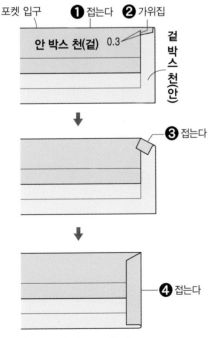

포켓 입구   ❶ 접는다   ❷ 가위집

안 박스 천(겉)   0.3   겉 박스 천(안)

❸ 접는다

❹ 접는다

＊다른 한쪽도 같은 방법으로 접는다.
　다른 파트와 박은 후에는 정확히 접기가 힘드니
　먼저 확실하게 접은 자국을 만들어둔다

2 박스 천과 주머니 천 B를 박고, 몸판에 단다

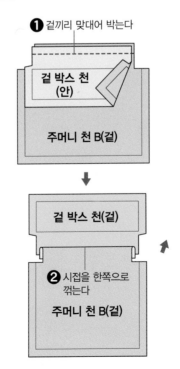

❶ 겉끼리 맞대어 박는다

겉 박스 천(안)

주머니 천 B(겉)

겉 박스 천(겉)

❷ 시접을 한쪽으로 꺾는다

주머니 천 B(겉)

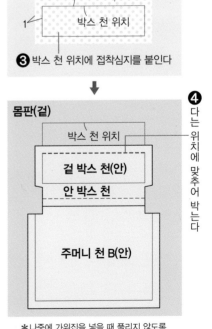

몸판(안)   1   접착심지

1   박스 천 위치

❸ 박스 천 위치에 접착심지를 붙인다

몸판(겉)

박스 천 위치

겉 박스 천(안)

안 박스 천

주머니 천 B(안)

❹ 다는 위치에 맞추어 박는다

＊나중에 가위집을 넣을 때 풀리지 않도록
　촘촘한 바늘땀으로 박는다

3 몸판에 주머니 천 A를 달고, 가위집을 넣는다

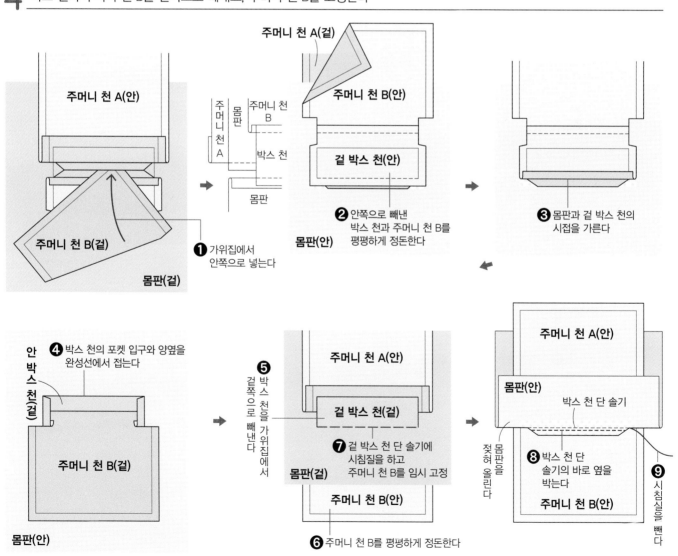

❶ 몸판에 주머니 천 A 다는 위치를 표시한다

몸판(겉)

박스 천 위치
0.3   0.3

겉 박스 천(안)

주머니 천 B(안)

주머니 천 A(안)

❷ 다는 위치를 맞추어 박는다

0.3   0.3

몸판(겉)

주머니 천 B(안)

＊나중에 가위집을 넣을 때 풀리지 않도록 촘촘한 바늘땀으로 박는다

❸ 몸판에 가위집

0.3

1.5

젖힌다

＊가위집을 솔기 바로 옆까지 바짝 넣으면 박스 천과 주머니 천이 깔끔하게 안쪽으로 접힌다

4 박스 천과 주머니 천 B를 안쪽으로 빼내고, 주머니 천 B를 고정한다

주머니 천 A(안)

주머니 천 A(겉)

주머니 천 B(안)

주머니 천 B(겉)

❶ 가위집에서 안쪽으로 넣는다

몸판(겉)

주머니 천 A
몸판
주머니 천 B
박스 천
몸판

겉 박스 천(안)

❷ 안쪽으로 빼낸 박스 천과 주머니 천 B를 평평하게 정돈한다

몸판(안)

❸ 몸판과 겉 박스 천의 시접을 가른다

❹ 박스 천의 포켓 입구와 양옆을 완성선에서 접는다

안 박스 천(겉)

주머니 천 B(겉)

몸판(안)

❺ 박스 천을 가위집에서 겉쪽으로 빼낸다

주머니 천 A(안)

겉 박스 천(겉)

❼ 겉 박스 천 단 솔기에 시침질을 하고 주머니 천 B를 임시 고정

몸판(겉)

주머니 천 B(안)

❻ 주머니 천 B를 평평하게 정돈한다

주머니 천 A(안)

몸판(안)

박스 천 단 솔기

몸판을 젖혀 올린다

❽ 박스 천 단 솔기의 바로 옆을 박는다

주머니 천 B(안)

❾ 시침실을 뺀다

5 주머니 천 A를 안쪽으로 빼내고 주머니 천, 박스 천을 마무리한다

❶ 주머니 천 A를 가위집에서 안쪽으로 빼내고
주머니 천 B에 겹친다

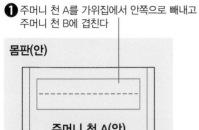

몸판(안)

주머니 천 A(안)

주머니 천 A
(겉)

주머니 천 B(겉)

❷ 겉쪽에서 주머니 천 A 단 선의 솔기를
다리미로 정돈한다

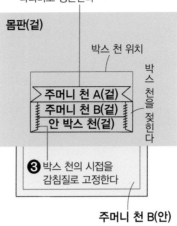

몸판(겉)

박스 천 위치

박스
천을
젖힌다

주머니 천 A(겉)

주머니 천 B(겉)

안 박스 천(겉)

❸ 박스 천의 시접을
감침질로 고정한다

주머니 천 B(안)

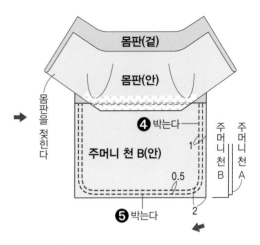

몸판(겉)

몸판(안)

몸판을 젖힌다

❹ 박는다

주머니 천 B

주머니 천 A

1

주머니 천 B(안)

0.5

2

❺ 박는다

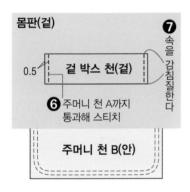

몸판(겉)

0.5

겉 박스 천(겉)

❼ 속을 감침질한다

❻ 주머니 천 A까지
통과해 스티치

주머니 천 B(안)

몸판(안)

주머니 천 A(안)

재단 끝의 마무리가 필요한 경우

5-❺의 박음질을 오버로크로 변경

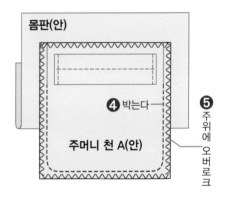

몸판(안)

❹ 박는다

주머니 천 A(안)

❺ 주위에 오버로크

Hint!

스티치 실의 처리 방법

스티치를 한 후의 실은 먼저 2가닥 모두 안쪽으로 빼내어 묶는다.
그다음 바늘에 꿰어 솔기에 얽어두면 깔끔하다

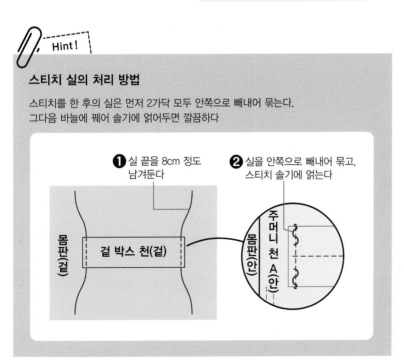

❶ 실 끝을 8cm 정도
남겨둔다

❷ 실을 안쪽으로 빼내어 묶고,
스티치 솔기에 얽는다

몸판(겉)

겉 박스 천(겉)

주머니 천 A(겉)

몸판(안)

주머니 천 A(안)

⊏자로 스티치를 하는 경우

포켓 입구의 스티치를
박스 천에만 하고,
그다음 양 끝을 몸판에 고정한다

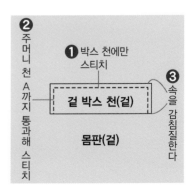

❷ 주머니 천 A까지 통과해 스티치

❶ 박스 천에만
스티치

겉 박스 천(겉)

❸ 속을 감침질한다

몸판(겉)

포켓／박스

포켓 입구가 비스듬한 경우

박는 법 순서는 P.168과 같다. 경사 각도에 따라 주머니 천 모양이 달라지므로 아래 그림의 요령으로 만든다.
아래 설명은 오른쪽. 왼쪽은 모두 대칭이므로 방향이 틀리지 않도록 주의한다.

〈재단 방법〉

재단 끝은 적당히 마무리

다는 선의 표시
(안면에 그려둔다)

박스 천 위치

0.3

0.3

주머니 천 A(겉)

안 박스 천은
포켓 입구에서
대칭으로 베낀다

안 박스 천 0.5 0.3
겉 박스 천(겉)

포켓 입구

주머니 천 B(겉)

＊빨간색 숫자는 시접 치수
＊손바닥 쪽이 되는 주머니 천 A는 포켓 입구에서 보이는 경우가 있기 때문에 겉감을,
　손등 쪽인 주머니 천 B는 잘 안 보이므로 겉감 외의 안감이나 면 등을 사용한다

경사가 옆으로 올라가고 완만한 경우

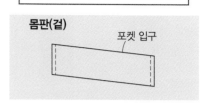

몸판(겉)

포켓 입구

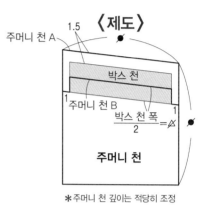

〈제도〉

주머니 천 A 1.5

박스 천

주머니 천 B

$$\frac{박스\ 천\ 폭}{2} = \cancel{\ }$$

주머니 천

＊주머니 천 깊이는 적당히 조정

〈재단 방법〉

재단 끝은 적당히 마무리

0.3
0
1
0.5
안 박스 천

겉 박스 천(겉)

포켓 입구

다는 선의 표시
(안면에 그려둔다)

박스 천 위치

0.3

0

0.3

주머니 천 A(겉)

주머니 천 B(겉)

＊빨간색 숫자는 시접 치수
＊손바닥 쪽이 되는 주머니 천 A는 포켓 입구에서 보이는 경우가 있기 때문에 겉감을,
　손등 쪽인 주머니 천 B는 잘 안 보이므로 겉감 외의 안감이나 면 등을 사용한다

경사가 옆으로 내려가고 급한 경우

몸판(겉)

포켓 입구

〈제도〉

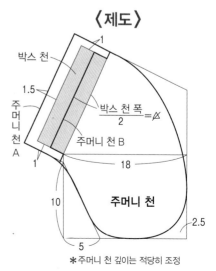

박스 천

1.5

주머니 천 A

$$\frac{박스\ 천\ 폭}{2} = \cancel{\ }$$

주머니 천 B

1   18

10

주머니 천

5   2.5

＊주머니 천 깊이는 적당히 조정

더블 파이핑 & 플랩 포켓

몸판에 가위집을 넣고, 포켓 입구에 파이핑 & 플랩을 다는 포켓

포켓 입구의 위아래를 파이핑(양 끝을 가늘게 감싸는 마무리)으로 마무리하는 더블 파이핑 포켓과 이것을 변형한 플랩 포켓의 2종류를 소개. 플랩 포켓은 마무리한 플랩을 더블 파이핑 사이에 끼워 완성한다. 1개의 포켓에 주머니 천은 2장 필요. 가위집을 신중하게 넣는 것과 위아래 파이핑을 같은 폭이 되도록 접는 것이 깔끔하게 만드는 포인트. 단단하게 완성하려면 파이핑 천과 플랩 안쪽 전체에 접착심지를 붙인다. 몸판에 포켓 입구에 걸치는 이음선이 있는 경우는 먼저 박아 시접을 갈라둔다.

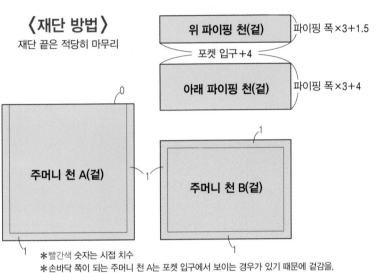

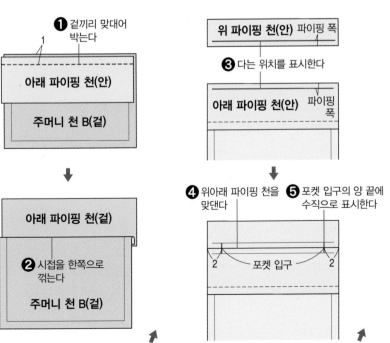

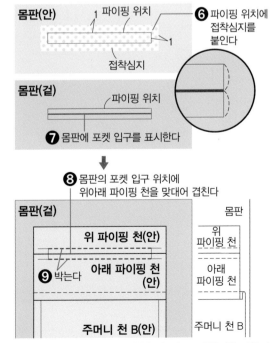

1 아래 파이핑 천과 주머니 천 B를 박고, 몸판에 단다

172

2 몸판에 가위집을 넣는다(확대 그림)

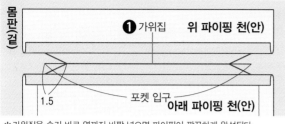

몸판(겉)

❶ 가위집　위 파이핑 천(안)

1.5　포켓 입구　아래 파이핑 천(안)

＊가위집을 솔기 바로 옆까지 바짝 넣으면 파이핑이 깔끔하게 완성된다

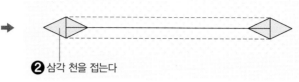

몸판(안)

❷ 삼각 천을 접는다

＊박음질 끝끼리 잇듯이 똑바로 접는다

3 아래 파이핑 천과 주머니 천 B를 안쪽으로 빼낸다

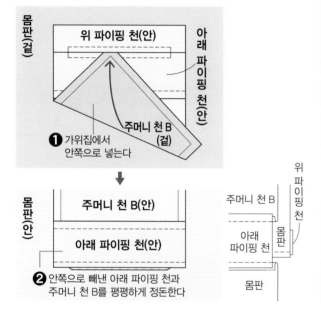

몸판(겉)

위 파이핑 천(안)　아래 파이핑 천(안)

주머니 천 B(겉)

❶ 가위집에서 안쪽으로 넣는다

몸판(안)

주머니 천 B(안)

아래 파이핑 천(안)

❷ 안쪽으로 빼낸 아래 파이핑 천과 주머니 천 B를 평평하게 정돈한다

주머니 천 B　위 파이핑 천　아래 파이핑 천　몸판　몸판

4 아래 파이핑 천과 주머니 천 B를 정돈한다(확대 그림)

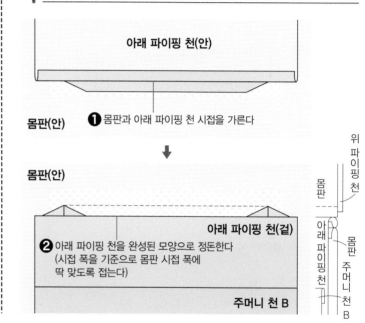

아래 파이핑 천(안)

몸판(안)　❶ 몸판과 아래 파이핑 천 시접을 가른다

몸판(안)

아래 파이핑 천(겉)

❷ 아래 파이핑 천을 완성된 모양으로 정돈한다 (시접 폭을 기준으로 몸판 시접 폭에 딱 맞도록 접는다)

주머니 천 B

위 파이핑 천　몸판　아래 파이핑 천　몸판　주머니 천 B

5 위 파이핑 천을 안쪽으로 빼내고, 파이핑 천을 정돈한 뒤, 아래 파이핑 천을 고정한다(확대 그림)

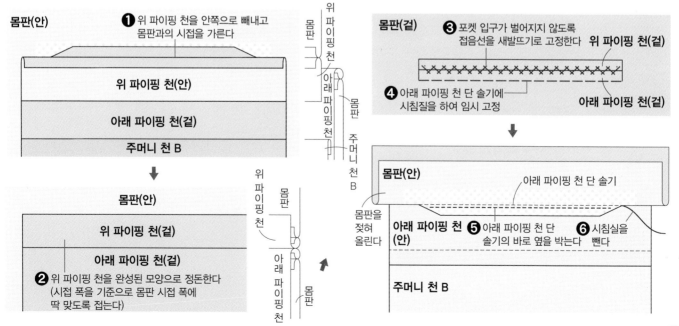

몸판(안)

❶ 위 파이핑 천을 안쪽으로 빼내고 몸판과의 시접을 가른다

위 파이핑 천(안)

아래 파이핑 천(겉)

주머니 천 B

몸판(안)

위 파이핑 천(겉)

아래 파이핑 천(겉)

❷ 위 파이핑 천을 완성된 모양으로 정돈한다 (시접 폭을 기준으로 몸판 시접 폭에 딱 맞도록 접는다)

위 파이핑 천　몸판　아래 파이핑 천　몸판

몸판(겉)

❸ 포켓 입구가 벌어지지 않도록 접음선을 새발뜨기로 고정한다　위 파이핑 천(겉)

❹ 아래 파이핑 천 단 솔기에 시침질을 하여 임시 고정

아래 파이핑 천(겉)

몸판(안)

아래 파이핑 천 단 솔기

몸판을 젖혀 올린다

아래 파이핑 천(안)　❺ 아래 파이핑 천 단 솔기의 바로 옆을 박는다　❻ 시침실을 뺀다

주머니 천 B

6 주머니 천 A를 고정한다

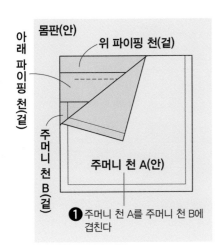

아래 파이핑 천(겉)
몸판(안)
위 파이핑 천(겉)
주머니 천 B(겉)
주머니 천 A(안)

❶ 주머니 천 A를 주머니 천 B에 겹친다

❷ 위 파이핑 천 단 솔기에 시침질을 하여 주머니 천 A를 임시 고정

몸판(겉)

❸ 위 파이핑 천 단 솔기의 바로 옆을 박는다
위 파이핑 천 단 솔기
몸판을 젖힌다
몸판(안)
주머니 천 A(겉)
위 파이핑 천(안)
❹ 시침실을 뺀다

7 삼각 천을 고정한다(확대 그림)

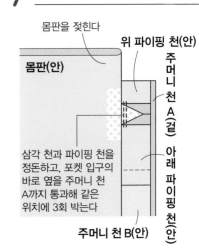

몸판을 젖힌다
몸판(안)
위 파이핑 천(안)
주머니 천 A(겉)
아래 파이핑 천(안)
주머니 천 B(안)

삼각 천과 파이핑 천을 정돈하고, 포켓 입구의 바로 옆을 주머니 천 A까지 통과해 같은 위치에 3회 박는다

8 주머니 천을 완성한다

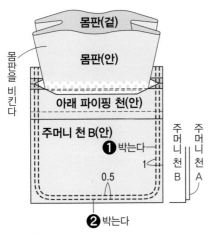

몸판(겉)
몸판(안)
몸판을 비킨다
아래 파이핑 천(안)
주머니 천 B(안)
❶ 박는다
1
0.5
주머니 천 B
주머니 천 A
❷ 박는다

몸판(안)
주머니 천 A(안)

재단 끝의 마무리가 필요한 경우

8-❷의 박음질을 오버로크로 변경

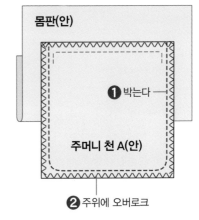

몸판(안)
❶ 박는다
주머니 천 A(안)
❷ 주위에 오버로크

플랩을 다는 경우

더블 파이핑 포켓의 박는 법 과정에 1번의 수고만 더하면 OK.
순서 6-❷ 전에 플랩을 끼우고(❸), ❸의 박음질로 고정한다

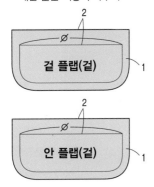

〈재단 방법〉
재단 끝은 적당히 마무리
2
∅
겉 플랩(겉)
1
2
∅
안 플랩(겉)
1

＊겉감이 두꺼운 경우는 안 플랩에 안감이나 면을 사용
＊∅는 포켓 입구 치수. 플랩 폭은 적당히
＊숫자는 시접 치수

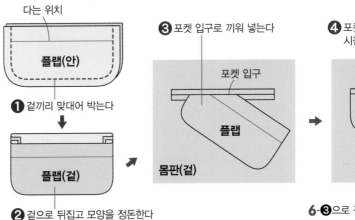

다는 위치
플랩(안)
❶ 겉끼리 맞대어 박는다
플랩(겉)
❷ 겉으로 뒤집고 모양을 정돈한다

❸ 포켓 입구로 끼워 넣는다
포켓 입구
플랩
몸판(겉)

❹ 포켓 입구와 다는 위치를 맞추고 시침질로 플랩을 임시 고정
포켓 입구

6-❸으로 진행하고 7.8을 거쳐 완성한다

안감 넣기 종류

넣는 곳에 따라 4가지 타입. 소재, 투명감, 계절 등을 고려해 선택한다

안감을 넣는 곳은 '전체 안감', '등 제외', '반 안감', '어깨 안감, 소매 안감'의 4종류. 베이식한 셔츠 칼라, 세트인 슬리브 달린 재킷을 예로 기본적인 안감 넣는 법을 소개한다. 안단이 필요 없는 방법으로 칼라를 달거나, 목둘레를 파이핑 마무리로 하는 경우는 목둘레의 완성선까지 안감을 넣는다.

사용 패턴…몸판 Ⓐ, 소매 Ⓐ, 칼라 Ⓖ

방법 1 전체 안감

사계절용. 겉감이 울 계열이나 비치는 천인 경우에. 앞뒤 몸판과 소매 전체에 안감을 넣는다. 겉감의 재단 끝을 모두 안감으로 감출 수 있다. 형태를 유지하고 보온성이 높다.

방법 2 등 제외

봄~가을용. 얇은 울 계열이나 면, 마 소재인 경우에. 앞 몸판과 소매 전체, 뒤 몸판의 어깨에서 진동 둘레 아래까지 안감을 넣는다. 비치는 천에는 적합하지 않다. 뒤 밑단은 늘어뜨려 둔다.

방법 3 반 안감

여름용. 얇은 울 계열이나 면, 마 소재인 경우에. 앞뒤 몸판의 어깨에서 진동 둘레 아래까지와 소매 전체에 안감을 넣는다. 비치는 천에는 적합하지 않다. 몸판의 밑단은 늘어뜨려 둔다.

방법 4 어깨 안감, 소매 안감

여름용. 좀 더 가볍게 완성하고 싶은 경우에. 뒤 몸판의 어깨에서 진동 둘레 아래까지와 소매 전체에 안감을 넣는다. 비치는 천에는 적합하지 않다. 뒤 밑단은 늘어뜨려 둔다. 어깨 안감, 소매 안감 어느 한쪽만 넣는 경우도 있다.

안감 패턴 만드는 법

재킷이나 코트의 경우, 안감 패턴의 모양은 몸판, 소매 모두 '겉감과 같은 모양'이다. 밑단은 겉에서 보이지 않도록 2cm 띄워서 완성한다.

기본

겉감의 완성선을 사용. 안단은 제외한다

박시 라인 Ⓐ (P26), 세트인 슬리브 Ⓐ (1장 소매·P.54)

겉감의 시접 포함 패턴의 완성선을 이용. 다른 종이에 베껴서 새롭게 만든다. 안단이 있는 경우는 안단선을 안감의 완성선으로 한다. 뒤 중심은 팔을 움직일 때 등 폭의 여유분으로 늘림 시접 분량을 넣어 솔기로 하든지(Ⓐ), 1.5cm의 늘림 시접 분량을 턱으로 한다(Ⓑ). 밑단과 소맷부리는 길이의 여유분을 고려해 겉감의 완성선에서 평행으로 자르고 이곳에서 시접을 넣는다. 소매 아래는 소매 달림 시접을 감싸기 위해 필요한 분량과 폭의 여유분을 추가해 소매산과 소매 밑선을 다시 그려, 적당히 필요한 시접을 넣는다.

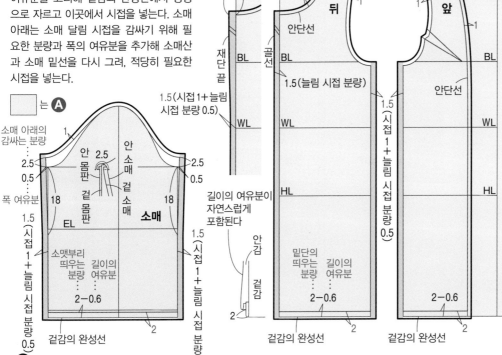

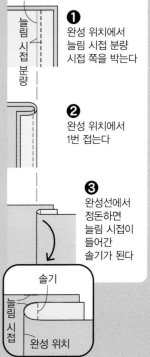

Hint!

'늘림 시접'이란…

솔기에 넣는 여유분. 신축성이 적은 안감은 이 '늘림 시접'을 넣어 박아 필요한 여유를 확보한다.

'늘림 시접'을 넣어 박는 법

❶ 완성 위치에서 늘림 시접 분량 시접 쪽을 박는다

❷ 완성 위치에서 1번 접는다

❸ 완성선에서 정돈하면 늘림 시접이 들어간 솔기가 된다

Hint!

밑단 마무리 방법은…

'감침질'과 '늘어뜨리기'의 2종류. 기본은 '감침질'. 옷 길이가 긴 경우나 겉감이 늘어나기 쉬운 천의 경우는 당겨지기 쉬우므로 '늘어뜨리기' 방법으로 하는 것이 좋다.

소매

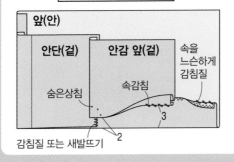

'감침질' 방법

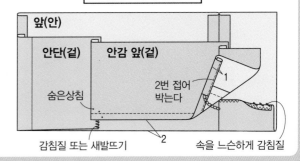

'늘어뜨리기' 방법

기본 이외의 소매 달림 모양

왼쪽 페이지의 기본을 토대로, 겉감 디자인에 맞춰 패턴을 만든다

예1 세트인 슬리브 **F** (2장 소매·P.56)

2개의 파트로 구성하는 2장 소매도 방식은 '기본'과 같다. 소매 달림 시접을 감싸는 분량과 폭의 여유분을 안소매와 바깥소매에 각각 추가해 소매산선과 소매 밑선을 다시 그려, 적당히 시접을 넣는다.

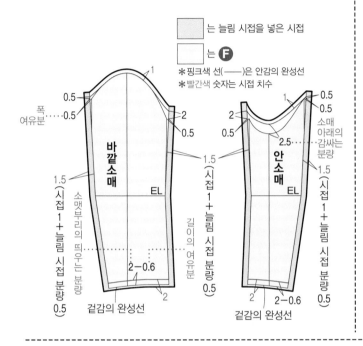

예2 래글런 슬리브 **L** (P.60)

몸판을 이은 소매는 몸판과 소매 모두 겉감의 완성선과 안단선을 이용. 적당히 시접을 넣는다. 이 모양의 진동 둘레는 소매산선과 소매 밑선을 다시 그릴 때 치수가 달라지기 쉬우므로, 원래 치수보다 너무 짧아지지 않도록 주의하고, 곡선 모양이나 폭의 여유분으로 조정한다.

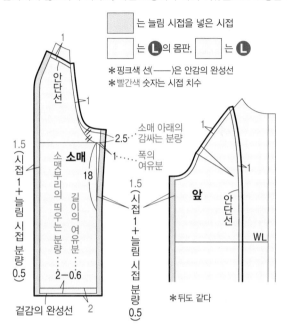

예3 기모노 슬리브 **P** (P.64)

소매 달림선이 없는 몸판에 연결된 소매는 SP를 기점으로 진동 둘레 아래를 잘라서 벌려 여유분을 추가. 처리 부분을 수정한 패턴에 시접을 넣는다. 소매 중심선에서 연결된 어깨선에도 늘림 시접을 넣는다. 그 밖은 '기본'과 같다.

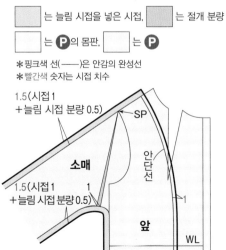

예4 기모노 슬리브 **Q** (P.65)

소매 아래쪽에 일부 소매 달림선이 있는 경우는 진동 둘레에서 잇고(시접이 부족한 경우는 이음 없이 OK), 예2와 같이 소매산선과 소매 밑선을 다시 그려 적당히 시접을 넣는다. 밑단과 소맷부리는 '기본'과 같다.

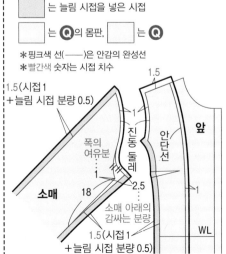

예5 케이프 슬리브 **U** (P.69)

소매 중심선에서 연결된 어깨선에도 늘림 시접을 넣는다. 그 밖은 '기본'과 같다.

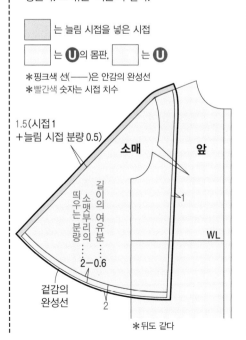

안감／패턴 만드는 법(기본 이외의 소매 달림 모양)

177

접착심지, 접착 테이프 붙이는 위치

완성 상태로 크게 나누어 3종류. 원하는 이미지나 디자인, 안감 유무에 따라 적당한 방법을 선택한다

붙이는 파트가 늘어나면 그 옷 전체가 단단해진다. 재봉했을 때 가능한 한 심지나 테이프가 보이지 않도록 하고, 디자인이나 안감도 고려해 구분하여 사용한다. ＊아래에서 설명한 것은 주요 파트. 이 밖에도 가위집을 넣는 위치나 포켓
다는 위치 등의 풀림이나 늘어짐 방지, 보강하고 싶은 위치에도 붙인다

☐ 는 접착심지

▨ 는 접착 테이프

1 부드럽게, 가볍게

칼라와 안단 등 최소한의 파트에만 붙인다.
홑겹 재봉, 안감이 등 제외 재봉인 캐주얼한 아이템에.

뒤 안단　안 칼라　겉 칼라
뒤　앞　앞 안단　소매

2 기본

칼라, 안단, 앞 몸판은 전체 면에 심지. 뒤와 소매는 부분적으로 붙인다. 겉감에 자국이 생기는 경우는 뒤 어깨와 소매산의 심지는 생략하거나 밑단과 소맷부리는 시접에 붙이는 등 변경한다. 풀기 쉬운 천의 경우는 재단 끝까지. 가장 많이 사용하는 접착 방법. 반 안감, 전체 안감 재봉에.

뒤 안단　안 칼라　겉 칼라
뒤　앞　앞 안단　소매
12　6　12　6
5~10　5~10
1　1　1

3 견고하게, 단단하게

기본에 추가해 몸판의 목둘레, 진동 둘레, 앞 어깨, 앞 끝에 접착 테이프를 붙인다.
단정하게 보이고 싶은 포멀한 아이템에.

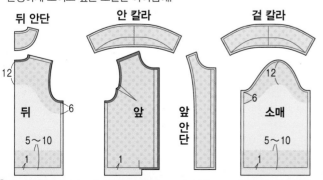

뒤 안단　안 칼라　겉 칼라
뒤　앞　앞 안단　소매
12　6　12　6
5~10　5~10
1　1　1

Hint!

접착심지 붙이는 법

천 안면에 접착심지의 접착면을 맞추어 붙인다. 다리미는 중간 온도(150℃ 정도)가 적당. 다리미를 한 곳에서 10초 정도 누르듯이 다리고, 이것을 반복해 빈틈없이 붙인다. 수지가 다리미에 붙으면 떼어내기 힘드니 반드시 패턴지 같은 종이를 댄다.

'부분 심지'의 경우	'전면 심지'의 경우
파트의 일부에 붙이는 '부분 심지'는 같은 모양의 시접 넣은 패턴을 만들어 정확하게 재단해 붙인다.	파트 전체에 붙이는 '전면 심지'는 겉감과 접착심지를 같은 방법으로 가재단하고, 접착심지를 붙인 뒤 정확하게 재단한다.

접착 테이프의 종류와 붙이는 법

천의 한쪽 면에 접착제를 바른 '한쪽 면 접착 테이프'를 늘어짐 방지용으로 필요한 부분에 사용한다. 주로 사용하는 테이프는 2종류. 붙이는 위치의 기준은 아래 그림을 참조. 붙일 때 겉에 자국이 생기는 경우는 시접에 붙인다. 붙이는 법은 접착심지와 같다. 테이프가 늘어나지 않도록 다리미 끝으로 누르듯이 붙인다.

[하프 바이어스테이프]

평직의 접착심지를 6~12도 정도의 바이어스로 자른 테이프. 앞 어깨, 앞 끝, 안단 밑단에 사용.

앞 어깨	앞 끝, 안단 밑단
0.2　완성선	앞 중심　완성선

[페어·테이프]

곡선이 급한 부분에 대응할 수 있는 핑킹 타입의 테이프. 목둘레, 진동 둘레에 사용.

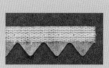

진동 둘레	목둘레	
완성선	[칼라 달림] 완성선	[칼라 없이] 완성선

Lecture on Pattern-making

제도와 패턴 제작을 도와주는

집중 강의

다양한 디자인의 토대가 되는 몸판과 소매의 기본 패턴 만드는 법과
정확한 패턴 제작에 꼭 필요한
'맞춤 표시', '패턴 체크', '칼라와 안단의 패턴 전개' 등을 자세히 설명한다.
패턴 제작의 기초를 다질 수 있다.

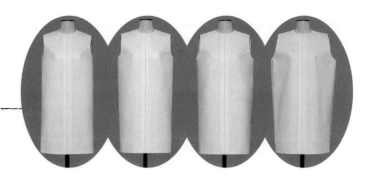

기본 패턴 만드는 법

몸판

부록 실물 대형 패턴은 기본 패턴 ❶~❹의 몸판 윗부분으로,
가슴둘레 치수의 적합 상태에 따라 만드는 법이 3가지 타입으로 나뉜다.
먼저 치수를 잰 뒤 사이즈 표를 보고 자신의 치수와 맞는지 확인해보자.
엉덩이 길이는 18cm, 길이는 50cm로 설명하지만 엉덩이 길이는 각자의 치수로 변경한다.
완성한 기본 패턴은 적당히 원하는 길이로 커스터마이징해 사용한다(P.128 참조).

기본 패턴 ❶

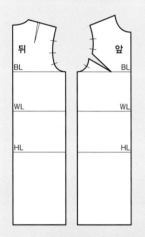

기본 패턴 ❷

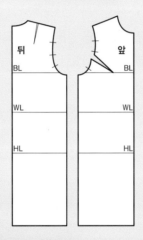

기본 패턴 ❸

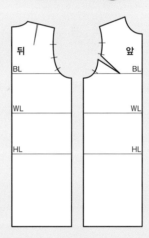

기본 패턴 ❹

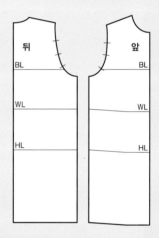

실물 대형 패턴의 사이즈 표

(호) 사이즈 \ 명칭	가슴둘레 (B)	어깨너비
5	77	36.6
7	80	37.4
9	83	38.2
11	86	39
13	89	39.8
15	92	40.6
17	96	41.6
19	100	42.7
21	104	43.8

단위는 cm

가슴둘레, 어깨너비 **치수 재는 방법** ··· P.22

치수를 잰 결과	만드는 법
가슴둘레가 맞는다	▶ 타입 1
가슴둘레가 사이즈 표의 중간 또는 근사치	▶ 타입 2
자신의 치수가 표에 없다. 딱 맞게 제도하고 싶다	▶ 타입 3

부록 실물 대형 패턴은 5호(가슴둘레 77cm)부터 21호(가슴둘레 104cm)까지, 몸판 윗부분을 게재했다.
패턴의 사이즈 표에서 맞는 사이즈를 선택해 다른 종이에 베끼고, 여기에 길이 부분을 추가해 완성한다.
가슴둘레 치수가 사이즈 표의 중간 또는 근사치인 타입 2 의 경우는 원하는 피트감에 따라 위 또는 아래 호수의 사이즈를 선택하자.
딱 맞게 만들고 싶은 경우는 P.183의 타입 3 으로.
엉덩이 길이나 등 길이 등 괄호 안의 치수는 참고 치수(9호 치수 · P.22).

1 선택한 사이즈를 베낀다―기본 패턴 ❶~❹

실물 대형 패턴 위에 제도용지를 겹쳐 외형, 가슴선(BL),
다트(기본 패턴 ❹ 이외)를 베낀다. 용지의 끝이나 모눈종이(방안지)를 활용
해 중심선이 휘지 않도록 하는 것이 포인트.

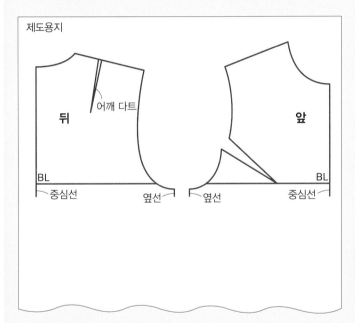

2 길이를 추가하면 완성!―기본 패턴 ❶~❸

중심선과 옆선을 연장해 WL, HL, 밑단선을 긋는다.
길이는 무릎 위로 설정했지만
원하는 길이를 추가해두면 디자인 변형에 편리.
만들고 싶은 길이를 밑단선과 평행으로 그어두자.

＊기본 패턴 ❹는
P.182에서 설명

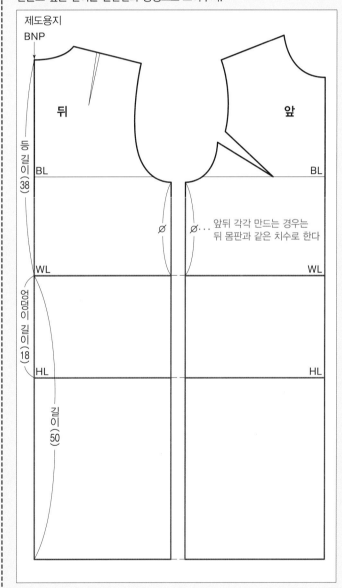

Point 수평·수직선을 그을 때는

❶의 선에 맞춘다
제도용지
평행
❶ 용지의 끝과 평행으로 수직선을 긋는다
❷ 수평선을 긋는다

제도용지의 끝이나 모눈자를 활용하면 어긋나지 않게 정확히 선을 그릴 수 있다. 긴 선은 어긋나기 쉬우므로 치수를 재어 확인하는 것이 좋다.

2 WL까지 그리고, 길이를 추가하면 완성!—기본 패턴 ❹

중심선과 옆선을 연장해 WL, HL, 밑단선을 긋는다.
길이는 무릎 위로 설정했지만 원하는 길이를 추가해두면 디자인 변형에 편리.
만들고 싶은 길이를 밑단선과 평행으로 그어두자.

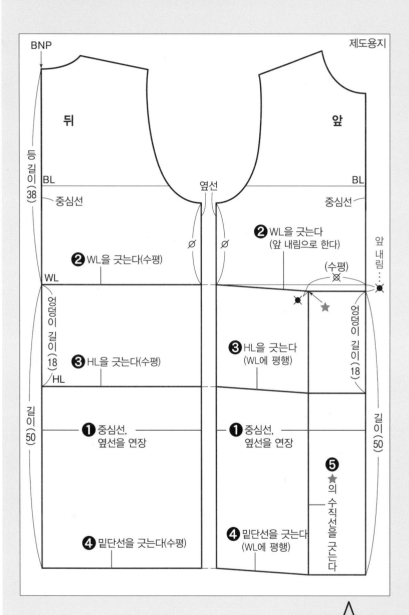

'앞 내림'이란?

다트로 모양을 만드는 가슴의 입체감을, 앞 길이를 길게 하여 보완하는 패턴 기법. 옷을 입으면 밑단선은 수평이 된다.

호수별·각 부분의 치수

호	5	7	9	11	13	15	17	19	21
⊠(작은것)	1	1.1	1.2	1.3	1.4	1.5	1.6	1.7	1.8
⊠(큰것)	10.1	10.3	10.5	10.7	10.9	11.1	11.4	11.7	12

단위는 cm

[어깨너비 조정법]

각 사이즈 모두 가슴둘레에 맞추어 어깨너비는 표준적인 균형으로 설정(P.180)되어 있다. 자신의 치수에 맞지 않는 경우는 SP에서 증감하여 진동 둘레를 다시 그리고, 맞춤 표시(P.191)를 그려 넣자.

❶ 자신의 '어깨너비/2'와 '●–∅'의 치수 차(▲)를 계산한다

기본 패턴 ❹는 '●'

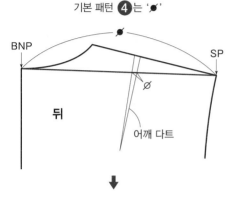

❷ SP에서 어깨선의 연장선 위에 치수 차(▲)를 추가(또는 자른다)하고 진동 둘레를 다시 그린다

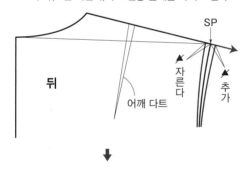

❸ ❷에서 증감한 치수를 앞의 어깨선에서 추가(또는 자른다)하고 진동 둘레를 다시 그린다

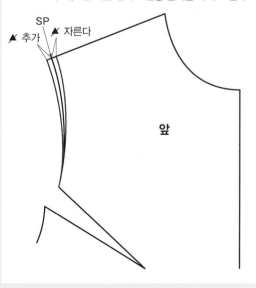

타입 3 가슴둘레, 허리둘레, 등 길이를 토대로 원형을 제도하고, 처리를 추가해 상반신을 완성한 뒤, 길이 부분을 추가한다

부록 실물 대형 패턴에 맞는 사이즈가 없다, 또는 실물 대형 패턴을 사용하지 않고 만들고 싶은 경우는 자신의 치수를 사용해 처음부터 제도한다.
가슴둘레, 허리둘레, 등 길이를 토대로 먼저 원형을 만들고, 처리를 추가해 WL에서 위쪽을 완성한 뒤, 길이를 추가해 완성한다.
세세한 계산을 생략할 수 있는 '각 부분 치수의 조견표'도 활용하자.

1 원형의 기초선을 긋는다

각 부분의 산출한 치수와 정치수를 사용해 번호순으로 긋는다.
수평, 수직이 되는지 주의해서 비뚤지 않게

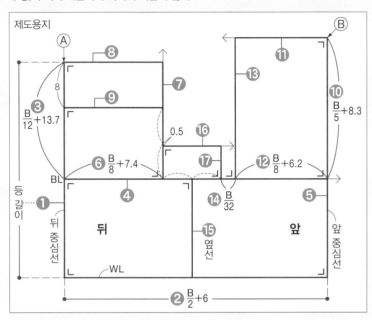

각 부분 치수의 조견표

부록 실물 대형 패턴 이외의 가슴둘레에 대응.

1, 2 그림 안의 녹색 원 숫자와 별 마크 위치의 치수를 표시

단위는 cm

호	B	②	③	⑥	⑩	⑫	⑭	★	★	★	★	★
77 5호	78	45.0	20.2	17.2	23.9	16.0	2.4	6.7	7.2	3.3	6.9	1.6
80 7호	79	45.5	20.3	17.3	24.1	16.1	2.5	6.7	7.2	3.4	6.9	1.7
	81	46.5	20.5	17.5	24.5	16.3	2.5	6.8	7.3	3.6	7.0	1.7
83 9호	82	47.0	20.5	17.7	24.7	16.5	2.6	6.8	7.3	3.6	7.0	1.8
	84	48.0	20.7	17.9	25.1	16.7	2.6	6.9	7.4	3.8	7.1	1.8
86 11호	85	48.5	20.8	18.0	25.3	16.8	2.7	6.9	7.4	3.9	7.1	1.9
	87	49.5	21.0	18.3	25.7	17.1	2.7	7.0	7.5	4.1	7.2	1.9
89 13호	88	50.0	21.0	18.4	25.9	17.2	2.8	7.1	7.6	4.1	7.3	2.0
	90	51.0	21.2	18.7	26.3	17.5	2.8	7.2	7.7	4.3	7.4	2.0
92 15호	91	51.5	21.3	18.8	26.5	17.6	2.8	7.2	7.7	4.4	7.4	2.0
	93	52.5	21.5	19.0	26.9	17.8	2.9	7.3	7.8	4.6	7.5	2.1
	94	53.0	21.5	19.2	27.1	18.0	2.9	7.3	7.8	4.6	7.5	2.1
96 17호	95	53.5	21.6	19.3	27.3	18.1	3.0	7.4	7.9	4.7	7.6	2.2
	97	54.5	21.8	19.5	27.7	18.3	3.0	7.4	7.9	4.9	7.6	2.2
	98	55.0	21.9	19.7	27.9	18.5	3.1	7.5	8.0	5.0	7.7	2.3
100 19호	99	55.5	22.0	19.8	28.1	18.6	3.1	7.5	8.0	5.1	7.7	2.3
	101	56.5	22.1	20.0	28.5	18.8	3.2	7.6	8.1	5.2	7.8	2.4
	102	57.0	22.2	20.2	28.7	19.0	3.2	7.7	8.2	5.3	7.9	2.4
104 21호	103	57.5	22.3	20.3	28.9	19.1	3.2	7.7	8.2	5.4	7.9	2.4

2 윤곽선을 그리면 원형 완성!

번호순으로 목둘레, 어깨선, 다트, 진동 둘레를 그린다.
목둘레, 진동 둘레는 D커브자(P.8)를 사용해 기준이 되는 포인트를 지나는 완만한 곡선으로

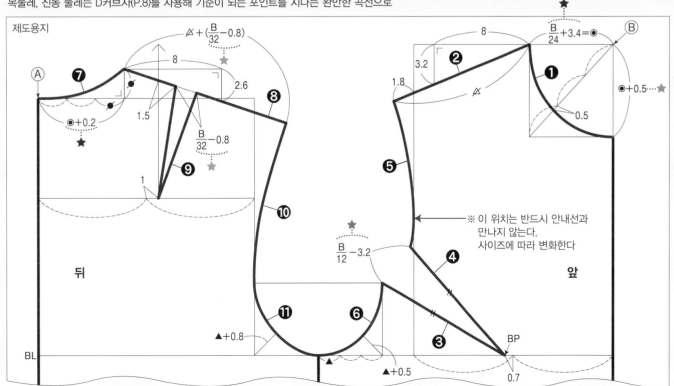

3 원형의 처리 위치에 선을 긋는다—기본 패턴 ❶～❹

제도(P.14~20)의 원형 처리에 굵은 선으로 표시된 '벌린다' 선이 처리하는 위치. 원형의 이 위치에 선을 긋는다.
다시 다트를 일부 닫는 경우는 이 위치＊에 선을 긋는다
＊이 경우는 $\frac{2}{3}$

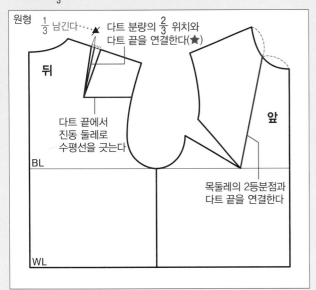

원형 $\frac{1}{3}$ 남긴다⋯⋯
다트 분량의 $\frac{2}{3}$ 위치와 다트 끝을 연결한다(★)

뒤

다트 끝에서 진동 둘레로 수평선을 긋는다

BL

앞

목둘레의 2등분점과 다트 끝을 연결한다

WL

Point 기본 패턴별·어깨 다트를 닫는 치수

어깨 다트를 닫는 치수는 기본 패턴의 종류에 따라 달라진다. 각각의 치수와 선의 위치를 표시한 오른쪽 그림을 참고하여, 만드는 패턴이 틀리지 않도록 주의하자. P.184, 185는 기본 패턴 ❷의 경우를 예로 설명.

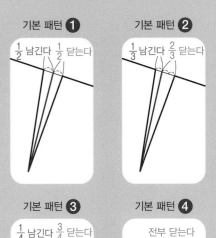

기본 패턴 ❶ $\frac{1}{2}$ 남긴다 $\frac{1}{2}$ 닫는다

기본 패턴 ❷ $\frac{1}{3}$ 남긴다 $\frac{2}{3}$ 닫는다

기본 패턴 ❸ $\frac{1}{4}$ 남긴다 $\frac{3}{4}$ 닫는다

기본 패턴 ❹ 전부 닫는다

4 뒤 몸판을 처리하며 베낀다—기본 패턴 ❶～❹

3의 원형에 다른 제도용지를 겹쳐 필요한 처리를 하며 베낀다

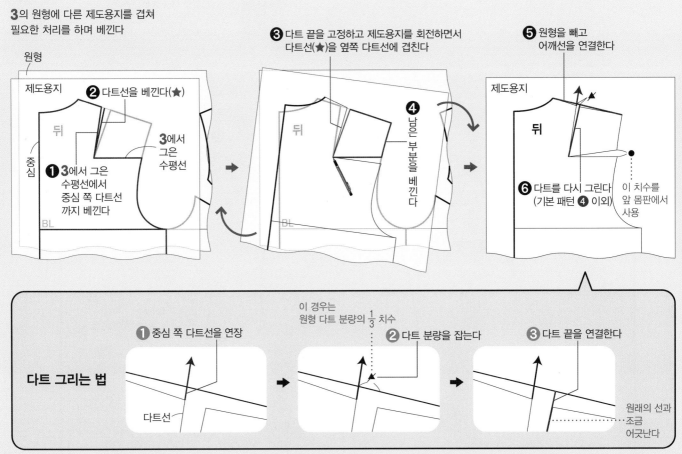

원형

제도용지

❷ 다트선을 베낀다(★)

뒤

중심

❶ 3에서 그은 수평선에서 중심 쪽 다트선까지 베낀다

❸에서 그은 수평선

BL

❸ 다트 끝을 고정하고 제도용지를 회전하면서 다트선(★)을 옆쪽 다트선에 겹친다

뒤

❹ 남은 부분을 베낀다

BL

❺ 원형을 빼고 어깨선을 연결한다

제도용지

뒤

❻ 다트를 다시 그린다 (기본 패턴 ❹ 이외)

이 치수를 앞 몸판에서 사용

다트 그리는 법

❶ 중심 쪽 다트선을 연장

다트선

이 경우는 원형 다트 분량의 $\frac{1}{3}$ 치수

❷ 다트 분량을 잡는다

❸ 다트 끝을 연결한다

원래의 선과 조금 어긋난다

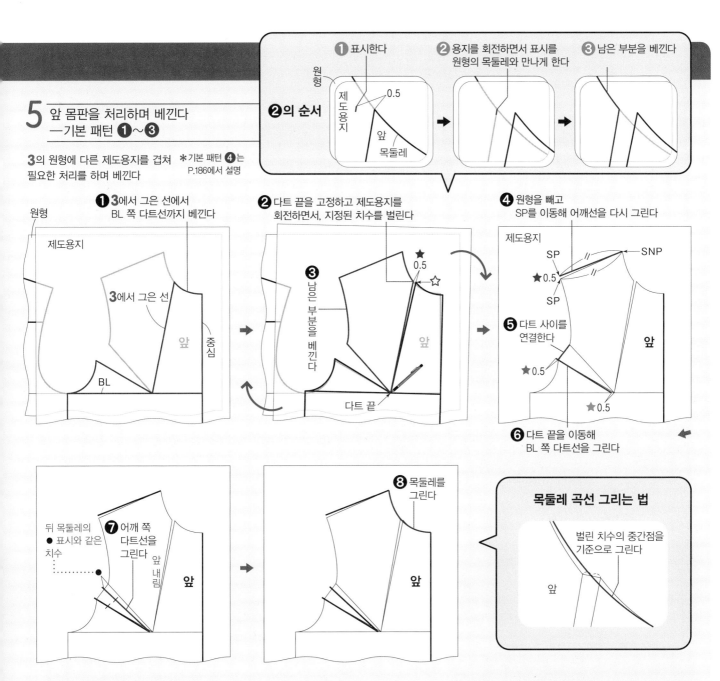

❷의 순서

❶ 표시한다
원형
제도용지
0.5
앞
목둘레

❷ 용지를 회전하면서 표시를 원형의 목둘레와 만나게 한다

❸ 남은 부분을 베낀다

5 앞 몸판을 처리하며 베낀다
— 기본 패턴 ❶~❸

3의 원형에 다른 제도용지를 겹쳐 필요한 처리를 하며 베낀다

＊기본 패턴 ❹는 P.186에서 설명

원형

제도용지

❶ 3에서 그은 선에서 BL 쪽 다트선까지 베낀다

3에서 그은 선

앞
중심

BL

❷ 다트 끝을 고정하고 제도용지를 회전하면서, 지정된 치수를 벌린다

❸ 남은 부분을 베낀다

0.5
★
☆

앞

다트 끝

❹ 원형을 빼고 SP를 이동해 어깨선을 다시 그린다

제도용지

SP
SNP
★ 0.5
SP

앞

❺ 다트 사이를 연결한다

★ 0.5

★ 0.5

❻ 다트 끝을 이동해 BL 쪽 다트선을 그린다

❼ 어깨 쪽 다트선을 그린다

뒤 목둘레의 ● 표시와 같은 치수

앞 내림

앞

❽ 목둘레를 그린다

앞

목둘레 곡선 그리는 법

벌린 치수의 중간점을 기준으로 그린다

앞

6 앞뒤 몸판의 WL에서 위쪽을 완성한다 — 기본 패턴 ❶~❸

옷 폭을 추가하고 진동 둘레 아랫점을 내려 옆선과 진동 둘레를 그린다

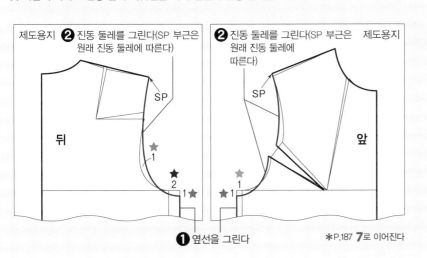

제도용지

❷ 진동 둘레를 그린다(SP 부근은 원래 진동 둘레에 따른다)

뒤

SP

★ 1
★ 2
1 ★

❶ 옆선을 그린다

❷ 진동 둘레를 그린다(SP 부근은 제도용지 원래 진동 둘레에 따른다)

SP

앞

★ 1
★ 1

＊P.187 7로 이어진다

치수를 사용하는 부분 / 기본 패턴	❶	❷	❸
★ 앞 목둘레를 벌린다	0.3	0.5	0.7
★ 앞 SP를 이동한다	0.3	0.5	0.7
★ AH 다트 끝을 이동	없이	0.5	1
★ 다트 길이를 추가	없이	0.4	0.5
★ 뒤 진동 둘레 곡선	0.7	1	1.8
★ 뒤 폭을 늘린다	1	2	4
★ 앞 폭을 늘린다	없이	1	2
★ 진동 둘레 아랫점을 내린다	없이	1	2

기본 패턴별·각 부분 치수

단위는 cm

타입 3 계속

5 앞 몸판을 처리하면서 베낀다—기본 패턴 ❹

3의 원형에 다른 제도용지를 겹쳐, 필요한 처리를 하면서 베낀다

❶ 3에서 그은 선에서
BL 쪽 다트선까지 베낀다

원형
제도용지 ①
3에서 그은 선
앞
중심
BL

❷ 다트 끝을 고정하고 제도용지 ①을 회전하면서
지정된 치수를 벌린다

❸ 남은 부분을 베낀다
0.9
앞
다트 끝

❹ 원형을 빼고 SP를 이동해 어깨선을 다시 그린다

제도용지 ①
SP
//
0.9
SP
❺ 다트 사이를
연결한다
앞
뒤 진동 둘레의
● 표시와 같은 치수
0.5
❼ 닫는 선을 긋는다
(❻과 평행)

❻ 닫는 선을 긋는다
(BL 쪽 다트 위치를 지나는 수평선)

6 앞뒤 몸판의 WL에서 위쪽을 완성한다—기본 패턴 ❹

뒤는 어깨선을 조정. 옷 폭을 추가하고, 진동 둘레 아랫점을 내려 옆선과 진동 둘레를 그린다.
앞은 목둘레, 옆선, 진동 둘레를 그리고, 다른 제도용지에 닫는 처리를 하면서 베껴 WL을 다시 그린다

제도용지
❶ 앞과 같은 치수가 되게
부족분을 추가(어깨선을 연장)
SP
뒤
❸ 진동 둘레를
그린다(SP
부근은
원래 진동
둘레선에
평행)
2.9
6
3
❷ 옆선을 그린다

제도용지 ①
SP
❹ 목둘레를
그린다
❻ 진동 둘레를
그린다
(SP 부근은
원래 진동
둘레선에
따른다)
어깨 쪽의
닫는 선
앞
닫는 선
3
3
1.5 다트 끝
❺ 옆선을 그린다
❼ 앞 내림 위치의
안내선을 긋는다

❽ 다른 제도용지 ②를 겹쳐
닫는 선에서 WL까지 외형과
BL, 안내선을 베낀다
제도용지 ①
제도용지 ②
앞

❾ ❽의 닫는 선이
어깨 쪽의 닫는 선에 겹쳐지도록
제도용지 ②를 이동한다
❿ 남은 부분을 베낀다
앞

⓫ 제도용지 ①을 빼고, 닫는 곳의
연결을 수정한다
제도용지 ②
앞
닫은 선
WL
닫은 분량과 같은 치수
⓬ 앞 내림을 하고 WL을 다시 그린다

7 길이를 추가하면 완성! —기본 패턴 ❶~❸

중심선과 옆선을 연장해 HL과 밑단선을 긋는다.
뒤도 같다. 길이는 무릎 위로 설정했지만,
원하는 길이를 추가해두면 디자인 변형에 편리.
만들고 싶은 밑단선과 평행으로 그어두자.

7 길이를 추가하면 완성! —기본 패턴 ❹

중심선과 옆선을 연장해 HL과 밑단선을 긋는다.
길이는 무릎 위로 설정했지만, 원하는 길이를 추가해두면 디자인 변형에 편리.
만들고 싶은 밑단선과 평행으로 그어두자.

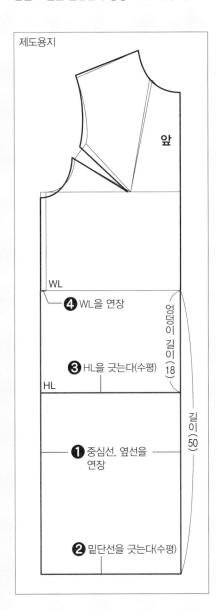

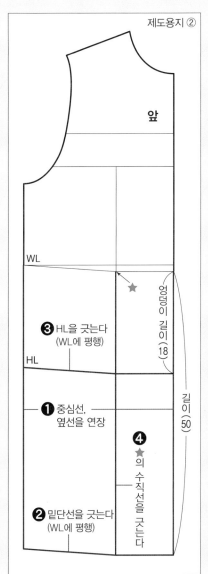

187

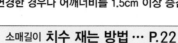

실물 대형 패턴 수록

기본 패턴 만드는 법

소매

부록 실물 대형 패턴은 소매산 부분으로,
몸판의 진동 둘레와 관련이 있기 때문에,
선택한 몸판 만드는 법에 연동한다.
단, 몸판 진동 둘레를 변경한 경우나 어깨너비를 1.5cm 이상 증감한 경우(P.182)는 　타입 3　으로 만든다.

소매길이 치수 재는 방법 … P.22	
몸판 만드는 법	**소매 만드는 법**
타입 1　　타입 2	▶ 실물 대형 패턴에서 몸판과 같은 사이즈의 소매산선을 베끼고, 길이를 추가한다
타입 3	▶ 완성한 몸판의 기본 패턴 진동 둘레를 토대로 제도한다

타입 1　**타입 2**　실물 대형 패턴에서 몸판과 같은 사이즈(호수)의 소매산선을 베끼고 길이를 추가한다

4종류의 소매산 높이에서 만들고 싶은 것을 선택하여 소매산선을 베끼고,
길이를 추가해 완성한다.
＊만들고 싶은 소매산 높이가 복수인 경우는 각각 같은 방법으로 만든다

1 소매산선을 베끼고 중심선, 소매 밑선, 소매 폭선을 긋는다

중심선, 소매 밑선은 휘지 않도록 주의가 필요.
방안지를 사용하는 경우 소매산점을 교점에 맞추고,
무지인 경우는 종이 끝과 소매 밑선이 평행이 되도록 한다

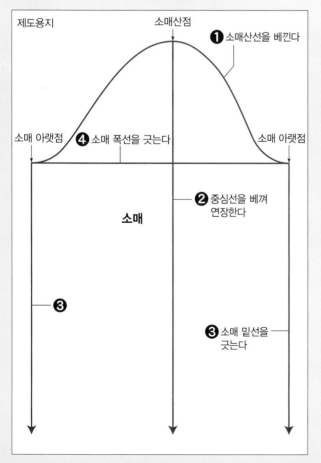

제도용지　　　　　소매산점
❶ 소매산선을 베낀다
소매 아랫점　❹ 소매 폭선을 긋는다　소매 아랫점
소매
❷ 중심선을 베껴 연장한다
❸
❸ 소매 밑선을 긋는다

2 소맷부리선, EL을 그으면 완성!

자신의 소매길이+4cm＊로 소맷부리선을 긋고 EL을 긋는다.
5부나 7부 등 원하는 길이를 추가해두면, 디자인 변형에 편리.
만들고 싶은 소매길이를 소맷부리선과 평행으로 그어두자.
＊재킷 & 코트용 패턴이므로 소매길이는 조금 길게 설정(취향대로 조절 가능)

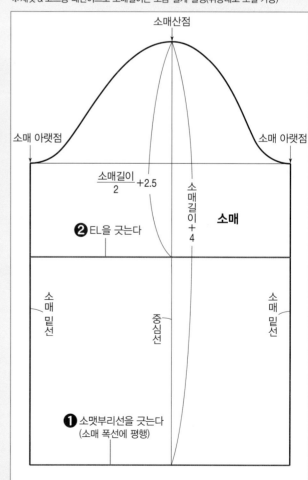

소매산점
소매 아랫점　　　　　　　　　　　소매 아랫점
$\frac{소매길이}{2}$ +2.5　소매길이+4
소매
❷ EL을 긋는다
소매 밑선　중심선　소매 밑선
❶ 소맷부리선을 긋는다
(소매 폭선에 평행)

부록 실물 대형 패턴을 사용하지 않고 몸판을 처음부터 제도한 경우나 몸판 진동 둘레를 변경한 경우, 어깨너비를 1.5cm 이상 조정한 경우(P.182)는 이 진동 둘레 치수와 모양을 이용해 소매산을 그리고, 각자의 소매길이로 소매 밑 부분을 제도한다.

1 몸판 진동 둘레(AH)를 베낀다

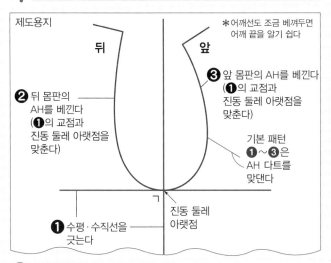

제도용지

뒤

앞

＊어깨선도 조금 베껴두면 어깨 끝을 알기 쉽다

❸ 앞 몸판의 AH를 베낀다
(❶의 교점과 진동 둘레 아랫점을 맞춘다)

❷ 뒤 몸판의 AH를 베낀다
(❶의 교점과 진동 둘레 아랫점을 맞춘다)

기본 패턴 ❶~❸은 AH 다트를 맞댄다

진동 둘레 아랫점

❶ 수평·수직선을 긋는다

2 소매산 높이를 계산해 소매산점을 표시하고 AH를 잰다

계산식
① (뒤 어깨 길이＋앞 어깨 길이)÷2＝평균 어깨 길이
② 평균 어깨 길이 × $\frac{4}{5}$ ＝소매산 높이

만들고 싶은 소매산 높이의 비율(P.13 참조)

↓

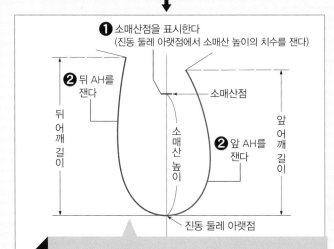

❶ 소매산점을 표시한다
(진동 둘레 아랫점에서 소매산 높이의 치수를 잰다)

❷ 뒤 AH를 잰다

소매산점

뒤 어깨 길이

소매산 높이

앞 어깨 길이

❷ 앞 AH를 잰다

진동 둘레 아랫점

Point ### 곡선 재는 법

정확하게 곡선을 재는 것이 어려우므로 적당한 도구를 사용한다. 알맞게 휘어지는 30cm 모눈자(P.8)나 얇고 탄력 있는 재질의 곡선용 자(P.8)는 진동 둘레와 목둘레 같은 곡선을 재는 데 최적.

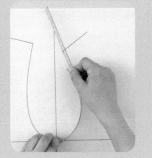

3 소매산점에서 소매 폭선으로 지정된 치수를 잡는다

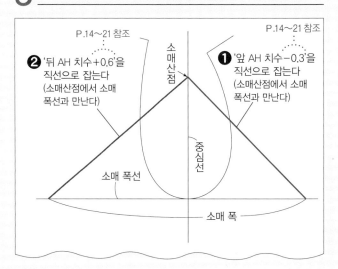

P.14~21 참조

P.14~21 참조

소매산점

❷ '뒤 AH 치수＋0.6'을 직선으로 잡는다
(소매산점에서 소매 폭선과 만난다)

❶ '앞 AH 치수−0.3'을 직선으로 잡는다
(소매산점에서 소매 폭선과 만난다)

중심선

소매 폭선

소매 폭

4 소매산의 곡선 그릴 준비를 한다

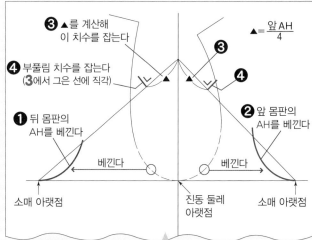

❸ ▲를 계산해 이 치수를 잡는다

▲＝$\frac{앞 AH}{4}$

❸

❹

❹ 부풀림 치수를 잡는다 (❸에서 그은 선에 직각)

❶ 뒤 몸판의 AH를 베낀다

❷ 앞 몸판의 AH를 베낀다

베낀다

베낀다

소매 아랫점

진동 둘레 아랫점

소매 아랫점

Point ### 몸판의 AH 베끼는 법

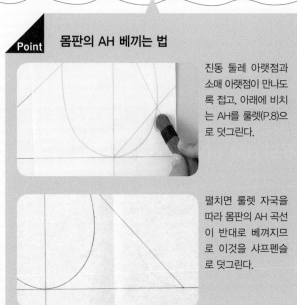

진동 둘레 아랫점과 소매 아랫점이 만나도록 접고, 아래에 비치는 AH를 룰렛(P.8)으로 덧그린다.

펼치면 룰렛 자국을 따라 몸판의 AH 곡선이 반대로 베껴지므로 이것을 샤프펜슬로 덧그린다.

타입 3 계속

5 소매산의 곡선을 그린다

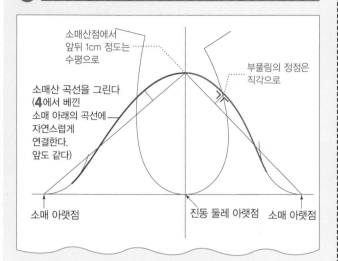

소매산점에서
앞뒤 1cm 정도는
수평으로

부풀림의 정점은
직각으로

소매산 곡선을 그린다
(4에서 베낀
소매 아래의 곡선에
자연스럽게
연결한다.
앞도 같다)

소매 아랫점   진동 둘레 아랫점   소매 아랫점

6 소매산의 여유분 줄임 분량을 확인한다

'여유분 줄임'을 넣는 소매의 경우 소매산선의 여유분 줄임 분량이 이상적인 수치로 배분되었는지 확인하는 중요한 공정. 부록 패턴을 사용하지 않고 제도하는 경우 이 단계에서 확인과 조정(7)을 해둔다

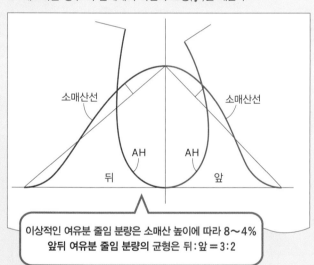

소매산선   소매산선

AH   AH

뒤   앞

> 이상적인 여유분 줄임 분량은 소매산 높이에 따라 8~4%
> 앞뒤 여유분 줄임 분량의 균형은 뒤:앞 = 3:2

❶ 표를 만들고 치수를 적는다

		뒤	앞	합계
A	소매산선의 길이	26	24.1	50.1
B	몸판의 AH 치수	24.3	23	47.3
A－B	여유분 줄임 분량	1.7	1.1	2.8

단위는 cm

* 이 참고 예는 9호 사이즈 기본 패턴 ❷, 소매산 높이 $\frac{4}{5}$(여유분 줄임 분량 6%)의 경우

❷ 이상적인 여유분 줄임 분량을 계산한다 ──▶ 몸판의 AH 치수의 합계×6%

❸ ❷에서 나온 이상적인 여유분 줄임 분량을 3:2로 배분한다
──▶ 뒤 여유분 줄임 분량 = ❷÷5×3
──▶ 앞 여유분 줄임 분량 = ❷÷5×2

❹ ❸에서 나온 여유분 줄임 분량을 ❶의 표와 비교 과부족이 있으면 소매산선의 길이를 조정한다 ──▶7

* 과부족이 1cm 이상인 경우 치수를 잘못 쟀을 가능성이 있다.
정확하게 제도했는지 확인하자

이상적인 여유분 줄임 분량에 딱 맞는 경우는 8로

7 이상적인 여유분 줄임 분량이 되도록 소매산선을 조정한다

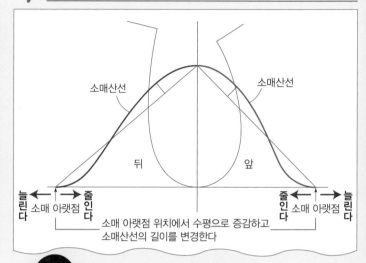

소매산선   소매산선

뒤   앞

늘린다 ←→ 소매 아랫점 →줄←인다   줄→인←다 소매 아랫점 ←→ 늘린다

소매 아랫점 위치에서 수평으로 증감하고
소매산선의 길이를 변경한다

조정 예 ❶ 이상적인 여유분 줄임 분량을 위해 필요한 증감 치수를 산출한다

		뒤	앞	합계
A	소매산선의 길이	25.8	23.9	49.7
B	몸판의 AH 치수	24.3	23	47.3
A－B	여유분 줄임 분량	1.5	0.9	2.4

단위는 cm

이상적인 여유분 줄임 분량	1.7	1.1	2.8
	↓	↓	
이상적인 여유분 줄임 분량을 위해 필요한 증감 치수	+0.2	+0.2	

> 이상적인 여유분 줄임 분량을 위해
> 0.2cm 소매산선을 길게 해야 한다

뒤의 경우
* 계산식은 이상적인 여유분 줄임 분량(1.7)－현 상태의 여유분 줄임 분량(1.5)=+0.2

❷ 앞뒤 소매산선을 추가

소매산선을
수평으로 추가
0.2
뒤 소매산선
소매 아랫점

소매산선을
수평으로 추가
앞 소매산선
0.2
소매 아랫점

❸ ❷에 따라 소매 아랫점이 이동해, 소매 폭이 조금 넓어진다

뒤 소매산선
새로운 소매 아랫점

앞 소매산선
새로운 소매 아랫점

8 소매 밑을 그리면 완성!

소매산점에서 소매길이+4*를 잡아 소맷부리선을 긋고, 평행으로 EL을, 새로운 소매 아랫점에서 수직으로 소매 밑선을 그린다

* 재킷이나 코트용 패턴이므로 소매길이는 조금 길게 설정(취향대로 조절 가능)

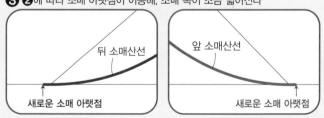

소매산점
$\frac{소매길이}{2}$+2.5 소매
소매길이+4
❸EL
❶ 소매 밑선
❷ 소맷부리선

패턴 마무리 방법 소매산, 진동 둘레 맞춤 표시 하기

세트인 슬리브는 여유분 줄임을 적정하게 배분하기 위한 맞춤 표시가 필수. 부록 실물 대형 패턴에는 이미 들어가 있지만, 실물 대형 패턴을 사용하지 않고 기본 패턴을 만든 경우나 어깨너비를 1.5cm 이상 조정한 경우(P.182)는 새롭게 맞춤 표시를 하자. 위치는 소매산 높이에 따라 달라진다.

진동 둘레

소매산 높이
평균 어깨 길이의 $\frac{5}{6}$, $\frac{4}{5}$

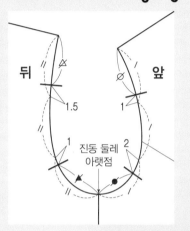

소매산 높이
평균 어깨 길이의 $\frac{3}{4}$, $\frac{2}{3}$

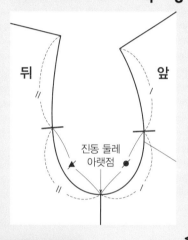

소매산

소매산 높이·평균 어깨 길이의 $\frac{5}{6}$, $\frac{4}{5}$

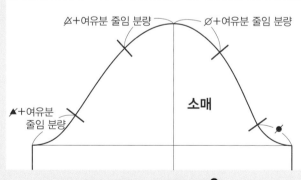

소매산 높이·평균 어깨 길이의 $\frac{3}{4}$

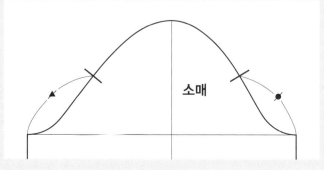

'여유분 줄임'의 배분 방법

전체 '여유분 줄임 분량'을 균등하게 하지 않고, 소매산점 쪽은 많게, 소매 아랫점 쪽은 적게 배분하면 소매가 깔끔하게 완성된다. 그림의 비율을 기준으로 계산해 배분하자.

소매산 높이
평균 어깨 길이의 $\frac{5}{6}$, $\frac{4}{5}$의 경우

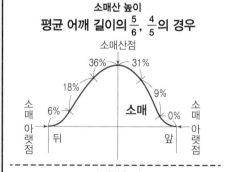

소매산 높이
평균 어깨 길이의 $\frac{3}{4}$의 경우

소매산 높이
평균 어깨 길이의 $\frac{2}{3}$는 여유분 줄임 분량 없이

계산식

 ① [전체 여유분 줄임 분량]
= [소매산선의 길이] − [몸판의 AH 치수]
(소매의 파란색 선을 잰다) (몸판의 진동 둘레선을 잰다)

② [각 부분 여유분 줄임 분량]
= [전체 여유분 줄임 분량] ÷ 100 × ○
(○에 위 그림의 %의 숫자를 넣는다)

소매산 높이·평균 어깨 길이의 $\frac{2}{3}$

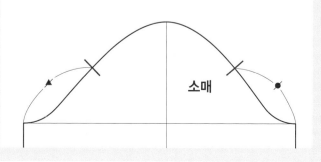

패턴 마무리 방법 기본 패턴 **4**로 만드는 경우

각 디자인에 있는 어깨 다트와 AH 다트는 무시. 다트 위치를 이용하는 제도는 고정 치수나 보조선으로 커버한다

기초 강의의 몸판 디자인에 사용한 기본 패턴 **2**는 어깨 다트와 AH 다트가 있고, WL과 HL이 수평으로 설정되어 있다. 같은 모양의 **1**과 **3**을 사용하는 경우의 제도는 **2**와 같다. 다트가 없고, WL과 HL의 일부가 경사진 **4**를 사용하는 경우는 특별한 제도 방법이 필요하다. 제도할 때 주의가 필요한 포인트별로 설명한다.

어깨 다트와 AH 다트는 → 무시하고 제도한다
(기본 패턴 **4**의 사용 가능한 모든 디자인에 공통)

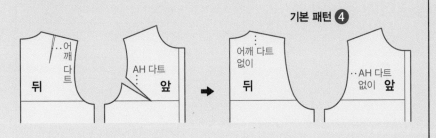

어깨 다트 끝의 수평선을 이용하는 부분은
→ 고정 치수로 한다

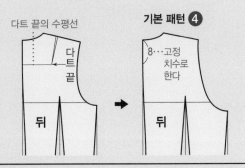

AH 다트 끝의 수직선을 이용하는 부분은 → WL의 수평선의 최종점(★)을 지나는 선으로 한다

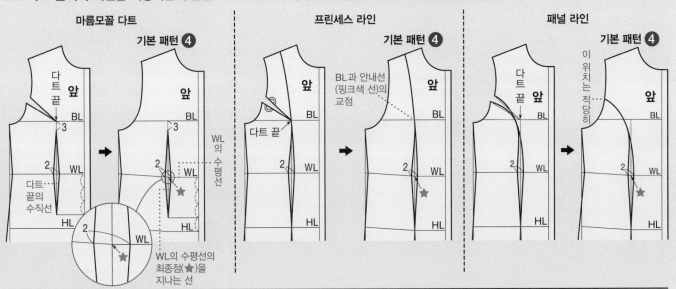

마름모꼴 다트 · 프린세스 라인 · 패널 라인

앞 옆선의 자르기나 추가는 → 수평으로

허리선 자르기

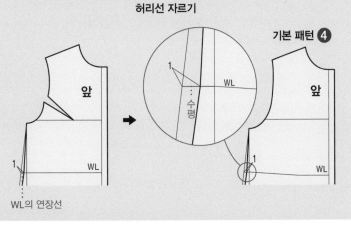

옆선 추가

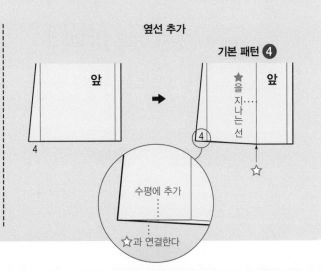

패턴 마무리 방법 엉덩이가 끼는 경우의 조정법

옆을 추가한다, 옆과 이음에서 추가한다, 2종류의 방법으로 조정한다

엉덩이 위치의 완성 치수는 디자인에 따라 달라진다. 박스 실루엣이나 허리를 꼭 맞게 하는 몸판에서 엉덩이가 끼는 경우는 제도 과정에서 조정해야 한다. 재킷, 코트의 경우 필요한 여유분은 8cm 이상. 이것은 최소한의 분량이므로 취향이나 디자인에 따라 늘린다.

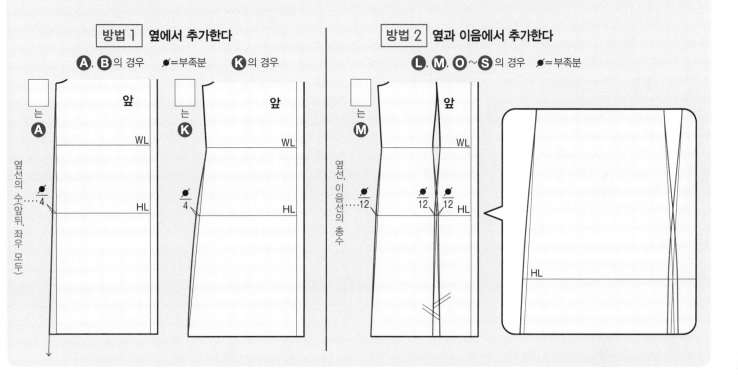

방법 1 옆에서 추가한다

Ⓐ.Ⓑ의 경우   ✐=부족분   Ⓚ의 경우

방법 2 옆과 이음에서 추가한다

Ⓛ.Ⓜ.Ⓞ~Ⓢ의 경우   ✐=부족분

패턴 마무리 방법 밑단 둘레 치수에 대하여

치수를 확인하고, 부족한 경우 밑단 트임 분량을 확보한다

발걸음이 편하려면 밑단 둘레 치수가 부족하지 않는 것이 중요. 보폭에 따라 차이는 있지만 그림을 참고해 옷 길이가 길수록 밑단 둘레 치수를 많게 한다. 실루엣을 바꾸지 않고 밑단 둘레 치수를 늘리려면 앞트임을 단추로 고정하고 밑단 쪽을 열거나, 옆이나 뒤 중심에 슬릿이나 벤트, 플리트 등을 만드는 방법이 있다.

〈슬릿〉   〈벤트〉   〈플리트〉

안단   밑덧단   안단

＊자세한 박는 법은 '패턴 학교 Vol.2 스커트 편'에 게재했다

옷 길이	최소한 필요한 밑단 둘레 치수
WL+50cm	94cm
WL+60cm	100cm
WL+70cm	126cm
WL+80cm	134cm
WL+90cm	146cm

＊엉덩이둘레 91cm, 보폭 67cm의 경우

보폭

패턴 마무리 방법 패턴 체크

같이 박을 부분을 모두 맞추고 선의 길이와 연결을 확인, 수정. 필요한 맞춤 표시를 한다

정확하게 박아서 깔끔하게 완성하기 위해 꼭 필요한 것이 패턴 체크. 패턴이 정확해도 베끼거나 처리하는 과정에서 어긋날 수 있으므로 패턴 체크는 중요하다. 패턴은 파트별로 다른 종이에 베껴서 여분을 많이 두고 잘라 작업한다. 동시에 이 단계에서 해야 하는 맞춤 표시도 그려 넣는다.

패턴 체크의 대략적인 순서

① 목둘레 → ② 진동 둘레 → ③ 밑단선 →
④ 칼라 달림선 → ⑤ 소매산선 → ⑥ 소맷부리선

Point 수정선 베끼는 법

룰렛으로 선을 덧그리면 아래 종이에 룰렛 자국이 남으므로 그 자국을 샤프펜슬로 덧그린다.

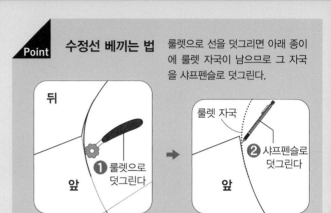

❶ 룰렛으로 덧그린다
룰렛 자국
❷ 샤프펜슬로 덧그린다

[목둘레(SNP), 진동 둘레(SP)]

《기본》

어깨선에 여유분 줄임도 이음도 없는 경우
목둘레와 진동 둘레의 연결, 어깨선 치수를
동시에 체크한다

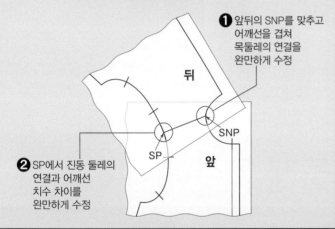

❶ 앞뒤의 SNP를 맞추고 어깨선을 겹쳐 목둘레의 연결을 완만하게 수정

❷ SP에서 진동 둘레의 연결과 어깨선 치수 차이를 완만하게 수정

어깨선에 이음이 있는 경우

이음선을 겹쳐 어깨선을 수정.
수정한 새로운 어깨선에서 목둘레, 진동 둘레,
이음선의 연결, 어깨선 치수를 체크한다

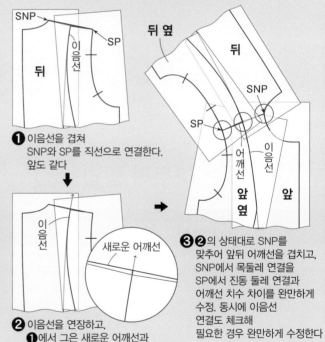

❶ 이음선을 겹쳐 SNP와 SP를 직선으로 연결한다. 앞도 같다

❷ 이음선을 연장하고, ❶에서 그은 새로운 어깨선과 연결한다. 앞도 같다

❸❷의 상태대로 SNP를 맞추어 앞뒤 어깨선을 겹치고, SNP에서 목둘레 연결을 SP에서 진동 둘레 연결과 어깨선 치수 차이를 완만하게 수정. 동시에 이음선 연결도 체크해 필요한 경우 완만하게 수정한다

어깨선에 여유분 줄임이 있는 경우

어깨선 치수는 맞지 않아도 OK.
목둘레와 진동 둘레를 각각 연결만 체크하고,
어깨선에 맞춤 표시를 그려 넣는다

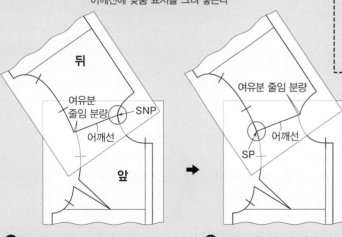

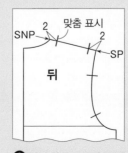

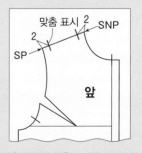

❶ SNP를 맞추어 어깨선을 겹치고 목둘레의 연결을 완만하게 수정

❷ SP를 맞추어 어깨선을 겹치고 진동 둘레의 연결을 완만하게 수정

❸ 앞뒤 각각 SNP와 SP에서 같은 위치에 맞춤 표시를 그려 넣는다
＊같이 박을 때, 뒤 몸판의 맞춤 표시 사이에서 여유분 줄임을 처리한다

[진동 둘레(진동 둘레 아랫점, 이음 위치, 다트 위치), 밑단선]

《기본》
진동 둘레에 이음도 다트도 없는 경우

진동 둘레 아랫점, 밑단의 연결, 옆선 치수를 체크하고, 길게 박는 중간점에 맞춤 표시를 그려 넣는다.
WL이 줄어드는 디자인의 경우는 줄이는 위치에서 위아래로 맞추고, 진동 둘레 아랫점과 옆 밑단에서 각각 연결과 치수를 체크한다

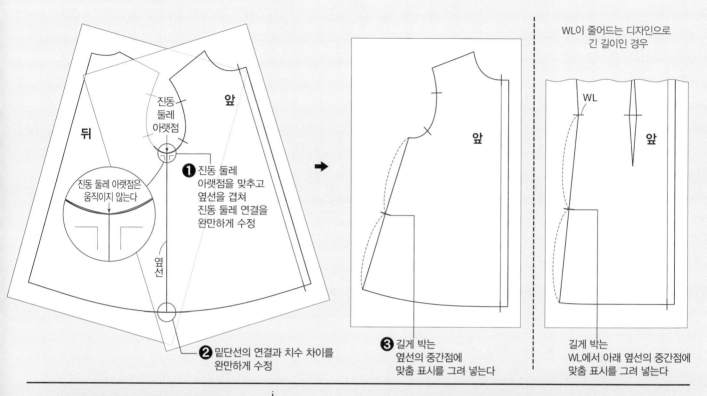

진동 둘레 아랫점은 움직이지 않는다

❶ 진동 둘레 아랫점을 맞추고 옆선을 겹쳐 진동 둘레 연결을 완만하게 수정

❷ 밑단선의 연결과 치수 차이를 완만하게 수정

❸ 길게 박는 옆선의 중간점에 맞춤 표시를 그려 넣는다

WL이 줄어드는 디자인으로 긴 길이인 경우

길게 박는 WL에서 아래 옆선의 중간점에 맞춤 표시를 그려 넣는다

패널 이음이 있는 경우의 진동 둘레

패널 이음은 모양 잡기*를 하고 같이 박기 때문에 WL에서 진동 둘레 사이의 치수 체크는 필요 없다.
진동 둘레의 연결만 체크한다
*'모양 잡기'란 천을 줄이거나 늘려 입체적으로 모양을 만드는 테크닉

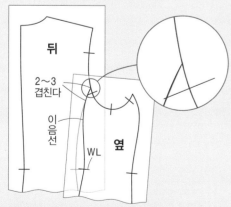

2~3 겹친다

이음선

WL

옆

뾰족한 끝끼리 맞추며 이음선을 겹쳐,
진동 둘레 연결을 완만하게 수정.
앞쪽도 같다.

AH 다트가 있는 경우의 진동 둘레

다트를 접고, 진동 둘레와 진동 둘레 아랫점의 연결을 체크한다

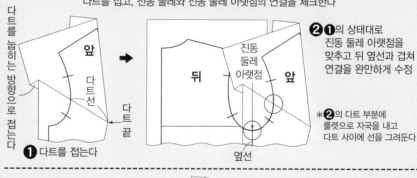

다트를 눕히는 방향으로 접는다

다트선

다트 끝

❶ 다트를 접는다

진동 둘레 아랫점

뒤   앞

옆선

❷❶의 상태대로 진동 둘레 아랫점을 맞추고 뒤 옆선과 겹쳐 연결을 완만하게 수정

*❷의 다트 부분에 룰렛으로 자국을 내고 다트 사이에 선을 그려둔다

이음이나 다트가 있는 경우의 밑단선

모든 파트를 겹치고 밑단선의 연결과 WL에서 아래쪽 치수를 체크한다.
다트의 경우는 그 부분을 접어 체크한다

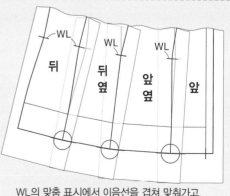

WL   WL   WL

뒤   뒤옆   앞옆   앞

WL의 맞춤 표시에서 이음선을 겹쳐 맞춰가고,
연결과 치수 차이를 완만하게 수정

[칼라 달림선]

《기본》 스탠드 칼라의 경우

몸판의 목둘레와 칼라 달림선의 치수를 체크. SNP와 뒤 중심에 맞춤 표시를 그려 넣는다

＊치수 체크는 샤프펜슬 등으로 선의 핀 포인트를 눌러 조금씩 회전하면서 맞춰간다. 회전하는 것이 어려운 경우는 각 치수를 재서 확인, 수정해도 OK.

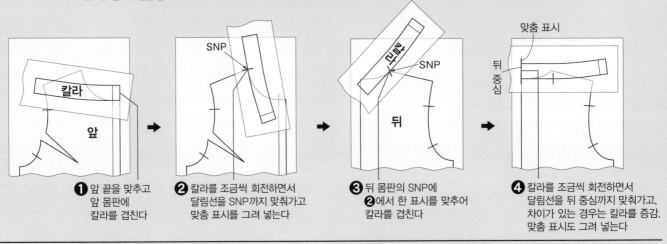

❶ 앞 끝을 맞추고 앞 몸판에 칼라를 겹친다

❷ 칼라를 조금씩 회전하면서 달림선을 SNP까지 맞춰가고 맞춤 표시를 그려 넣는다

❸ 뒤 몸판의 SNP에 ❷에서 한 표시를 맞추어 칼라를 겹친다

❹ 칼라를 조금씩 회전하면서 달림선을 뒤 중심까지 맞춰가고, 차이가 있는 경우는 칼라를 증감. 맞춤 표시도 그려 넣는다

칼라 밴드 달린 셔츠 칼라의 경우

몸판과 칼라 밴드, 칼라 밴드와 위 칼라를 각각 체크한다.
칼라 밴드는 위의 《기본》 ❶~❹와 같다.
위 칼라는 체크를 마친 칼라 밴드에 맞추어 칼라 달림 치수를 체크한다.
위의 **칼라**를 **칼라 밴드**로 설명

❺ 칼라 밴드의 앞 중심에 위 칼라의 달림 끝을 맞춰 겹친다

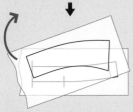

❻ 위 칼라를 조금씩 회전하면서 달림선을 맞춰간다

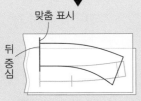

❼ 뒤 중심까지 맞춰가고 차이가 있는 경우는 위 칼라를 증감. 맞춤 표시도 그려 넣는다

테일러드 칼라, 셔츠 칼라 등 접는 칼라의 경우

안 칼라와 겉 칼라를 각각 체크한다.
안 칼라는 앞뒤 몸판에 맞춰 칼라 달림 치수를 체크. SNP와 뒤 중심에 맞춤 표시를 그려 넣는다.
겉 칼라는 안단에 맞춰 칼라 달림 치수를 체크. 뒤 중심에 맞춤 표시를 그려 넣는다. 테일러드 칼라로 설명.
셔츠 칼라의 경우 ❺는 필요 없다

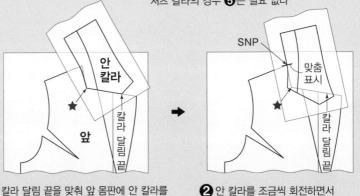

❶ 칼라 달림 끝을 맞춰 앞 몸판에 안 칼라를 겹치고 ★ 위치를 체크. 차이가 있는 경우는 칼라를 수정

❷ 안 칼라를 조금씩 회전하면서 앞 몸판의 SNP까지 맞춰가고, 맞춤 표시를 그려 넣는다

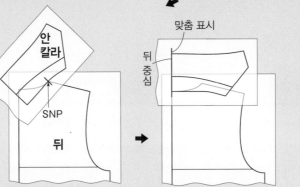

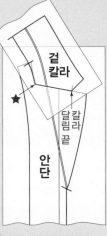

❸ 뒤 몸판의 SNP에 ❷에서 한 맞춤 표시를 맞춰 안 칼라를 겹친다

❹ 안 칼라를 조금씩 회전하면서 달림선을 뒤 중심까지 맞춰가고, 차이가 있는 경우는 안 칼라를 증감. 동시에 맞춤 표시도 그려 넣는다. 이후 수정한 안 칼라를 사용해 겉 칼라의 패턴을 만든다
＊P.198 참조

❺ 칼라 달림 끝을 맞춰 안단에 겉 칼라를 겹치고 ★ 위치를 체크. 차이는 칼라를 수정
＊겉 칼라, 안단 모두 전개 후의 패턴을 사용

[소매산선, 소맷부리선]

《기본》세트인 슬리브(1장 소매)의 경우

소매산선과 소맷부리선의 연결, 소매 밑선의 치수를 체크한다

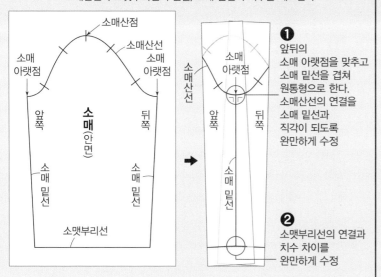

❶ 앞뒤의
소매 아랫점을 맞추고
소매 밑선을 겹쳐
원통형으로 한다.
소매산선의 연결을
소매 밑선과
직각이 되도록
완만하게 수정

❷ 소맷부리선의 연결과
치수 차이를
완만하게 수정

셔츠 슬리브의 경우 소매산선

소매산선의 치수를 체크하고, 맞춤 표시를 그려 넣는다

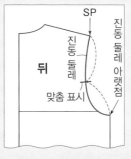

몸판의 진동 둘레(SP~진동 둘레 아랫점 사이)와
소매산선(소매산점~소매 아랫점 사이)의 치수를 재서 확인하고,
차이가 있는 경우는 소매의 소매 아랫점을 수평으로 이동해 증감.
진동 둘레와 소매산선의 중간점에 맞춤 표시를 그려 넣는다.
앞도 같다

2장 소매의 경우

이음선은 모양 잡기를 해서 같이 박기 때문에 치수의 체크는 필요 없다.
이음 위치의 소매산선과 소맷부리선의 연결만 체크한다

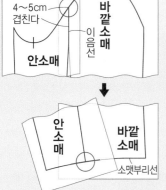

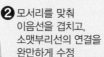

❶ 모서리를 맞춰
이음선을 겹치고,
소매산선의 연결을
완만하게 수정

❷ 모서리를 맞춰
이음선을 겹치고,
소맷부리선의 연결을
완만하게 수정

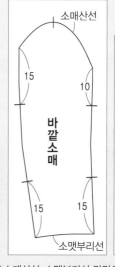

❸ 소매산선, 소맷부리선 각각의 모서리에서 같은
치수의 위치에 맞춤 표시를 그려 넣는다. 맞춤 표시
사이의 치수는 같이 박을 때 모양 잡기를 해서 맞춘다

래글런 슬리브의 경우 소매 달림선, 목둘레

진동 둘레 아랫점의 연결을 체크한 후
모든 파트를 겹치고
소매 달림선의 치수와 목둘레의 연결을 체크.
맞춤 표시도 그려 넣는다

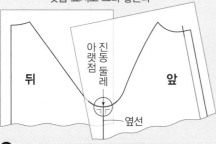

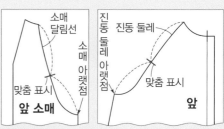

❸ 진동 둘레와 소매 달림선의 중간점에 맞춤 표시를
그려 넣는다. 뒤도 같다

❷ 소매 달림선은 진동 둘레 아랫점과 소매 아랫점에서,
어깨선은 SP에서 맞춰가고
목둘레의 연결과 치수 차이를
완만하게 수정

❶ 진동 둘레 아랫점을 맞춰 옆선을 겹치고,
진동 둘레의 연결을 완만하게 수정

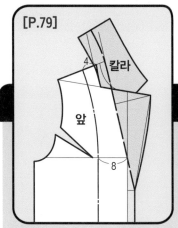

[P.79]

패턴 마무리 방법 패턴 전개
― 테일러드 칼라, 셔츠 칼라 ―

테일러드 칼라는 겉 칼라와 안단을 전개, 셔츠 칼라는 겉 칼라를 전개한다

접었을 때 당기거나 남지 않게 하기 위한 패턴 제작의 중요한 공정. 겉 칼라는 패턴 체크를 마친 후 안 칼라를 베끼면서 칼라 달림선과 외곽선의 치수를 조정하고, 꺾임선에 여유분을 추가. 안단은 꺾임선과 안쪽에 여유분을 추가한다. 테일러드 칼라의 경우로 설명. 종이는 제도용지를 사용.

[겉 칼라의 패턴 전개]

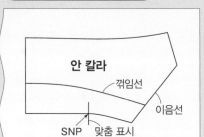

패턴 체크(P.196)가 끝난 안 칼라

❶ 절개선(★, ★)에서 꺾임선과 직각으로 교차시켜 연장을 긋고, Ⓐ Ⓑ Ⓒ 3 블록으로 나눈다

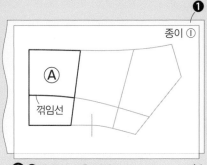
종이 ①

❷ ❶에 종이 ①을 겹치고 중심 쪽 Ⓐ의 외형과 꺾임선을 베낀다

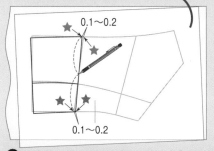

❸ 절개선의 2등분점을 고정하고 종이 ①을 회전해 ★을 0.1~0.2cm(얇은 천은 적게, 두꺼운 천은 많게 한다) 벌리고 ★을 0.1~0.2cm 겹친다

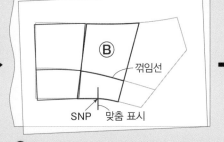

❹ Ⓑ의 외형, 꺾임선, SNP의 맞춤 표시를 베낀다

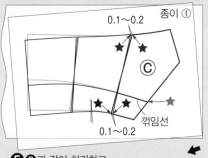
종이 ①

❺ ❸과 같이 처리하고 Ⓒ의 외형과 꺾임선을 베낀다

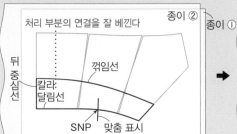
종이 ②
종이 ①

❻ 종이 ①에 다른 종이 ②(펼친 패턴으로 하는 크기)를 겹치고 칼라 달림선, 꺾임선, 뒤 중심선을 베낀다

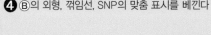
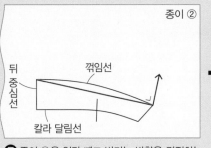
종이 ②

❼ 종이 ①을 일단 빼고 벌리는 방향을 결정하는 안내선을 긋는다

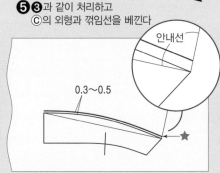
안내선
0.3~0.5

❽ 꺾임선보다 0.3~0.5cm(얇은 천은 적게, 두꺼운 천은 많게 한다) 떨어져서 평행선을 긋는다

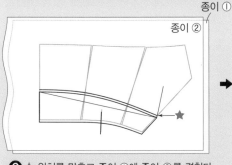
종이 ①
종이 ②

❾ ★ 위치를 맞추고 종이 ①에 종이 ②를 겹친다

칼라 외곽선…처리 부분의 연결을 잘 베낀다
종이 ②

❿ 외형을 베낀다

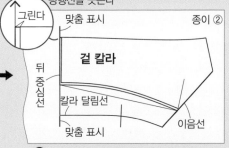
그린다
맞춤 표시
종이 ②
겉 칼라
뒤 중심선
칼라 달림선
맞춤 표시
이음선

⓫ 뒤 중심선을 연장해 칼라 외곽선을 그리고 이음선을 수정하면 겉 칼라 패턴 완성! 뒤 중심에 맞춤 표시를 그려 넣는다

[안단의 패턴 전개]

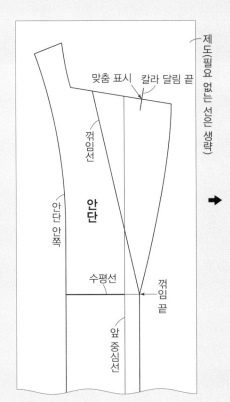

① 안단 제도의
꺾임 끝에서 수평선을 그어둔다

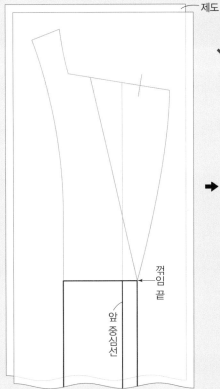

② 제도에 다른 종이를 겹치고
꺾임 끝의 수평선에서 밑단까지의
외형(아랫부분)과 앞 중심선을 베낀다

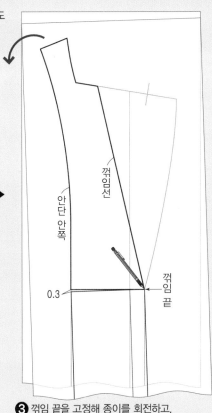

③ 꺾임 끝을 고정해 종이를 회전하고,
안단 안쪽에 0.3cm의 여유분을 넣어
윗부분의 꺾임선에서 안쪽을 베낀다

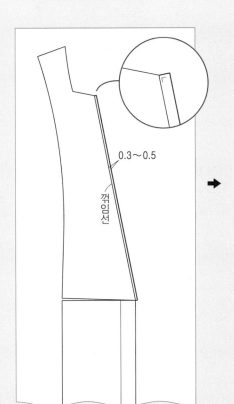

④ 제도를 일단 빼고
꺾임선에서 0.3~0.5cm(치수는 겉 칼라와
같다) 떨어져서 평행선을 긋는다

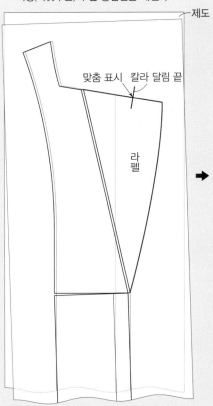

⑤ 종이의 평행선을 제도의 꺾임선에 겹치고
라펠과 칼라 달림 끝의 맞춤 표시를 베낀다

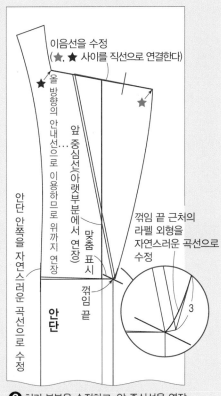

⑥ 처리 부분을 수정하고, 앞 중심선을 연장.
꺾임 끝에 맞춤 표시를 그려 넣는다.
필요한 여유분을 넣은 안단 완성!

패턴 마무리 방법 **패턴 전개**
— 숄 칼라 —

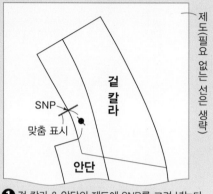

[P.82]

숄 칼라는 겉 칼라 & 안단을 전개한다. 안단의 이음에서 아랫부분은 전개가 필요 없다

테일러드 칼라처럼 깔끔하게 접기 위한 중요한 공정. 숄 칼라는 이어서 재단한 겉 칼라 & 안단의 칼라 달림선과 외곽선의 치수를 조정하고 꺾임선에 여유분을 추가한다. 종이는 제도용지를 사용.

[겉 칼라 & 안단의 패턴 전개]

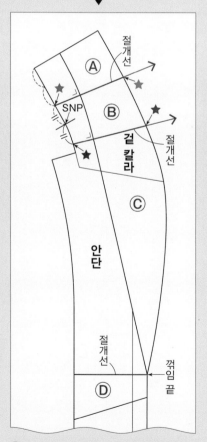

❶ 겉 칼라 & 안단의 제도에 SNP를 그려 넣는다

❷ 절개선(겉 칼라는 ★, ★ 위치에서 꺾임선과 직각으로 교차시켜 연장, 안단은 꺾임 끝의 수평선)을 긋고 Ⓐ Ⓑ Ⓒ Ⓓ 4 블록으로 나눈다

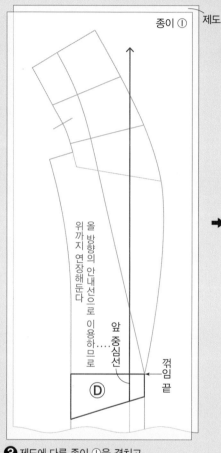

❸ 제도에 다른 종이 ①을 겹치고 Ⓓ의 외형과 앞 중심선을 연장해 베낀다

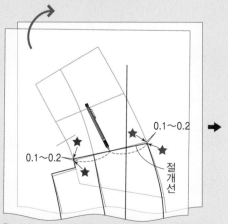

❺ 절개선의 2등분점을 고정하고 종이 ①을 회전해 ★을 0.1~0.2cm(얇은 천은 적게, 두꺼운 천은 많게 한다) 벌리고, ★을 0.1~0.2cm 겹친다

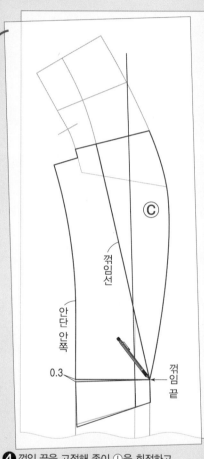

❹ 꺾임 끝을 고정해 종이 ①을 회전하고, 안단 안쪽에 0.3cm의 여유분을 넣어 Ⓒ의 외형과 꺾임선을 베낀다

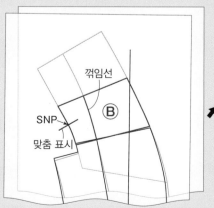

❻ Ⓑ의 외형, 꺾임선, SNP의 맞춤 표시를 베낀다

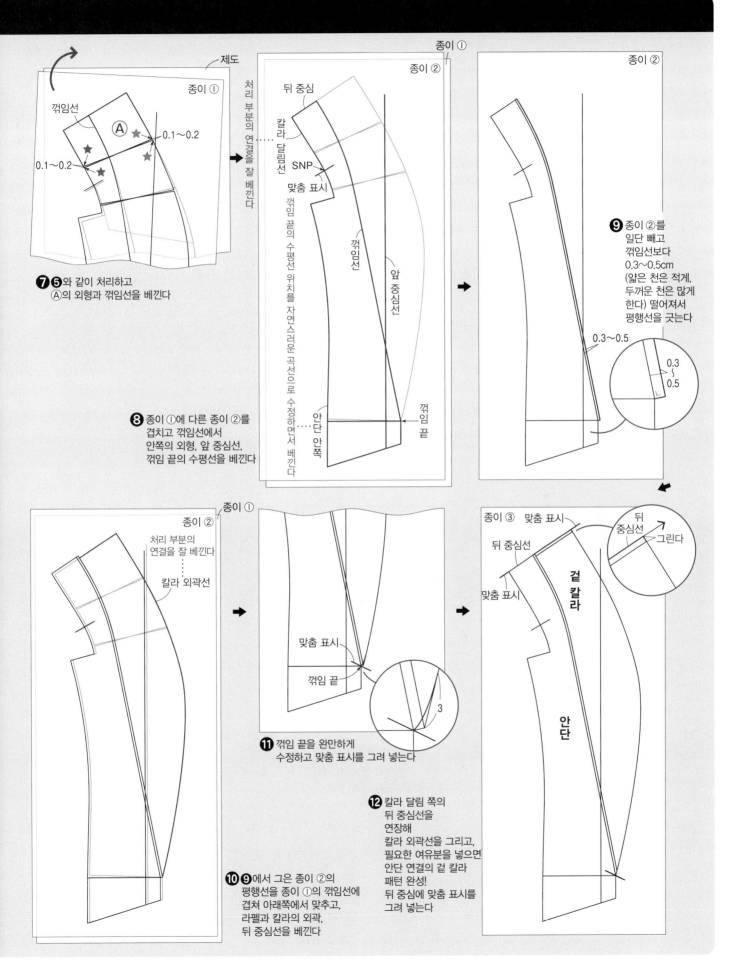

7 **5**와 같이 처리하고 Ⓐ의 외형과 꺾임선을 베낀다

8 종이 ①에 다른 종이 ②를 겹치고 꺾임선에서 안쪽의 외형, 앞 중심선, 꺾임 끝의 수평선을 베낀다

9 종이 ②를 일단 빼고 꺾임선보다 0.3~0.5cm (얇은 천은 적게, 두꺼운 천은 많게 한다) 떨어져서 평행선을 긋는다

10 **9**에서 그은 종이 ②의 평행선을 종이 ①의 꺾임선에 겹쳐 아래쪽에서 맞추고, 라펠과 칼라의 외곽, 뒤 중심선을 베낀다

11 꺾임 끝을 완만하게 수정하고 맞춤 표시를 그려 넣는다

12 칼라 달림 쪽의 뒤 중심선을 연장해 칼라 외곽선을 그리고, 필요한 여유분을 넣으면 안단 연결의 겉 칼라 패턴 완성! 뒤 중심에 맞춤 표시를 그려 넣는다

제도

종이 ①

꺾임선

Ⓐ

0.1~0.2

0.1~0.2

처리 부분의 연결을 잘 베낀다

종이 ①

종이 ②

뒤 중심

칼라 달림선

SNP

맞춤 표시

꺾임선

앞 중심선

꺾임선

안단 안쪽

꺾임 끝

꺾임 끝의 수평선 위치를 자연스러운 곡선으로 수정하면서 베낀다

종이 ②

0.3~0.5

0.3~0.5

종이 ②

종이 ①

처리 부분의 연결을 잘 베낀다

칼라 외곽선

맞춤 표시

꺾임 끝

3

종이 ③

맞춤 표시

뒤 중심선

맞춤 표시

겉 칼라

안단

뒤 중심선 그린다

Shijô Pattern-Juku Vol. 5 Jacket & Coat-hen
Supervised by Harumi Maruyama
Edited by Bunka Publishing Bureau
Copyright ⓒ 2019 by Educational Foundation Bunka Gakuen Bunka Publishing Bureau
First published in Japan in 2019 by Educational Foundation Bunka Gakuen Bunka Publishing Bureau, Tokyo
Korean translation rights arranged with Educational Foundation Bunka Gakuen Bunka Publishing Bureau
through Japan Foreign-Rights Centre/Shinwon Agency Co.

감수 Harumi Maruyama(Bunka Fashion College)
일본어판 발행인 Sunao Onuma
편집인 Mikinori Kojima(Bunka Publishing Bureau)
북 디자인 Kobitokaba book
촬영 Norifumi Fukuda(Bunka Publishing Bureau)
작품 제작 협력 Noriko Abe, Shizuyo Kai
DTP Bunka Photo Type
교열 Masako Mukai
정리 진행 Yasuko Obana, Nanaho Suezawa(Bunka Publishing Bureau)
편집 Hiroko Tanaka, Megumi Matsuzaki(Bunka Publishing Bureau)
　　　Tomie Kobayashi, Rie Naito

패턴 학교 Vol.5 재킷 & 코트 편

초판 1쇄 발행 2020년 12월 20일
초판 3쇄 발행 2024년　6월 20일

감　수 마루야마 하루미
옮긴이 황선영
감　수 문수연
펴낸이 명혜정
펴낸곳 도서출판 이아소
디자인 황경성
교　열 정수완

등록번호 제311-2004-00014호
등록일자 2004년 4월 22일
주소 04002 서울시 마포구 월드컵북로5나길 18 1012호
전화 (02)337-0446　**팩스** (02)337-0402

책값은 뒤표지에 있습니다.
ISBN 979-11-87113-46-1　14590
ISBN 979-11-87113-01-0　(세트)

도서출판 이아소는 독자 여러분의 의견을 소중하게 생각합니다.
E-mail: iasobook@gmail.com

이 도서의 국립중앙도서관 출판예정도서목록(CIP)은 서지정보유통지원시스템 홈페이지
(http://seoji.nl.go.kr)와 국가자료공동목록시스템(http://www.nl.go.kr/kolisnet)에서
이용하실 수 있습니다. (CIP제어번호 : CIP2020051027)